U0337630

国家自然基金面上项目“超宽带(UWB)信号在矿井下穿透特性及成像算法的研究”(51474100)资助
黑龙江省留学归国人员科学基金“煤矿特殊情况下非视距超宽带精准定位及三维成像”(LC2017026)资助
黑龙江省自然科学基金“超宽带在矿井无线通信中的应用研究”(TF200505)资助
黑龙江省普通高等学校骨干教师创新能力资助计划项目“矿井无线传输特性的研究”(1155G47)资助
中国煤炭工业协会指导性计划项目“煤炭安全生产监控系统可靠性研究”(MTKJ08367)资助
哈尔滨市重点科技计划(攻关)项目“CAN总线在矿井监控系统的应用”(2005AA1CG1673)资助

超宽带信号穿透特性在矿井下应急救援的应用研究

郭继坤 著

中国矿业大学出版社
·徐州·

图书在版编目(CIP)数据

超宽带信号穿透特性在矿井下应急救援的应用研究 / 郭继坤著. —徐州:中国矿业大学出版社,2020.10

ISBN 978 - 7 - 5646 - 4354 - 6

Ⅰ.①超… Ⅱ.①郭… Ⅲ.①宽带通信系统—信号处理—应用—矿山事故—矿山救护 Ⅳ.①TD77

中国版本图书馆 CIP 数据核字(2019)第 036228 号

书　　名	超宽带信号穿透特性在矿井下应急救援的应用研究
著　　者	郭继坤
责任编辑	周　丽
出版发行	中国矿业大学出版社有限责任公司 (江苏省徐州市解放南路　邮编 221008)
营销热线	(0516)83884103　83885105
出版服务	(0516)83995789　83884920
网　　址	http://www.cumtp.com　**E-mail**:cumtpvip@cumtp.com
印　　刷	江苏凤凰数码印务有限公司
开　　本	787 mm×1092 mm　1/16　**印张** 13.25　**字数** 252 千字
版次印次	2020 年 10 月第 1 版　2020 年 10 月第 1 次印刷
定　　价	56.00 元

(图书出现印装质量问题,本社负责调换)

前　言

在煤矿井下，当矿难事故发生后，全部电气系统基本处于断电状态，通过原有通信设备进行救援是无法实现的。救援人员需要在最短的时间内，重新搭建应急救援通信系统，对事故现场进行信号传输和生命探测，减少事故造成的人员伤亡。

经过多年的研究，各煤矿选择超宽带（Ultra-Wide Band，UWB）无线通信技术来搭建通信系统。与传统的无线电通信技术相比，超宽带通信技术有许多实用优点，如较大的带宽和信息容量、较高的传输速率、抗信道衰落能力强，对窄带系统干扰效果小、保密性强、分辨率高等优点。其中，大带宽的优势体现在带宽数越大，则信号的传播速率就相应地增大。由于脉冲超宽带系统不需要载波调制，自身发射和接收窄脉冲信号，因此超宽带系统的结构相对简单、易于实现。另外，较低的时域脉冲占空比给整个系统发射信号带来了较小的信号功率谱，进而减少了整个超宽带系统的制作成本。

在此背景下，本人潜心专注于超宽带在煤矿井下灾害事故抢险救援领域的研究，先后完成国家自然基金面上项目“超宽带（UWB）信号在矿井下穿透特性及成像算法的研究”、黑龙江省自然科学基金“超宽带在矿井无线通信中的应用研究”、黑龙江省普通高等学校骨干教师创新能力资助计划项目“矿井无线传输特性的研究”、黑龙江省留学归国人员科学基金“煤矿特殊情况下非视距超宽带精准定位及三维成像”、中国煤炭工业协会指导性计划项目“煤炭安全生产监控系统可靠性研究”和哈尔滨市重点科技计划（攻关）项目“CAN 总线在矿井监控系统的应用”等项目。在此，对所有支持和资助项目的单位和部门表示感谢。

本书着重对超宽带信号的穿透探测、精确定位和穿透成像等进行研究，按照矿井下防爆和本安要求，选用不同频率和功率的超宽带信号进行测试，确定最适合矿井下功率和频率的超宽带信号。主要包括以下几个内容。

一是总结现在常用的几种穿透探测信号之间的优缺点，分析了超宽带信号应用于矿井下穿透塌方障碍物的优势；从超宽带信号的定义出发，介绍常见的几种信号波形——冲激脉冲信号、线性调频信号、步进变频信号和噪声信号；给出了适用于矿井下的超宽带单脉冲波形，研究信号发射功率、信号传送速度与通信系统的信号传送距离之间的关系。考虑到矿井巷道的特殊环境，计算信号在传播过程中产生的损耗时使用混合模型。通过论述分析，选取硬件电路易于产生的一阶高斯脉冲作为窄脉冲信号。

二是研究了超宽带在煤矿井下精确定位。分析井下基于 AOA 测距、基于 RSS 测距和基于 TOA/TDOA 测距等超宽带无线测距定位技术的优缺点；介绍有线信标节点同一授时定位方案、信标节点差分定位方案和变频转发估计定位方案等井下精确定位方案；最后结合泰勒(Taylor)和 Chan 氏算法的讨论，提出井下非视距条件下超宽带定位改进算法且进行仿真分析。

三是分析了煤矿井下超宽带信号的穿透特性。从超宽带信号应用于矿井下进行穿透探测的基本原理出发，分析研究塌方体的主要构成介质——石块和混凝土的相对介电常数，构建理想化塌方体介质；然后通过超宽带信号的穿透性能构建目标散射点模型和目标回波模型；最后根据矿井塌方的实际情形选取实孔径阵列。同时基于平面电磁波理论，分别研究在极化方向、入射角和损耗角正切不同的情况下，岩石、混凝土及其他复杂塌方体介质对各种频率超宽带电磁波的衰减特性。

四是研究了超宽带信号穿透双层塌方体的衰减特性。通过仿真分析，可知超宽带信号在经过双层塌方体后其波形的振幅会衰减，塌方体厚度越大，穿透波的时延越大。随着信号穿透塌方体的层数增加，反射波中峰值信号的振幅越小，信号波动越频繁，这加大了提取目标信号的难度。另外，在信号的反射波中可以发现，反射波的峰值信号可以表示塌方的层数、反映塌方的严重程度。同时，根据井下的复杂环境提出一种适用于井下的经验模态分解和小波阈值滤波相结合去除直达波的方法。通过与经验模态分解法进行仿真对比，得出经验模态分解和自适应的小波阈值滤波相结合的方法，可有效去除回波信号的直达波，充分保留信号的局部特征，极大地提高了获取目标信号的可行性和准确性。

五是研究了煤矿井下超宽带信号穿透塌方体生命特征检测方法。超宽带信号在矿井下穿透传播过程中，由于受到各种不同电磁特性介质的影响，导致有用的回波信号受到谐波干扰而难以分离。针对井下超宽带信号杂波具有不平稳性的特点，采用基于 SVD 与 EMD 联合算法，建立矿井下超宽带信号的传播过程模型。采用 SVD 方法滤除杂波分量，检测塌方体下生命信号，应用经验模态分解算法将回波信号分解为若干 IMF 分量，并在时域上分析生命特性曲线，在信干比高的情况下分开呼吸与心跳信号。实验仿真结果表明，该算法可以估计塌方体后生命体的距离信息，同时重构目标生命体呼吸、心跳的时频波形信息，因此适用于塌方体下的非接触式生命检测。

六是研究了煤矿井下超宽带回波信号的杂波抑制方法。从矿井下塌方背景环境出发，分析矿井下杂波出现的原因；然后结合矿井下杂波起伏剧烈的情况，分析几种传统波谱分析方法的优点和缺点，提出基于 EMD 和 ICA-R 的方法，并对 ICA-R 方法进行改进，改进的方法解决了井下因杂波起伏剧烈导致目标信号分离困难的问题。同时，针对巷道壁和塌方体引起的多径效应问题，从回波信号的数学模型出发，分析超宽带回波信号中的塌方体杂波在井下穿透传播过程中具有变化缓慢及目标信号变化较大的特点，据此，提出一种基于 PCA 和 SaS 结合的杂波抑制算法。在仿真和实验中，所提的联合方法表现出对塌方体杂波良好的抑制能力。

七是研究了煤矿井下超宽带信号穿透塌方体成像算法。首先，针对矿井巷道狭长障碍物电磁参数未知的问题，在传统的信号传播理论模型基础上，本书采用 Ray-tracing 技术对超宽带信号在井下的穿透传播过程进行时域模拟分析，最后通过 SVM 算法对回波样本数据进行训练得到一个分类器，对于任意的输入信号都可以直接计算出对应目标信号的物理信息。该算法避免了计算井下复杂塌方体的电磁参数，解决超宽带信号在井下传播时的非线性和病态性。仿真结果表明，采用 Ray-tracing 与 SVM 结合的算法可以很好地对塌方体未知情形下隐藏目标的基本类别进行区分。

本书的内容，是本人带领研究生经过 15 年完成的研究成果。在研究的过程中，查阅了大量的资料。在此，感谢所有参考文献的作者，没有他们文献提供的理论支持，所有的项目研究工作将无法完成。还要感谢丁龙、修海林、王保生、赵清、王小萌等五位研究生，每名同学分别参与了相关内容的研究，并付出了很多的辛苦。还有很多老师和学生也参与了研究工作，给予了大力的支持，这里就不一一列出。

在这里还要指出，尽管本书对超宽带在矿井下的应用研究做了一些工作，由于煤矿井下的环境是复杂、多变的，还有很多问题需要继续进行研究和完善。希望本书的出版能为超宽带在矿井下应用提供一些理论基础。书中难免存在不足之处，恳请同行专家和读者指正。

郭继坤

2020 年 10 月

目　录

1 绪 论

1.1 研究背景与意义

进入21世纪以来，我国对于能源（如煤、石油、天然气等）的需求与日俱增，能源的开发利用有效地促进了我国经济的发展，推动了社会的长足进步，改善了人民的生活水平。然而，随着对能源资源开采投入的加大，安全生产事故发生的频率增高，尤其是煤炭安全生产事故已经成为我国安全生产的一大隐患。我国是世界上最大的煤炭生产国与消费国，预计到2050年，我国煤炭占一次能源消费比例仍达50%左右。煤炭作为一种传统能源有着无可替代的作用，一方面为我国的经济发展提供了能源保障；但另一方面，煤炭行业的安全事故却屡禁不止，我国的煤炭生产除少部分是露天煤矿外，大部分为井工煤矿，且煤炭埋藏较深，优质煤炭储量较少，煤层中瓦斯含量较大而透气性较差，再加上煤层周围地质环境较为复杂，勘查难度较大，因此容易发生安全事故。正是由于煤矿井下环境危险复杂，井下通信设备要求较高，对其本质安全性、防尘、防潮、防爆、防机械冲击等方面有着诸多要求，使得煤矿应急救援通信设备发展十分缓慢，很难有效反映事故营救过程的真实情况，同时也无法实现与被困人员的有效沟通，甚至在一定程度上影响到事故救援的决策。

当矿难发生后，原有井下通信设备基本无法使用，经常处于完全瘫痪状态。作为煤矿正常生产时使用的有线电缆通信方式，常因电缆受挤压而发生形变、断裂和短路，中继设备受到损坏而造成通信中断。而对于室外使用的无线电磁通信方式，则因电波穿透能力有限，发生煤矿事故时，巷道堵塞、设备损坏等导致电波不能得以传播，很难真正实现救援人员与被困矿工的通信。通过对2006年石忠高速公路重庆竹林坪隧道坍塌抢险救援过程的研究可以发现，被困施工人员只能依靠敲击钻进塌体的水平钻与外界救援人员进行极为简单的交流，而且水平钻钻入塌体时已经距事故发生51个小时。在长达51个小时里，被困人员无法与外界联系，不仅给救援带来了极大的挑战，也对被困人员的心理与身体产生了极大的影响。

灾难发生后，受困人员情况的及时获取，可以为快速制订救援方案、合理分配救援力量及开展相应的救援工作提供重要依据。因此,及时有效的通信对被困人员及时展开自救、提高救援效率有着重要的意义。但由于井下环境复杂,现有通信方式均不适用于坍塌事故后的应急通信,采用一种新型的、安全可靠的井下通信方式成为迫切需求。井下坍塌事故发生后,利用超宽带无线通信进行快速应急通信的技术是在煤炭安全生产技术迫切需要提高的情况下提出的。利用超宽带信号探测盲区小、穿透能力强等优势进行井下通信的研究,在矿难应急救援通信领域具有十分重大的前沿价值。此种通信方式是一种在传统通信方式以外的、全新的理论探索,既克服了有线通信布设困难、操作复杂的问题,也解决了井下无线通信巷道传输衰减大、通信距离短的弊病,为井下应急救援通信提供了新思路、新方法,也为现有的通信方式拓展新的领域。因此,在事故发生后,通过发射通信信号进行生命探测、穿透成像等研究意义十分重大。

矿井下穿透成像的原理在地面上有类似研究,但矿井下的环境与地面上不一样,阻碍信号传输的物体相对于墙要厚得多,而且矿井下空间狭窄,对信号发射设备的功率和防爆都有要求,所以穿透成像的研究方法有不同之处。穿透成像主要适用于在目标和成像系统(传感器)之间存在着物体的阻挡,这就对穿透成像中的探测信号提出了更高的要求。为了实现阻挡物体后目标的探测成像,穿透成像系统中的探测信号不仅需要具有较高的距离向分辨率,还必须具有穿透阻碍物体的能力。目前常见的探测信号有超声波信号、红外信号、X 射线、毫米波信号和超宽带信号等。其中,红外信号和超声波信号容易受噪声或温度等的影响,穿透性能不强。X 射线虽然同时具有很好的穿透能力和成像能力,但其成像属于透视成像,需要将收发天线分置于成像物体的两侧,而且作用距离短,还会对使用人员造成伤害。毫米波信号对一些非金属介质如塑料、木板等有一定的穿透能力,但对混凝土、石头和砖块的穿透效果很差,不适用于矿井下环境非常复杂、干扰源很多、通信阻碍物体主要是混凝土和石头的情况。超宽带信号具有穿透能力强、分辨率高、目标识别能力强、多径分辨能力强、抗干扰能力强、探测盲区小等优点,因此,超宽带信号非常适合矿井下穿透探测和成像。超宽带信号穿透成像系统主要由探测和成像两部分组成,根据矿井下的探测环境来确定探测方式和穿透成像算法。超宽带信号穿透成像系统设计的目标是使系统的性能满足矿井下应用的需求,这使得对系统性能的研究成为系统设计实现的关键问题。与其他成像系统相比,基于超宽带信号穿透成像系统往往具有穿透物体阻挡、超宽带、实孔径和近场工作等特点,在系统性能的研究中必须充分考虑这些特点的影响。然而,已有的地面上的成像系统性能研究成果对这些特点的考虑有限,还无法对超宽带信号穿透成像系统性能进行有效预测和分析，更不能准确地指导相应的系统设计。因此，深入研究超宽带信号在矿井下的穿透成像系统的性能，对设计适合的矿井下救援系统具有重要意义。

1.2 超宽带技术简介

超宽带通信是最早来自20世纪90年代美国国防部的正式术语，主要是用来统一描述脉冲超宽带传输信息的无线电技术。随着1946年脉冲信号微波中继系统被开发出来和1978年罗斯(G. F. ROSS)博士发表的*Time-Domain Electromagnetic and Its Applications*，以及关于超宽带专利的不断申请，推动了美国国防部先进研究项目局(Defense Advanced Research Projects Agency，简称DARPA)于1990年正式对超宽带进行了定义，极大促进了超宽带在军事领域的发展。到2005年5月，美国联邦通信委员会(Federal Communications Commission，简称FCC)发布了超宽带技术的初步技术方案。该初步方案考虑到−20 dB的辐射点很难被正确检测到，于是修改DARPA的辐射点为−10 dB，但绝对带宽仍然为1.5 GHz。直到2002年4月，FCC才在发布的*First Report and Order*中正式提出超宽带的商用技术标准为能量功率谱密度(ESD)在−10 dB以上的辐射点的相对带宽不小于20%，或绝对带宽不小于500 MHz。相关表达式、能量带宽及辐射掩蔽图分别见式(1-1)、图1-1。

$$f_{\text{foc}}=\frac{f_{\text{H}}-f_{\text{L}}}{(f_{\text{H}}+f_{\text{L}})/2} \tag{1-1}$$

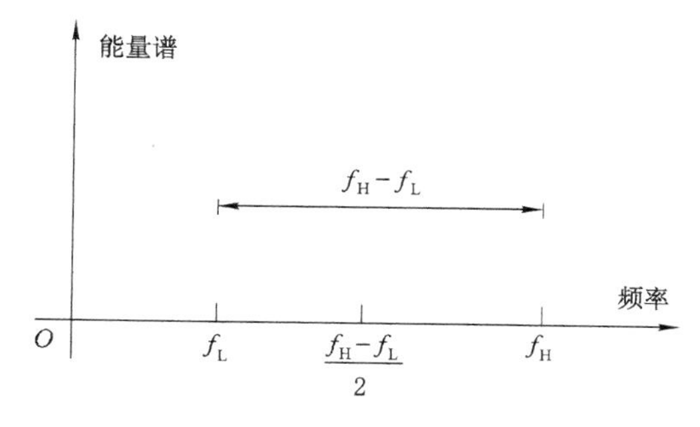

图1-1 UWB能量带宽分布图

式中，f_{foc}为相对带宽；f_{H}、f_{L}分别对应上限和下限频率。

随着FCC解除了超宽带在商业应用中的禁令，超宽带技术加速了技术标准化的进程，并且在IEEE 802.15.3a标准中形成了由摩托罗拉(Motorola)、飞恩卡尔(Freescale)和脉冲链路(Pulse-Link)等组成的直接序列DS-UWB方案阵营。该阵营所支持的超宽带论坛(UWB Forum)技术保留了脉冲超宽带(IR-UWB)的特点,并结合了直接序列扩频技术,利用PN码(Pseudo-Noise Code)调制发射脉冲来实现灵活的多址抗干扰传输。该方案定位精度高,技术实现相对容易,但是对不同地区的不同频谱分配适应性差。另一个阵营是英特尔(Intel)、索尼(SONY)、诺基亚(Nokia)等公司支持的MB-OFDM-UWB阵营,该阵营由于研究起步比DS-UWB阵营晚,不愿接受大量专利的制约,提出了基于传统的正弦波方式采用正交频分复用(OFDM)技术来实现超宽带传输,脱离了IR-UWB的模式。该MB-OFDM UWB方案虽然具有抗干扰能力强、频谱分配适应能力强的优点,但是实现起来较为复杂,且存在功率谱均峰比过高等一些技术难题。

标准方案工作组由于无法从上述两个阵营的讨论中获取有效的定论,只能宣布工作组解散,转而支持DS-UWB UWB阵营和MB-OFDM-UWB阵营各自制定标准和开发产品。随后,MB-OFDM UWB阵营的支持者加入WiMedia联盟。2007年4月,国际标准组织(International Organization for Standardization,简称ISO)正式通过WiMedia联盟提交的MB-OFDM UWB技术标准。至此,有关超宽带高速传输技术的标准化之路暂告一段落。

相比而言,超宽带低速传输技术的标准化之路发展得较为顺利,在2004年成立的802.15.4a工作组的目标是制定单用户传输速率在10 kbit/s～10 Mbit/s的大用户容量通信,并且能同时实现高精度用户定位功能的应用。工作组最终于2007年3月确定,物理层通信使用超宽带技术的频段分布在3.1～5 GHz和6～10.6 GHz,传输速率可选为27.24 Mbit/s、6.81 Mbit/s、851 kbit/s和110 kbit/s。

考虑到超宽带无线通信技术在短距离高速无线通信与定位领域的潜在价值,我国于2004年9月在超宽带技术论坛上公布了一些超宽带技术电磁兼容性的仿真结果。该仿真考虑了和PHS、GSM和TD-SCDMA设备的相互干扰、超宽带移动通信设备间距10 m以内等因素,并参考了欧洲电信标准化协会(European Telecommunications Standards Institute,简称ETSI)标准,最终得出,与FCC标准的情况相比较,ETSI标准对于限制超宽带设备的干扰有更好的效果。在FCC的条件下,超宽带设备在室内标准中对PHS系统的干扰过大;当多超宽带设备共存时对TD-SCDMA系统的干扰过大。

与现有的红外、蓝牙、紫蜂(ZigBee)等其他短距离无线通信技术相比较,超宽带技术的优点主要有如下几点。

(1) 工作功耗和发射功耗都非常低

由实验数据可知，超宽带通信系统的发射功率可以控制在 70 mW 以内的水平，因此可以很容易满足煤矿井下通信系统对终端安全和待机时间的要求。

（2）抗多径传播衰落能力强

煤矿井下墙壁凹凸不平，弯曲的工作巷道较多，通信信号很容易出现多次反射、频率色散的现象从而导致多径传播衰落损耗。由于超宽带发射信号的分辨率较高，很容易通过分集接收技术接收绝大部分能量，因此超宽带通信系统能很好地适应煤矿井下多径传播干扰的无线通信环境。

（3）抗干扰能力强

通过相关文献数据研究可知，煤矿井下的噪声源发射出的干扰主要集中在 2 GHz 频率以下，而超宽带通信系统的通信频率远远高于这个频率，且通信信号的频带极宽具有很好的容噪能力，因此超宽带通信定位系统在井下应用将具有很好的抗干扰能力。

（4）易于组网、实现多功能一体化

超宽带发射机传输的是时间间隔极短（小于 1 ns）的窄带脉冲，因此系统设计极为简单。又因超宽带多径分辨能力极高，非常适合井下进行相对测量的需求，所以超宽带很容易将通信与定位结合在一起，非常适应井下未来信息化的发展趋势。

1.3 煤矿井下无线救援通信系统发展现状

从当前煤矿井下的情况来看，无线应急通信技术多应用在井下事故出现时及时掌握现场情况，为井下人员营救准备条件。同时，该系统和技术与地面救援系统、指挥中心相连接，形成一个临时性的无线通信路线和网络系统。为了在实践中能够有效地避免发生二次事故，一旦发生矿井事故，供电系统就会完全切断电力系统。在该种情况下，煤矿井下救援过程中难以使用原井下通信系统保持联络。当救援人员下井获得信息以后，难以与地面人员、指挥中心保持联系。地上救援时，工作人员难以获得井下的现状信息资料，或者不及时或者不准确，不利于及时救援。救援人员在井下救援过程中，如果无法有效了解相关信息，就可能会置身于险境。煤矿井下通信系统关系着井上、井下人员的安全和联系，保持井下应急系统通信畅通意义重大。实践证明，切实可靠的应急通信系统能够在救援过程中发挥非常好的作用，既可以提高救援效率，又可以减少人员伤亡和财产损失。当前国内煤矿井下作业实践中，井下应急通信以有线通信为主，虽然部分设备配备了先进的井下无线通信装置，但因系统不配套等而难以发挥其作用。对于传统的煤矿井下应急通信系统而言，其中有线通信主要采用的是调度电话及联络系统。从应用实践来看，该系统属于无源传输，在发生井下事故以后，即便没有电源供电，也可保持正常通信，而且通话质量能够有所保障。在实践中，因上述通信模式和手段实际布设成本较其他模式的布设方案经济成本要高一些，加之井下环境特别复杂，很难全面把握，而且容易出现变动，所以所用的话机可能无法覆盖整个巷道。一旦发生故障，则造成井下通信出现严重的中断现象。有线通信系统作为一种矿井应急通信系统，虽然可靠、灵活，但是存在着一些安全隐患，难以有效满足客观需求。随着科技水平的不断提高，目前国内已经逐步引入无线通信系统，虽然技术水平较之以往有所提高，但是依然存在一些问题或瑕疵。比如，通信过程中容量相对较小一些，而且部分区域的通信受限以及通信距离短和对基站具有较强的依赖性等，甚至无法支持煤矿井下救援任务。针对这些问题，本书将目前已有的、相对比较成熟的超宽带通信系统和技术手段，引入矿井下用于应急救援通信，并设计新的无线应急通信体系，以此来有效满足煤矿井下作业和应急救援通信需求。

目前，我国在矿难事故后最为科学的人员定位方法主要是光纤定位法。该项技术是无源的，不需要井下供电。分布式光纤传感技术具有抗电磁干扰、耐腐蚀、灵敏度高的特点。当矿难发生后，井下被困人员通过敲打巷道壁的方式与地面进行信息交流。地面采用光纤定位法可以对井下人员进行精确定位，为后续救援工作提供重要信息。但由于光纤定位需要将所用光纤大量埋入地底下，耗时耗力，而现有的矿井大部分没有建立该系统，所以无法采用光纤进行井下探测定位。

事故发生后通常采用井下救援。井下救援目前有两种方式：一种救援方式是机器人井下救援，如图 1-2 所示。但是限于井下的特殊环境，机器人很难深入矿井深处，而且也无法与地面进行信息传递。因此，目前机器人井下救援只能作为辅助手段，用其全面完成救援任务还需要进一步研究完善。另一种救援方式就是延续多年的传统方法，即派救护队员潜入矿井救援。该救援方式存在很多问题，比如，在塌方和爆炸事故发生时，由于事故现场电力中断，无法看到塌方体下事故现场和里面被困人员的真实情况，给灾后救援带来了很大的麻烦。因此，在事故发生后，利用发射通信信号进行生命探测、穿透成像的研究具有重大意义。

超宽带信号具有穿透能力强、分辨率高、目标识别能力强、多径分辨能力强、抗干扰能力强、探测盲区小等众多优点，因此它非常适合矿井下穿透探测和成像。

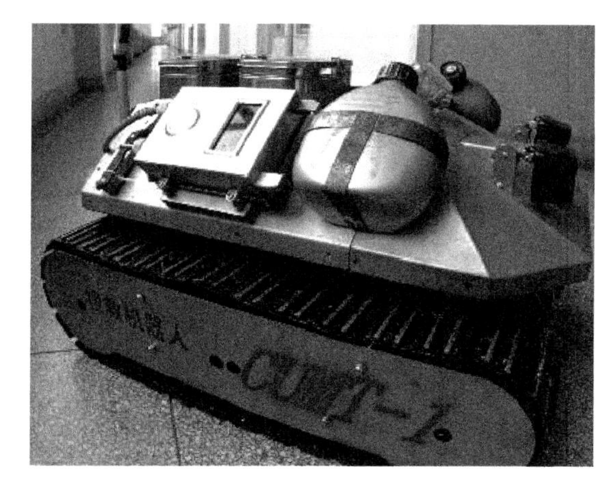

图 1-2 井下救援机器人

1.4 超宽带探测成像技术在矿井下的应用现状

国内外对超宽带在矿井下应用的研究相对较少，而针对矿井下的研究以信号在巷道内的无线通信为主，但由于传输距离的限制，目前该技术尚处在理论研究阶段，现场应用较少。

在国外，加拿大 CANMET 实验室对超宽带矿井下通信的多径衰落模型进行了研究。对信道冲激响应的自相关矩阵上的特征分解和以子空间为基础的统计信号处理技术进行了研究，针对超宽带技术在地下开采应用中，测试时选择传输信道在 3.1～10.6 GHz 范围内的特性的可行性，并且进一步在存在人体的背景下，研究了天线的辐射模型对路径损耗的传播和均方根时延扩展(RMS Delay Spread)参数。测量数据与仿真结果验证了在矿井下环境中的路径损耗指数比相应的信号在室内环境中的路径损耗指数大的结论，证明了定向信号与定向天线的组合能提高辐射效率并降低均方根时延扩展，从而得出超宽带技术在矿井下传输通道条件下其信号是可以达到预期的最大传输信号速率的结论。

超宽带应用于矿井通信的研究刚刚起步，王艳芬、于洪珍、钱建生等建立井下超宽带信道复合衰落模型，综合考虑粗糙损耗、阴影衰落等因素对模型的影响，研究了矿井超宽带多径衰落模型，提出采用矩阵束算法提取信道参数，并进行了信道重建工作。孙继平认为超宽带信号具有对信道衰落不敏感、发射信号功率谱密度低、功率低、系统简单、设备体积小、传输速率高、定位精度高(可达数厘米)等优点,但存在传输距离短、缺少大规模商业应用等问题。因此,超宽带不宜用作矿井宽带无线传输技术,但可用于煤矿井下生命探测、防碰撞以及人员、胶轮车和电机车等动目标精确定位等。

超宽带技术在我国高校中引起了广泛关注。早在十多年前,中国科学技术大学已经成功实现对重大项目"基于脉冲体制的超宽带无线通信关键技术研究与系统演示"的审批工作,而那时是用分离器来解决超宽带前端射频电路问题的。中国科学技术大学、南京邮电大学和哈尔滨工业大学对超宽带穿墙成像进行了研究,取得了一些成果。

如今一些高校和企业已经成功研制相关软硬件设备。由于技术涉及国防领域,因此其中关键技术资料相对罕见。针对矿井下超宽带穿透特性和穿透成像研究的资料文献则更少。

1.5 矿井下超宽带穿透特性及成像算法研究现状

超宽带在矿井下穿透特性和成像特性的环境类似于地面上的室内环境,但又有很多的不同,比如:穿透的障碍物不同,矿井下的塌方体不同于室内环境的墙体;需要提取的信号不同,矿井下信号的传输较单一,只有沿巷道方向的单一信号;信号的功率要求不同,矿井下的传输信号功率需要符合安全防爆要求。超宽带技术应用还需要研究以下内容:信号在穿透塌方体的时候会发生什么样的变化;对目标散射信号的提取问题;信号穿透成像算法;不同障碍物体未知时的成像问题;塌方体下被困人员的信号检测问题;不同频率超宽带信号的穿透效果;适应矿井下环境的天线设计问题。通过对这些问题的研究,对超宽带技术在矿井救援中的应用予以理论支持。

矿井下环境非常复杂,干扰源很多,通信阻碍物体主要是混凝土和石头。考虑超宽带的诸多优点如强穿透力、高分辨力、高探测精度等,无疑将超宽带技术应用于井下的穿透探测是很好的选择。

目前应用于探测的信号主要有下列几种:超声波探测信号、红外探测信号、X 射线等。由于易受某些因素(噪声、温度等)影响,这些探测信号穿透性能较弱。虽然 X 射线穿透能力较强,然而探测是透视探测,要求收发天线的位置必须位于物体两侧,作用距离不够长,同时被探测人员会受到一定伤害。尽管毫米波信号对诸如玻璃、衣物等非金属的介质具有穿透能力,然而如果介质为石块、砖头或者混凝土,则其穿透能力较弱。

在地下穿透探测应用中,实际应用场景不同,对信号的要求也就有所不同,技术研究的关键在于如何设计出符合矿井下穿透探测要求的信号。在信号发射过程中，发射波形只是起到一个信息载体的作用，对目标冲激响应进行采样。选取发射信号波形时，要侧重能够实现最大限度激励、提取目标信息的信号波形。

如今的冲激脉冲、步进变频、线性调频等信号，可被用作地下穿透探测基本的信号。要激励产生冲激脉冲所需要的幅度和脉宽两个关键因素。在实际应用中，也需要注意选择单极脉冲或者双极脉冲，脉冲形式不同对系统性能有很大影响。工作频带由脉冲宽度决定，系统的探测距离长短则由脉冲幅度决定。冲激脉冲信号分成单、双极性脉冲两类。单极脉冲信号的经典的数学模型是单指数衰减函数，其模型可用下式表达：

$$S(t)=I_0\left(\frac{t}{T}\right)^2 e^{-\frac{2t}{T}} \tag{1-2}$$

式中，I_0 为幅度；T 为上升时间。信号功率谱为：

$$S(f)=\frac{(24\pi^2 T^2 f^2-8)^2+(24\pi T f-8\pi^3 f^3 T^3)^2}{(4\pi^2 f^2+4)^6} \tag{1-3}$$

对于单极脉冲而言，不论如何划分信号上下沿，其频谱分量都集中于低频，但是天线有高通效应，于是信号的大部分能量不能通过天线向外辐射出去。这会导致系统的发射频率降低，进而引发信号失真问题，并且使系统的动态范围减小。

要进行发射机峰值功率的选取时，考虑到冲激脉冲波形的特性，如果加大雷达天线的平均发射功率，则增加超宽带脉冲波形宽度可以延长探测距离。由于提高脉冲波形宽度将使得系统的距离向分辨能力下降，因此在提高脉冲波形宽度之前，还要控制系统带宽，使其保持恒定，而线性调频信号则满足这个要求。线性调频信号可用下式表达：

$$S_T(t)=\frac{1}{\sqrt{T}}g_T(t)e^{j2\pi(f_1 t+\frac{1}{2}kt^2)} \tag{1-4}$$

其中，$g_T(t)$是门函数，有：

$$g_T(t)=\begin{cases}1, & |t|\leqslant\frac{T}{2}\\ 0, & 其他\end{cases} \tag{1-5}$$

式中，f_1 为中频；T 为信号实宽；k 为信号调频斜率，而信号在瞬间的频率 $f_i=f_1+kt$。

因为超宽带天线发射的窄脉宽信号容易在某些频率段上出现局部的衰落，所以，矿井下需要着重考虑超宽带天线的频率。从信号失真理论可知，在矿井这种不均匀时变信道下的信号传播，很可能出现色散和降幅现象。

超宽带天线发射的信号频率是 GHz 级的，显然与连续波窄带信号有很大不同，超宽带系统中多用基带脉冲来搭载信息信号，且有很多密集分布的多径成分。于是，很多研究人员长时间以来一直在关注超宽带信道的研究。由于矿井下环境不同于地面上，因此矿井特殊环境下超宽带信道的研究非常关键。

一般而言，穿墙雷达成像的诸多算法都是基于分层模型。收发天线位于墙前面接收区域，媒质为空气，目标位于墙后面的成像区域，媒质也为空气，中层媒质为墙体。发射天线发射信号，穿透墙体，到达目标，经过目标的反射，反射信号再次穿过墙体到达接收天线。穿墙成像就是利用接收信号得到成像区域目标的信息。国内外众多研究人员经过努力形成了一系列穿墙雷达成像算法。穿墙雷达成像算法主要包括以下几类。

(1) 逆散射方法

逆散射方法求解超宽带穿墙雷达成像，从数学上看，实质上是一个最优化问题，优化的对象为成像区域的目标信息。逆散射方法主要有两类方法求解：波恩(Born)近似算法和随机搜索算法。

① Born 近似算法

首先要建立墙后面成像区域中目标-背景媒质间的对比度函数和墙前面接收区域中的散射场之间的电磁场积分方程。通过求解积分方程，得到成像区域中的目标-背景媒质间的对比度函数，从而得到成像区域电磁参数的分布实现成像。可基于一阶 Born 近似的衍射断层成像(DT)算法进行二维穿墙成像。该算法只用一次求解散射场，而不用多次正散射计算，并且在计算过程中采用快速傅立叶变换，从而大大减少计算量。也可采用截断奇异值分解(TSVD)算法对测量得到的散射场进行奇异值(SVD)分解，截取若干较大的奇异值用于二维成像。

② 随机搜索算法

采用随机搜索算法求解穿墙问题时，为加快求解速度，一方面，一般正问题要采用加速算法；另一方面，要采取收敛速度快的随机搜索算法。可用差分进化算法求解墙体后方二维导体目标的位置、形状以及墙体的厚度、电参数。进行逆散射穿墙成像时，一般采用步进频率来实现超宽带，因此要计算多个频点的散射场。对每一个频点都要计算一次正散射，因此计算量非常大。也可以采用脉冲来实现超宽带，只是要对脉冲产生的场进行时频变换，从而得到多个频点的场值。

(2) 后向投影(BP)算法

后向投影(BP)算法是最具代表性的时域成像处理方法，它来源于计算机层析成像技术，是麦可可(McCorkle)根据 CT 成像的投影切片理论导出的一种合成孔径雷达成像方法，因此也被应用到穿墙成像中。双基地合成孔径雷达穿墙成像,可以获取目标的非后向散射信息,特别适合对建筑物一类多反射面目标的观测,它采用的就是后向投影算法。出于隐蔽探测、抗截获抗干扰的考虑,超宽带噪声穿墙雷达采用互相关预处理和 BP 算法进行成像。总而言之,后向投影算法简单、通用性强,但计算量巨大。

(3) 时空反转镜(TRM)算法

近年来,时间反转镜(TRM)技术在国外成为光学、声学和电磁学等目标探测领域的研究热点。电子科技大学赵志钦教授在美留学和工作期间,将 TRM 技术与 SAR 成像技术相结合,应用于超宽带穿墙雷达成像,并取得了可喜的成果。采用 TRM-SAR 方法对墙后面的目标成像,结果比传统的后向投影技术成像结果要好很多。使用 TRM 技术对墙后面目标成像,使用 TRM 技术对复杂墙体目标成像,主要是通过短脉冲来实现超宽带的。结合 Born 近似算法和 TRM 方法,在墙体参数与实际偏差很大的情况下,实现了墙后二维目标的自聚焦成像。目前,基于该方法的三维穿墙目标成像还未见报道。

(4) 压缩感知算法

近年来,一种新的压缩感知(CS)理论指出:只要信号是稀疏的或可压缩的,就能以远低于 Nyquist 采样定理的数据量,通过求解一个带约束的 L_1 范数凸规划问题,以很高的概率重建原始信号。由于在降低数据量上具有突出的优点,CS 在雷达成像中得到广泛应用。采用 CS 理论随机采样,只用了 7.7%的全孔径数据,就能很好地对墙后方二维点目标成像,并且具有很好的抗随机噪声干扰能力。仿真数据和实测数据都证明了 CS 算法的正确性。使用多测量向量 CS 模型,采用多极化数据,得到了比单测量向量 CS 模型更好的成像结果。压缩感知应用于雷达成像,大都是基于目标对点目标而言的。尽管 CS 理论在超宽带穿墙雷达中显示出良好的应用前景,但也存在一些亟待解决的问题:其一,如何选择更合适的随机测量矩阵,使得用尽可能少的采样数据达到尽可能高的重建概率以及在硬件上实现随机测量;其二,研究针对 CS 中的凸规划问题更加快速的解法;其三,由于 CS 成像结果中噪声点是无规则的,当存在多个目标并且目标反射率相差较大时,将产生真实目标与噪声分离问题等。

1.6 本书主要研究内容

煤矿井下环境条件特别恶劣,不同的巷道结构和不同的坍塌长度对信号产生不同的多径传输,造成信号的衰减,都会影响到超宽带脉冲信号的穿透距离和成像效果。针对以上情况,本书主要研究内容如下。

研究超宽带信号在矿井下穿透探测的频段选取问题。首先分析现在常用的几种穿透探测信号之间的优缺点，结合这些优缺点讨论将超宽带信号应用于矿井下进行穿透塌方障碍物的优势。然后从超宽带信号的定义出发，介绍常见的几种信号波形——冲激脉冲信号、线性调频信号、步进变频信号和噪声信号。接着讨论适用于矿井下的超宽带单脉冲波形，研究信号发射功率、信号传送速度与通信系统的信号传送距离之间存在的关系。考虑到矿井巷道的特殊环境，计算信号在传播过程中产生的损耗时使用了混合模型。通过论述分析，选取硬件电路易于产生的一阶高斯脉冲作为窄脉冲信号。

研究超宽带井下精确定位。首先介绍矿井下基于 AOA 测距、基于 RSS 测距及基于 TOA/TDOA 测距等超宽带无线测距定位技术的优缺点。然后介绍有线信标节点同一授时定位方案、信标节点差分定位方案及变频转发估计定位方案等井下精确定位方案。最后结合 Taylor 和 Chan 氏算法的讨论，提出井下非视距条件下超宽带定位改进算法且进行仿真分析。

分析矿井下超宽带信号的穿透特性。首先从超宽带信号应用于矿井下进行穿透探测的基本原理出发，分析研究塌方体的主要构成介质石块和混凝土的相对介电常数，理想化塌方体，接着构建理想化塌方体介质。然后根据超宽带信号的穿透性能构建目标散射点模型和目标回波模型。最后根据矿井塌方的实际情形选取实孔径阵列。同时基于平面电磁波理论，分别研究在极化方向、入射角、损耗角正切不同的情况下，岩石、混凝土及其他复杂塌方体介质对各种频率超宽带电磁波的衰减特性。

研究超宽带信号穿透双层塌方体的衰减特性。通过仿真分析，可以得出超宽带信号在经过双层塌方体后，其波形的振幅会衰减。当塌方体厚度增加时，穿透波的时延增大。同时，信号穿透塌方体的层数越多，反射波中峰值信号的振幅越小，信号波动越频繁，这加大了提取目标信号的难度；另外，在信号的反射波中发现，反射波的峰值信号可以表示塌方的层数，反映塌方的严重程度。同时，提出一种适用于井下的经验模态分解和小波阈值滤波相结合去除直达波的方法。通过与经验模态分解法进行仿真对比，可以得出以下结论：经验模态分解和自适应的小波阈值滤波相结合的方法可有效地去除回波信号的直达波，充分保留信号的局部特征，极大提高了获取目标信号的可行性和准确性。

研究矿井下超宽带信号穿透塌方体生命特征检测方法。超宽带信号在煤矿井下穿透传播过程中，由于受到各种不同电磁特性介质的影响，导致有用的回波信号受到谐波干扰而难以分离。针对井下超宽带信号杂波具有不平稳性的特点，采用基于奇异值（SVD）与经验模态分解（EMD）联合算法，建立矿井下超宽带信号的传播过程模型。用 SVD 方法滤除杂波分量，检测塌方体下生命信号，应用经验模态分解算法将回波信号分解为若干 IMF 分量，并在时域上分析生命特性曲线，在信干比高的情况下分开呼吸与心跳信号。实验仿真结果表明，该算法可以估计塌方体后生命体的距离信息，同时重构目标生命体呼吸、心跳的时频波形信息，因此适用于塌方体下的非接触式生命检测。

针对矿井下超宽带回波信号的杂波抑制算法进行研究。首先从矿井下塌方背景环境出发，分析矿井下杂波出现的原因。然后结合矿井下杂波起伏剧烈的情况，分析几种传统谱分析方法的优缺点，提出基于经验模态分解(EMD)及ICA-R的方法，并对ICA-R方法进行改进，改进的方法解决了井下因杂波起伏剧烈导致目标信号分离困难的问题。同时，针对巷道壁和塌方体引起的多径效应问题，从回波信号的数学模型出发，分析超宽带回波信号中的塌方体杂波在井下穿透传播过程中具有变化缓慢以及目标信号变化较大的特点，从而提出一种基于PCA和SaS结合的杂波抑制算法。在仿真和实验中，所提的联合算法表现出对塌方体杂波良好的抑制能力。

研究矿井下超宽带信号穿透塌方体成像算法。首先，针对矿井巷道狭长障碍物电磁参数未知的问题，在传统的信号传播理论模型基础上，采用Ray-tracing技术对穿透过程进行数据模拟分析，构造超宽带信号穿透的几何模型，成像算法采用SVM算法，避免了计算矿井下复杂塌方体的电磁参数，解决了超宽带信号在井下传播时的非线性和病态性。仿真结果表明，采用Ray-tracing与SVM结合的算法可以很好地对地塌方体下隐藏目标的基本类别进行区分。其次，针对井下超宽带探测系统在成像过程中回波数量不足的问题，提出一种基于相位误差补偿的压缩感知成像算法。将稀疏回波相位误差估计与图像重构结合在一起，提出图像L_0范数最小化和图像最小熵的联合优化函数，并使用迭代方法求解该优化问题。仿真实验表明，该算法对不同目标的成像均有较好的补偿效果。

2 超宽带信号在矿井下穿透探测的频段选取

2.1 超宽带井下传播特性

地面环境与井下有限空间的巨大差异，导致超宽带无线通信的传播规律在井下可能不适用，因此研究超宽带信号的井下传播特性对于准确建立井下超宽带信道模型有非常重要的意义。影响超宽带信号在井下传播的主要因素有井下障碍的反射、超宽带信道的频率色散和井下巷道粗糙墙壁的多次散射等。

2.1.1 超宽带井下反射传播特性

超宽带在煤矿井下的传播信道以弯曲狭小的巷道为主，在传播路径上难免会存在大量的由巷道墙壁、采掘机等障碍物引起的反射、绕射等衰落问题，所以最终到达接收机的超宽带信号往往不是由单一直射波组成的，而是来自多个路径、多个方向及多次反射、绕射和散射后的大量传播波形合成的接收波。因此，矿井通信系统的抗多径性能的好坏将直接影响通信的质量。

与现有的 PHS、Wi-Fi 等窄带通信系统相比较而言，超宽带由于其发射脉冲的时域宽度非常窄，其脉冲在时域上发生重叠现象的概率非常小，因此超宽带具有先天的抗多径衰落性能。实际上往往将超宽带这种因脉冲时间分辨率极高而导致各传播路径的传播时间差极小，从而产生密集成簇传播现象的信道称为密集多径信道。超宽带通信系统的发送信号所占带宽为 GHz 级别，超宽带脉冲信号在时间轴上的宽度一般是几个 ns 甚至更小，因此超宽带脉冲发生重叠的概率非常低，一般只在极少数几个时延间隔点上会有若干个多径分量发生重叠成簇的现象，但也会在一些时延间隔内发生不含多径分量的现象。

由上述分析可以看出，超宽带在矿井下通信信号的脉冲宽度对于超宽带的抗多径性能起到关键性的影响。首先根据超宽带多径传播的特点建立波形反射模型，该反射传播模型如图 2-1 所示。在图 2-1 中，$\Gamma_1, \Gamma_2, \cdots, \Gamma_N$ 为不同反射平面的反射系数，$\tau_1, \tau_2, \cdots, \tau_N$ 为不同传播路径的时延系数。该反射传播模型假设超宽带信号仅受到矿井巷道墙壁反射带来的波形变化和反射路径相对直射路径的时延变化，并且不考虑信号反射带来的传输损耗。

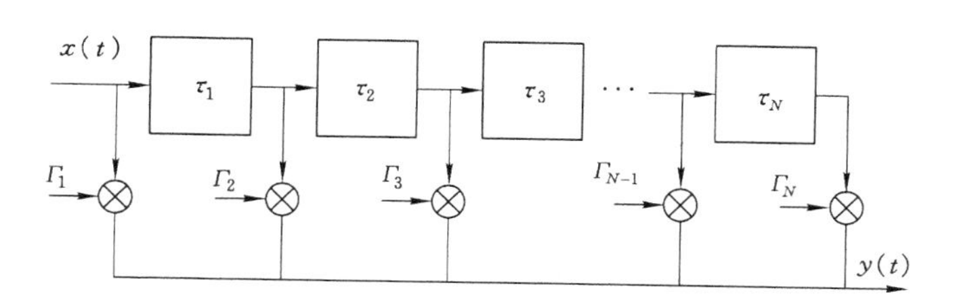

图 2-1 超宽带井下反射传播模型

模型的仿真环境选择 LOS 条件下的传播巷道，该巷道的天花板高度为 7.6 m，收发天线间的距离 $d=10$ m。超宽带信号源采用一阶高斯脉冲的导数，脉冲宽度分别为 1 ns、2 ns、33 ns，对上述超宽带矿井传播环境下仿真得到直射波形、侧壁、顶板和底板的 1～4 次反射波形共 1+12 条（由于超宽带收发天线处在巷道中央，因此左右两侧传播特性一致）。仿真结果如图 2-2 所示。随着超宽带发射脉冲宽度增加，图 2-2(a)、(b) 和 (c) 中接收波形的重叠现象越来越严重，尤其到了脉宽 $t_n=33$ ns 时，超宽带接收信号的包络叠加情况几乎接近传统窄带通信系统，通信系统的抗多径衰落性能大大下降。因此，要保证超宽带通信系统在煤矿井下的有效性，就必须考虑合适的发射脉冲宽带。

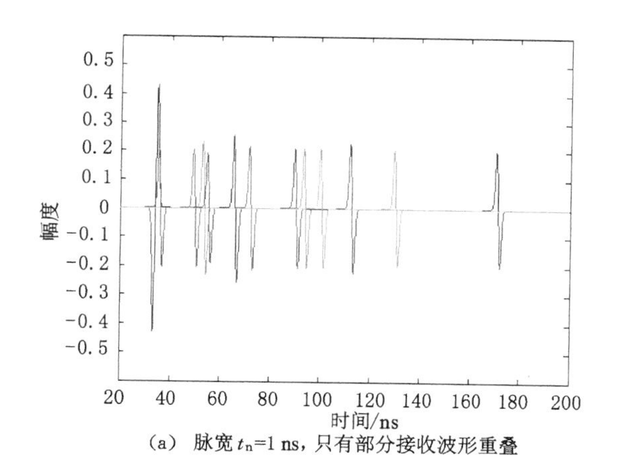

(a) 脉宽 t_n=1 ns，只有部分接收波形重叠

图 2-2 超宽带发射脉冲宽度变化对接收波形重叠的影响

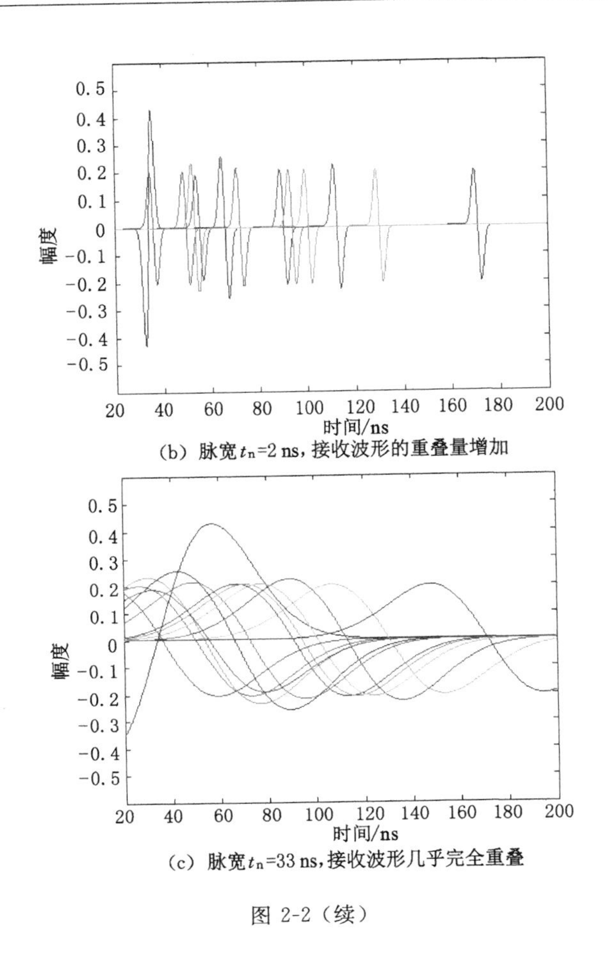

(b) 脉宽 t_n=2 ns，接收波形的重叠量增加

(c) 脉宽 t_n=33 ns，接收波形几乎完全重叠

图 2-2（续）

2.1.2 超宽带信道的频率色散

超宽带发射信号采用的极窄脉宽信号极易出现频率选择性衰落问题，因此在井下环境中对脉冲频率会有明显的依赖行为。由脉冲失真理论可知，在井下这种不均匀的时变信道环境下，信号传播比较容易出现时间选择性衰落进而表现为信号在幅度上发生衰减和在频率上发生色散。目前该问题的研究主要围绕频率进行，即将超宽带时域发射信号 $s(t)$ 通过傅立叶变换变换到频域上信号 $s(\omega)$。

在频域范围内利用反射系数得到各个离散频率点的场强值，然后再通过傅立叶反变换将频域场映射到时域场，从而得到接收信号 $r(t)$：

$$r(t)=\frac{1}{2\pi}\int_{-\infty}^{+\infty}s(\omega)H(\omega)\mathrm{e}^{\mathrm{j}\omega t}\mathrm{d}\omega=\sum_{l=1}^{L}a_l p_l(t-\tau_l)+n(t) \tag{2-1}$$

式中，$H(\omega)$是超宽带信道的频域表达式；$p_l(t)$是超宽带信道的时域表达式，其中 l 在理论上对应 L 个不同的多径分量，即从发射机到接收机之间在无线信道传播过程中经历反射、透射和绕射的 L 条路径；$n(t)$为传播信道中的噪声。

若将超宽带脉冲信号在各个传播路径上经历的时域失真用一个滤波器 $g_l(t)$相应来表示，则超宽带脉冲信号的传播模型可表示为：

$$h(t)=\sum_{l=1}^{L}a_l g_l(t)\delta(t-\tau_l) \tag{2-2}$$

式(2-2)对应的频域表达式为：

$$H(\omega)=\sum_{l=1}^{L}a_l G_l(\omega)\mathrm{e}^{\mathrm{j}\omega\tau_l}=\sum_{l=1}^{L}a_l G_{l0}(\omega)\mathrm{e}^{\mathrm{j}\varphi(\omega)}\mathrm{e}^{-\mathrm{j}\omega\tau_l} \tag{2-3}$$

式中，$G_l(\omega)=G_{l0}(\omega)\mathrm{e}^{-\mathrm{j}\varphi(\omega)}$是信道失真滤波器的表达式。由上述表达式可知，超宽带信号井下通信的色散问题会对传播信号产生幅度谱 $G_{l0}(\omega)$和频率谱 $\varphi(\omega)$两方面的失真，其幅度和频率变化仿真分别如图 2-3(a)和(b)所示。

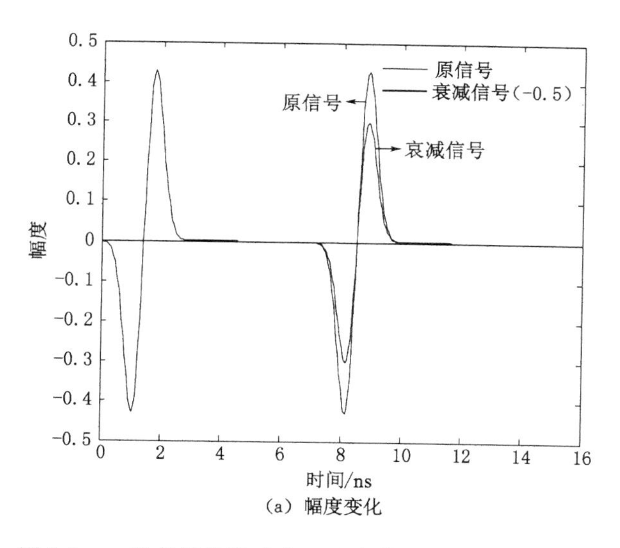

(a) 幅度变化

图 2-3　一阶超宽带脉冲在经过衰落信道后的波形变化

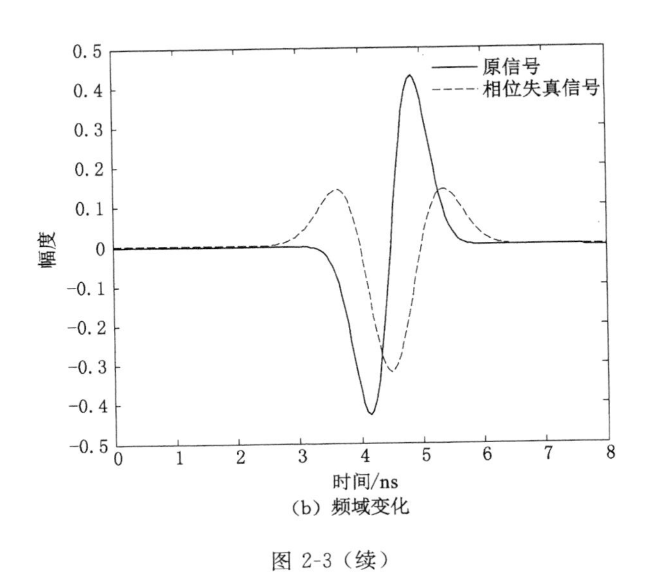

(b) 频域变化

图 2-3（续）

然而在实际中超宽带接收机会接收到经过不同次数反射、色散现象的时延信号，从而产生群时延现象，其仿真如图 2-4 所示。

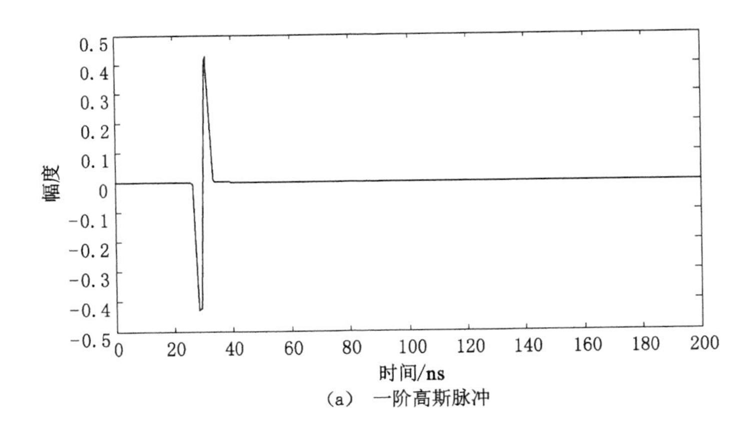

(a) 一阶高斯脉冲

图 2-4 巷道粗糙壁引起的散射效应

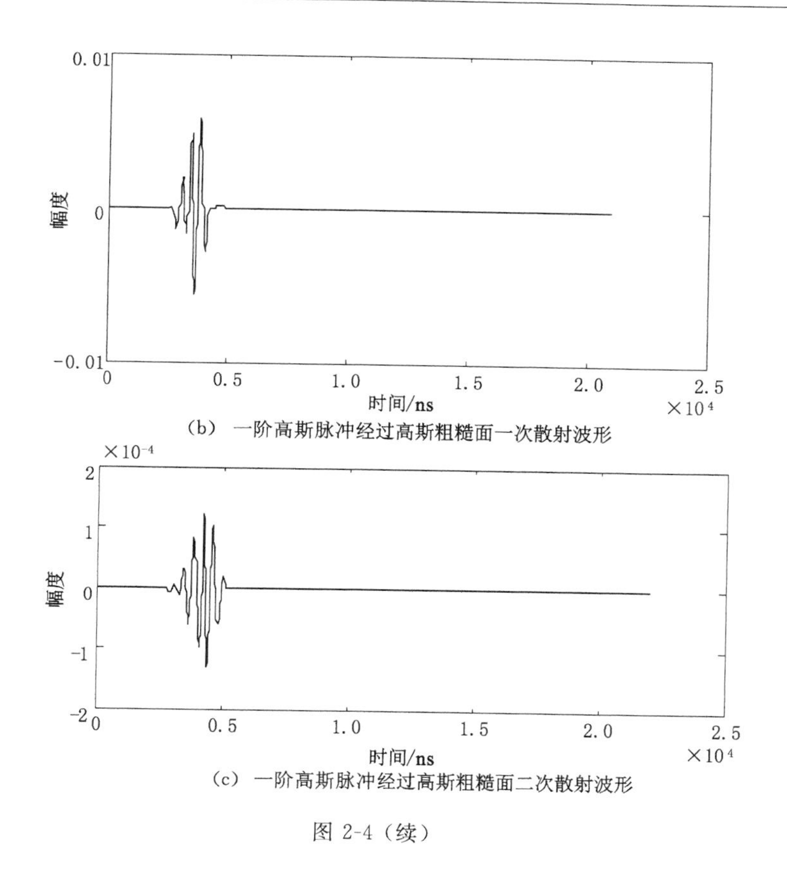

(b) 一阶高斯脉冲经过高斯粗糙面一次散射波形

(c) 一阶高斯脉冲经过高斯粗糙面二次散射波形

图 2-4（续）

从图 2-4 可以清晰地看到，矿井环境下巷道的粗糙程度将直接影响超宽带信号的散射效应。因此，在超宽带煤矿井下的通信信道建模过程中，必须根据实际环境考虑超宽带信道的频率依赖关系。

2.1.3 井下粗糙表面对超宽带传播的影响

由前面有关超宽带信号反射、散射问题的讨论可知，矿井巷道墙壁的粗糙度对超宽带接收信号的幅度和频率都有较大影响。沟道侧壁粗糙表面对传播特性有影响，即墙壁的粗糙度尤其会对高频信号产生附加的损耗。下面讨论巷道墙壁粗糙度对高频超宽带信号的影响。

考虑到井下巷道的表面粗糙和延伸复杂导致电磁波传输的多次反射、色散等问题，采用传统的几何光学方案进行分析会存在散射波场强计算复杂的问题，采用波导理论又存在预测传播特性的局限性，因此采用阻抗级联的方案将井下巷道看作具有频率色散的有损耗的阻抗级联传输线。

该模型(图 2-5)设矿井巷道宽度为 a,将长度为 L 的巷道分成 M 段,各段等效成一个长度为 Δz 的阻抗模型,最终再把这 M 个阻抗模型进行级联从而得到矿井巷道有耗传输阻抗级联模型。那么将矿井巷道四壁看成有损耗的传播媒质,则相应的复介电常数 ε 为:

$$\varepsilon=\varepsilon_0\varepsilon_r-\mathrm{j}\frac{\sigma}{\omega} \tag{2-4}$$

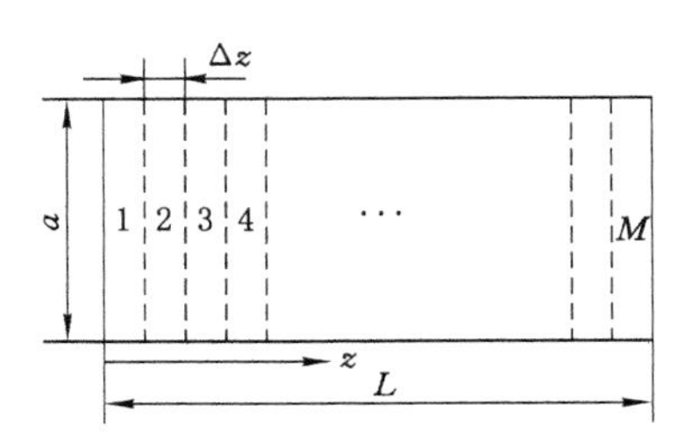

图 2-5　矿井巷道有耗传输线阻抗级联模型

设巷道传播媒质的复波数为 k 时,则相对应的复传播常数 γ 为:

$$\gamma=\mathrm{j}k=\sqrt{\mathrm{j}\omega\mu_0\cdot\mathrm{j}\omega\varepsilon}=\mathrm{j}\sqrt{\omega^2\mu_0\varepsilon} \tag{2-5}$$

因此,巷道传播媒质的特性阻抗 η 为:

$$\eta=\frac{\omega\mu_0}{k}=\sqrt{\frac{\omega^2\mu_0^2}{\omega^2\mu_0\varepsilon}}=\sqrt{\frac{\mu_0}{\varepsilon_0\varepsilon_r+\frac{\sigma}{\mathrm{j}\omega}}}=\sqrt{\frac{\mathrm{j}\omega\mu_0}{\sigma+\mathrm{j}\omega\varepsilon}} \tag{2-6}$$

结合矿井巷道四壁的粗糙情况可知,巷道上下左右四壁的阻抗分别为:

$$Z_1=\sqrt{\frac{\mathrm{j}\omega\mu_0}{\sigma+\mathrm{j}\omega\varepsilon}}\cdot a\cdot\Delta z\cdot f_1(y) \tag{2-7}$$

$$Z_2=\sqrt{\frac{\mathrm{j}\omega\mu_0}{\sigma+\mathrm{j}\omega\varepsilon}}\cdot a\cdot\Delta z\cdot f_2(y) \tag{2-8}$$

$$Z_3=\sqrt{\frac{\mathrm{j}\omega\mu_0}{\sigma+\mathrm{j}\omega\varepsilon}}\cdot a\cdot\Delta z\cdot f_3(y) \tag{2-9}$$

$$Z_4=\sqrt{\frac{\mathrm{j}\omega\mu_0}{\sigma+\mathrm{j}\omega\varepsilon}}\cdot a\cdot\Delta z\cdot f_4(y) \tag{2-10}$$

式中,$f_1(y)$、$f_2(y)$、$f_3(y)$和 $f_4(y)$分别为矿井巷道四壁的高斯粗糙度函数。

矿井巷道四壁的等效阻抗 Z_{eq} 为:

$$Z_{\mathrm{eq}}=Z_1\,/\!/\,Z_2\,/\!/\,Z_3\,/\!/\,Z_4 \tag{2-11}$$

矿井巷道四壁的反射系数$|\Gamma_j|$为:

$$|\Gamma_j| = \left|\frac{Z_j - Z_0}{Z_j + Z_0}\right|, \ j=1,2,3,4 \tag{2-12}$$

式中，$Z_0=376.7\ \Omega$ 为井下巷道的自由空间特性阻抗。

那么矿井巷道等效的反射系数$|\Gamma_{eq}|$和传输系数$|T_{eq}|$分别为：

$$|\Gamma_{eq}| = \left|\frac{Z_{eq} - Z_0}{Z_{eq} + Z_0}\right| \tag{2-13}$$

$$|T_{eq}| = 1 + |\Gamma_{eq}| \tag{2-14}$$

最后矿井巷道的有耗传输线阻抗级联模型的总电场$[E_Z]_\Sigma$为：

$$[E_Z]_\Sigma = \sum_{i=1}^{M}[H_Z]_{(t)} \cdot [Z_0] \cdot \{1 + |[T_{eq}]_{(t)}|\} \tag{2-15}$$

根据超宽带矿井巷道 LOS 条件下的参数进行仿真。

综合上述各种分析结果表明，井下粗糙面起伏程度越严重，对于超宽带的附加损耗越大，中心频率越高，超宽带接收机接收功率越小(图 2-6)。

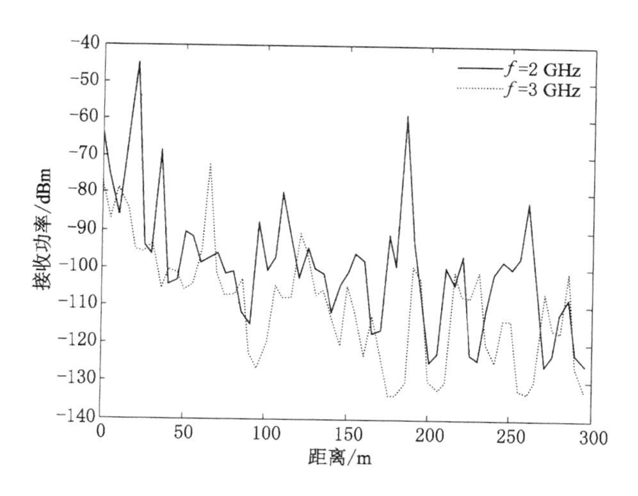

图 2-6 矿井巷道粗糙表面对超宽带传播特性的影响

2.2 超宽带煤矿信道研究

超宽带无线信号因其信号的带宽达到 GHz 数量级，与传统连续波窄带通信信号存在明显的不同，主要是超宽带常使用基带脉冲携带信息且具有大量的分布密集的多径分量，因此超宽带的信道建模研究和分析一直以来受到众多研究人员的关注；但是超宽带在煤矿井下的通信环境与地面极大不同，所以对超宽带井下信道的研究显得尤为重要。本章将详细介绍 IEEE 802.15.3a 信道模型、IEEE 802.15.4a 信道模型和超宽带井下复合衰落模型。

2.2.1 IEEE 802.15.3a 模型研究

2003 年 7 月，IEEE 802.15.SG3a 研究小组就一系列超宽带相关信道模型进行了评估并发布了超宽带室内多径信道模型的最终报告，IEEE 信道模型委员会最终决定采用在 Saleh-Valenzuela(简称 S-V)信道模型的簇方式的基础上对多径幅度分布作了修正的最终传播模型。

S-V 信道模型最初虽然不是专门针对超宽带进行设计的，但当时在测量研究时主要使用的信号类似于低功率雷达脉冲，因此在 S-V 信道模型的观测中通常是采用基于来自同一个脉冲的多径分量以簇的形式到达接收机的模型。那么，假定簇的到达时间被模拟为一个速率为超宽带的泊松分布过程：

$$p\langle \tau_{nk} \mid \tau_{(n-1)k} \rangle = \Lambda e^{-\Lambda(T_n - T_{n-1})} \tag{2-16}$$

若将首个到达的超宽带信号时间记为 $T_1=0$，则式(2-16)中第 n 簇脉冲到达时间为 T_n，第 $n-1$ 簇脉冲到达时间为 T_{n-1}。其中各簇内脉冲达时间又遵循速率为 λ 的泊松分布：

$$p\langle \tau_{nk} \mid \tau_{(n-1)k} \rangle = \Lambda e^{-\Lambda(T_{nk} - T_{(n-1)k})} \tag{2-17}$$

若将各簇首个到达的超宽带信号时间记为 $\tau_{n1}=0(n=1,\cdots,N)$，则式(2-17)中第 k 簇脉冲第 n 个分量到达时间为 τ_{nk}，第 $n-1$ 分量到达时间记为 $\tau_{(n-1)k}$。

根据 S-V 信道模型假定超宽带接收信号第 k 簇内第 n 条路径为幅值 β_{nk}、相位 θ_{nk} 的复随机变量 α_n，其表达式为：

$$p(\beta_{nk}) = \frac{2\beta_{nk}}{\langle |\beta_{nk}|^2 \rangle} e^{-\beta_{nk}^2 / \langle |\beta_{nk}|^2 \rangle} \tag{2-18}$$

$$p(\theta_{nk}) = \frac{1}{2\pi},\ 0 \leqslant \theta_{nk} \leqslant 2\pi \tag{2-19}$$

式中，$\langle |\beta_{nk}|^2 \rangle$ 表示 $|\beta_{nk}|^2$ 的期望值，且：

$$\langle |\beta_{nk}|^2 \rangle = \langle |\beta_{00}|^2 \rangle e^{-T_n/\Gamma} e^{-\tau_{nk}/\gamma} \tag{2-20}$$

式中，Γ 表示超宽带发射信号各簇功率衰落系数；γ 表示超宽带发射信号各簇内路径的功率衰落系数；β_{00} 为超宽带接收信号首簇首条到达路径的能量均值。由式(2-18)可知，平均功率时延剖面(power delay profile，简称 PDP)呈簇幅度的指数衰减形式，而在每簇多径内接收到的脉冲的幅度表现为另一个不同的指数衰减形式。IEEE 通信工作组通过大量的实验比对得出，多径增益幅度和总多径增益的波动均适合采用不同对数正态分布来表示，并且相位 θ_{nk} 总是以等概率形式出现。由此，经过修正后的 IEEE 802.15.3a 模型的信道冲激响应可以表示为：

$$h(t)=X\sum_{n=1}^{N}\sum_{k=1}^{K(n)}\alpha_{nk}\delta(t-T_n-\tau_{nk}) \tag{2-21}$$

式中，X为超宽带通信信道的幅度增益的对数正态随机变量；N为超宽带接收机获取的簇总数；$K(n)$为超宽带接收机获取的第n簇内全部多径数；α_{nk}为超宽带接收信号的第n簇内第k条多径的系数；T_n为超宽带接收机获取第n簇的时间；τ_{nk}为超宽带接收信号的第n簇内第k条多径的时延系数。

信道系数α_{nk}可以表示为：

$$\alpha_{nk}=p_{nk}\beta_{nk} \tag{2-22}$$

式中，p_{nk}是等概率取-1和$+1$值的离散随机变量；β_{nk}是服从对数正态分布的第n簇多径中第K条路径的信道系数，β_{nk}相关表达式为：

$$\beta_{nk}=10^{\frac{x_{nk}}{20}} \tag{2-23}$$

式中，x_{nk}是均值为μ_{nk}、标准差为σ_{nk}的高斯随机变量。

$$x_{nk}=\mu_{nk}+\xi_n+\zeta_{nk} \tag{2-24}$$

式中，ξ_n表示超宽带接收信号内各簇多径信道系数；ζ_{nk}表示超宽带接收信号内各路径分量的信道系数。若σ_ξ^2表示ζ_n的方差，σ_ζ^2表示ζ_{nk}的方差，则出于超宽带接收信号各簇各路径均满足指数衰减规律的考虑，μ_{nk}可以表示为：

$$(|\beta_{nk}|^2)=\left\langle|10^{\frac{\mu_{nk}+\xi_n+\zeta_{nk}}{20}}|^2\right\rangle^2=\langle|\beta_{00}|^2\rangle e^{-T_n/\Gamma}e^{-\tau_{nk}/\gamma}$$

$$\Rightarrow\mu_{nk}=\frac{10\ln(\langle\beta_{00}\rangle^2)-10\dfrac{T_n}{\Gamma}}{\ln 10}-\frac{(\sigma_\xi^2+\sigma_\zeta^2)\ln 10}{20} \tag{2-25}$$

式(2-25)中到达时间变量T_n和τ_{nk}分别是到达速率为Λ和λ的泊松过程。IEEE 802.15.3a方案将S-V信道模型中的幅度增益X改变为对数正态随机变量：

$$X=10^{\frac{g}{20}} \tag{2-26}$$

式(2-26)中g受超宽带接收信号总多径增益均值G的影响。若G的均值为g_0、方差为σ_g^2，则g_0的相关表达式为：

$$g_0=\frac{10\ln\dfrac{G_0}{D^\gamma}}{\ln 10}-\frac{\sigma_g^2\ln 10}{20} \tag{2-27}$$

式中，G_0是距离$D=1$ m时的参考功率增益；γ是能量的功率衰减指数。根据式(2-25)～式(2-27)对参数的定义，结合图2-7给出的参数，便可获得IEEE 802.15.3a模型的超宽带信道冲激响应，如图2-8所示。

建模参数	CM1	CM2	CM3	CM4
平均多径时延(τ_m)/ns	5.05	10.38	14.18	
均方根时延(τ_{rms})/ns	5.28	8.03	14.28	25
多径数(10 dB)			35	
多径数(85%)	24	36.1	61.54	
建模参数				
Λ/(1/ns)	0.023 3	0.4	0.066 7	0.066 7
λ/(1/ns)	2.5	0.5	2.1	2.1
Γ	7.1	5.5	14	24
λ	4.3	6.7	7.9	12
σ_1/dB	3.394 1	3.394 1	3.394 1	3.394 1
σ_2/dB	3.394 1	3.394 1	3.394 1	3.394 1
σ_x/dB	3	3	3	3
建模参数				
平均多径时延(τ_m)/ns	5	9.9	15.9	30.1
均方根时延(τ_{rms})/ns	5	8	15	25
多径数(10 dB)	12.5	15.3	24.9	41.2
多径数(85%)	20.8	33.9	64.7	123.3
信道能量均值/dB	-0.4	-0.5	0	0.3
信道能量标准差/dB	2.9	3.1	3.1	2.7

图 2-7 IEEE 802.15.3a 模型参数

2.2.2 IEEE 802.15.4a 模型研究

IEEE 802.15.4a 工作小组的最终超宽带信道方案仍然借鉴了 S-V 信道模型，将超宽带信道模型分成了 4 种使用环境，即超宽带室内居住环境(residential environment)、超宽带室内办公环境(indoor office environment)、超宽带室外工作环境(outdoor environment)和超宽带工业现场环境(industrial environment)。下面将从路径损耗 $PL(d)$、小尺度衰落 $pdf(x)$ 等特性讨论 IEEE 802.15.4a 信道。

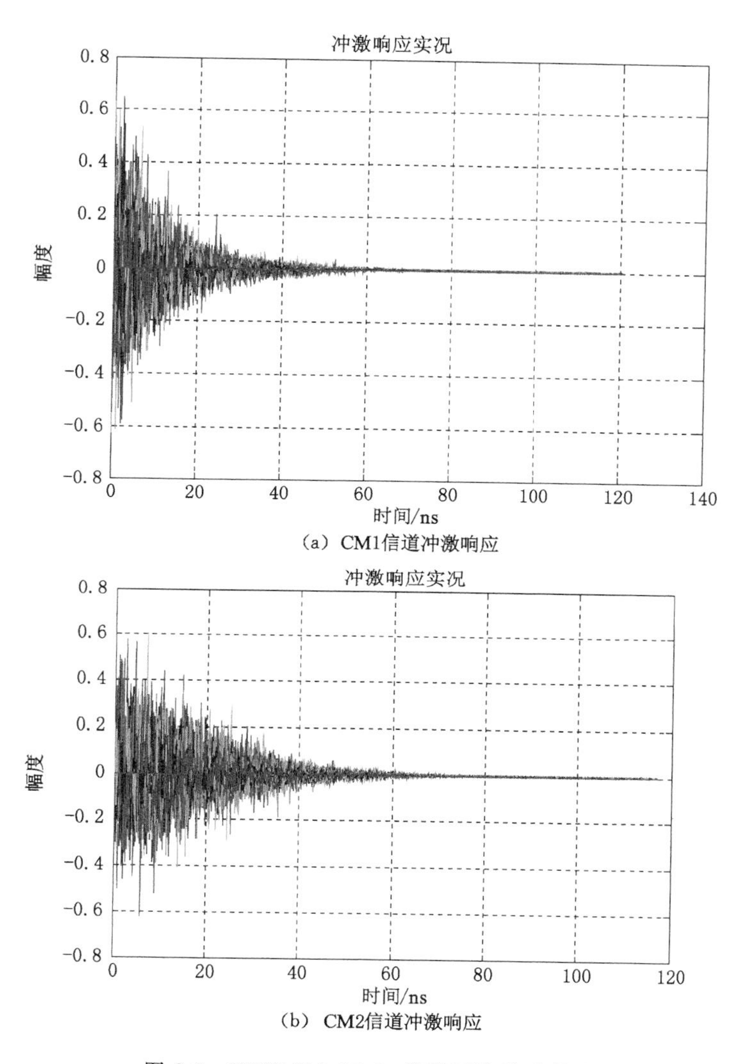

(a) CM1信道冲激响应

(b) CM2信道冲激响应

图 2-8 IEEE 802.15.3a 信道下信道冲激响应

IEEE 802.15.4a 的信道模型仍然认为超宽带的多径分量表现为分簇到达的现象，其冲激响应表达式为：

$$h(t)=\sum_{l=0}^{L}\sum_{k=0}^{K}\{\alpha_{k,l}\}\mathrm{e}^{\mathrm{j}\phi_{k,l}}\delta(t-T_l-\tau_{k,l}) \tag{2-28}$$

式中，$\{\alpha_{k,l}\}$为遵循瑞利(Rayleigh)分布的多径信道系数；$\phi_{k,l}$为遵循均匀分布$[0,2\pi]$的相位变量；T_l 为超宽带接收机获取第 l 簇多径的时间；$\tau_{k,l}$为超宽带接

收信号第 l 簇内第 k 条多径的时延。

当超宽带多径到达时间满足泊松(Poisson)分布时，多径信道系数 $\{\alpha_{k,l}\}$ 可以定义为：

$$E\{|\alpha_{k,l}|^2\}=\Omega_l\frac{e^{-\tau_{k,l}/\gamma_l}}{\gamma_l[\lambda+1]} \tag{2-29}$$

当超宽带多径到达时间满足混合泊松分布时，多径信道系数 $\{\alpha_{k,l}\}$ 可以定义为：

$$E\{|\alpha_{k,l}|^2\}=\Omega_l\frac{e^{-\tau_{k,l}/\gamma_l}}{\gamma_l[(1-\beta)\lambda_1+\beta\lambda_2+1]} \tag{2-30}$$

式中，Ω_l 为超宽带第 l 簇多径的总能量；γ_l 为超宽带第 l 簇多径对应的时延。那么 γ_l 和 Ω_l 对应表达式分别为：

$$\begin{gathered}\gamma_l\propto k_\gamma T_l+\gamma_0\\ 10\log\Omega_l=10\log e^{-T_l/\Gamma}+M_{\text{cluster}}\end{gathered} \tag{2-31}$$

式中，k_γ 为 γ_l 的比例系数；M_{cluster} 为方差 σ_{cluster} 且服从正态分布的随机变量。

IEEE 802.15.4a 信道内簇所包含的多径数量满足泊松分布，可以用均值 $\overline{L}$ 进行描述：

$$p_L(L)=\frac{(\overline{\overline{L}})^L e^{-\overline{L}}}{L!} \tag{2-32}$$

IEEE 802.15.4a 信道内各簇的到达时间 T_l 则定义为另一个泊松过程：

$$p\langle T_l|T_{l-1}\rangle=\Lambda_l e^{-\Lambda_l(T_l-T_{l-1})},\ l>0 \tag{2-33}$$

式中，Λ_l 为超宽带信道第 l 簇多径的到达速率。

考虑到超宽带的不同使用环境，IEEE 802.15.4a 信道内各簇的到达时间 T_l 也可定义为另一个混合泊松过程：

$$p\langle\tau_{k,l}|\tau_{(k-1),l}\rangle=\beta\lambda_l e^{-\lambda_l(\tau_{k,l}-\tau_{(k-1),l})}+(1-\beta)\lambda_2 e^{-\lambda_2(\tau_{k,l}-\tau_{(k-1),l})},\ k>0 \tag{2-34}$$

式中，β 为超宽带室内外环境多径分量的混合概率；λ_1 和 λ_2 为超宽带室内外多径分量的到达速率。

由于超宽带发射信号的带宽非常大，因此可以认为超宽带信号的路径损耗满足频率的函数相应关系式为：

$$\begin{gathered}PL(f,d)=PL(f)PL(d)\\ \sqrt{PL(f)}\propto f^{-k}\end{gathered} \tag{2-35}$$

当考虑超宽带信道的阴影效应时，路径损耗 $PL(d)$ 与距离 d 的关系满足：

$$PL(d)=PL_0+10n\lg\left(\frac{d}{d_0}\right)+S \tag{2-36}$$

式中，PL_0 为距离发射机 1 m 处的路径损耗；n 为与环境因素有关的衰减系数；S 为由阴影效应产生的满足均值为 0、方差为 σ_S 高斯分布的随机变量。

在超宽带的一般使用环境下均存在小尺度衰落且幅度满足纳卡伽密(Nakagami)分布：

$$pdf(x)=\frac{2(\overline{L})^L}{\Gamma(m)}\left(\frac{m}{\Omega}\right)^m x^{2m-1}\mathrm{e}^{-\frac{m}{\Omega}x^2} \tag{2-37}$$

式中，$\Gamma(m)$满足伽马(Gamma)函数；m 是遵循均值 μ_m、标准差 σ_m 的随机变量。那么 μ_m 和 σ_m 的表达式分别为：

$$\begin{aligned}\mu_m(\tau)&=m_0-k_0\tau\\ \sigma_m(\tau)&=\hat{m}_0-\hat{k}_0\tau\end{aligned} \tag{2-38}$$

根据式(2-28)～式(2-38)给出的定义并结合相关实测参数，便可求出 IEEE 802.15.4a 模型的超宽带信道冲激响应，如图 2-9 所示。

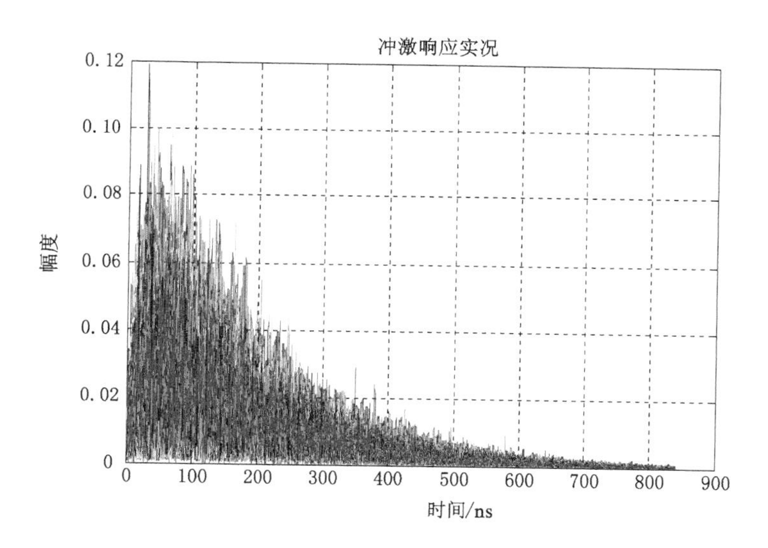

图 2-9　IEEE 802.15.4a 信道冲激响应

2.2.3　超宽带井下复合衰落模型

由于井下粗糙弯曲巷道对超宽带通信信号造成复杂的多径影响，考虑结合地面超宽带信道的成熟研究模型和方法以及煤矿井下的具体情况来获得矿井超宽带复合衰落模型。下面通过结合超宽带地面 IEEE 信道模型和加拿大 CANMET 实验室的井下巷道测量数据，提出和建立超宽带井下复合衰落信道。

在煤矿井下有明显的粗糙度、大量的障碍物(如电缆、管道、通风系统等)以及视距(LOS)条件和非视距(NLOS)条件下,使用 HP8753ES 矢量网络分析仪测量了频域为 2～5 GHz 带宽内的 120 个测量点值并对数值进行了 40 多次平均处理后,对数据采用 Nakagami 分布进行拟合发现,除了每一簇多径的第一个路径表现出较强的镜像贡献,其他大多数数据均能被 Nakagami 分布在 m 参数为 1 时获得最好的拟合。但是矿井超宽带在 $m=1$ 的 Nakagami 分布中可分辨时间间隔内到达多径的数目不再满足中心极限定理,即与地面室内超宽带模型 802.15.3a 中的正态分布极不相同,须考虑矿井壁的粗糙所带来的小尺度衰落影响。因此,井下超宽带通信信道的模型将由两部分组成,分别为 m 参数值为 1 的 Nakagami 分布的小尺度衰落模块 $x(n)$ 和由阴影模块组成的大尺度衰落模块 $s(n)$,这两个模块构建的衰落模块的模型可以表示为:

$$r(n)=s(n)x(n) \tag{2-39}$$

式(2-39)中的 Nakagami 信道模块是利用 Rayleigh 分布随机序列 R 产生均匀随机序列 u,并将该均匀序列 u 通过 Nakagami 累积分布函数进行近似反变换从而得到 $G(\eta)$,其间假定 Nakagami 分布的相位服从$[0,2\pi]$的均匀分布。仿真中利用 Rayleigh 衰落产生的均匀分布序列 u 的表达式为:

$$u=F_{\text{rayleigh}}(r)=1-\mathrm{e}^{-\gamma^2/\Omega_l},\ u\in(0,1) \tag{2-40}$$

式中,F_{rayleigh}为 Rayleigh 分布随机序列 R 的累积分布函数;Ω_l 是 Rayleigh 随机序列 R 的二阶矩。将均匀序列 u 通过 Nakagami 累积分布函数 $F_{\mathrm{N}}(u)$反变换可以得到序列 A 的表达式:

$$A=F_{\mathrm{N}}^{-1}(u) \tag{2-41}$$

式中,Nakagami 累积分布函数的反函数 $F_{\mathrm{N}}^{-1}(u)$虽然没有精确表达式,但可以推导出 $F_{\mathrm{N}}^{-1}(u)$的近似表达式 $G(\eta)$:

$$G(\eta)\approx F_{\mathrm{N}}^{-1}(\eta)=\eta\left(1+\frac{a_1+a_2\eta+a_3\eta^2}{1+b_1\eta+b_2\eta^2}\right) \tag{2-42}$$

式中,a_1、a_2、a_3、b_1、b_3 为最小化近似误差系数;η 为辅助变量,其表达式为:

$$\eta=\sqrt[2m]{-\ln(1-u)} \tag{2-43}$$

式(2-39)中阴影衰落模块是利用均值为 0、方差为 1 的高斯(Gaussian)白噪声序列经功率谱密度(PSD)成形滤波为色噪声 $v(t)$,然后经过非线性变换 $s(t)=10[\sigma\cdot v(t)+\mu]$,从而得到均值为 0、方差 $\sigma_s=1.1$ 正态阴影衰落 $s(t)$。色噪声 $v(t)$的功率谱 $W(f)$的表达式为:

$$W(f)=(1/\sqrt{2\pi}\sigma_c)\mathrm{e}^{-f^2/2\sigma_c^2} \tag{2-44}$$

式(2-44)中阴影衰落的偏差 σ_c 是通过 $W(f)$的截止频率 $f_{3\text{ dB}}$确定的,即

$f_{3\text{ dB}}=\sigma_c\sqrt{2\ln 2}$。图 2-10 是阴影衰落模块原理图，其中阴影扩展是指阴影衰落的标准差 σ，模块 mu 是收发距离和路径损耗指数的区域均值函数 u。

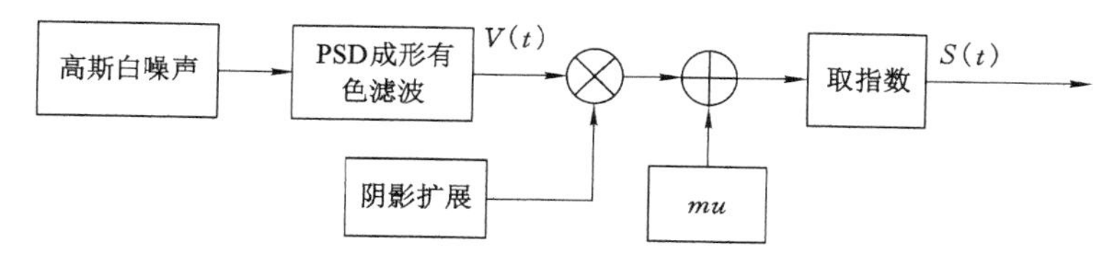

图 2-10 阴影衰落模块原理图

通过上述分析，利用 Simulink 建模与仿真将小尺度衰落模块 $x(n)$ 和大尺度衰落模块 $s(n)$ 进行复合得到的矿井超宽带原理模型，如图 2-11 所示。

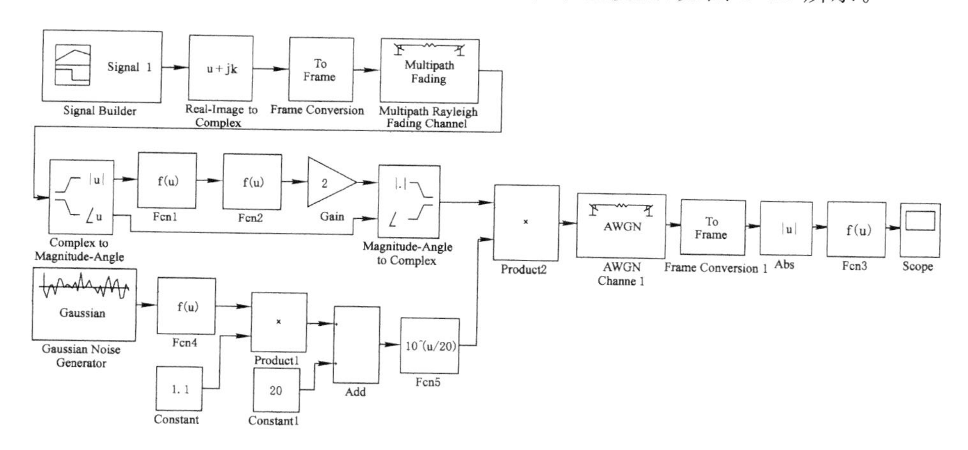

图 2-11 矿井超宽带复合衰落信道模型

根据上述信道模型，便可求出矿井超宽带复合衰落模型的信道冲激响应。

2.3 井下噪声干扰

煤矿的工作环境致使井下电气设备的使用标准及布局方案与地面环境存在较大的差异，因此对超宽带通信定位的影响会存在明显的不同。本节通过井下实测数据具体分析输电电缆、生产监控系统及架线机车等常见井下噪声源产生的干扰特性。

2.3.1 井下输电电缆的干扰

井下电气输电电缆密集，因此输电电缆对于超宽带无线通信系统的干扰值得研究。根据《煤矿安全规程》可知，井下会根据电压等级、用途和敷设场所等条件使用不同电缆，手持及移动电气设备、采掘工作面的 380 V、660 V 设备及电压等级为 1 140 V 的设备采用分相屏蔽不延燃橡套电缆。一般来讲，输电电缆的干扰存在传导干扰和辐射干扰，对于无线通信系统的干扰主要是辐射干扰。

煤矿井下的供电系统都是通过电力电缆进行连接的，这些输电电缆网络一般都很长而且分支很多。在出现大功率高电压的电气设备切除和投入时，供电网络中常常会出现较大电压的波动，由此会产生丰富的高次谐波，这些高次谐波通过电缆的漏磁场将输电网络中的干扰辐射到巷道中，同时还会有由于变压器的非线性磁化产生的无穷级数谐波以及馈电开关接通与断开瞬间产生的电弧通过电缆辐射到巷道。

如图 2-12 所示，井下输电电缆线路中有三相电流流过时在观测点 P 处的辐射电场表达式为：

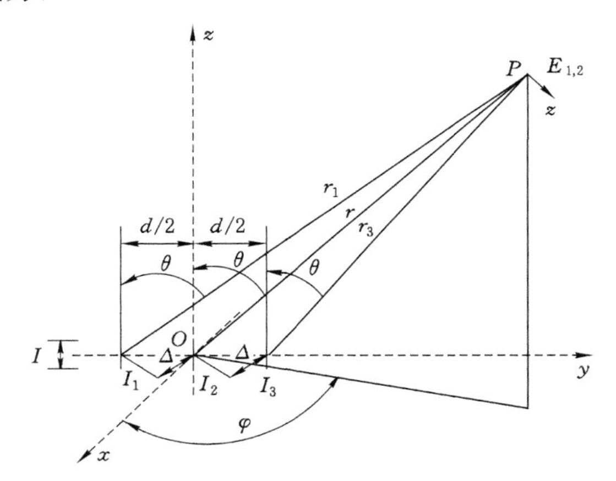

图 2-12　井下输电电缆 P 点处辐射模型

$$E_{1,3}=\mathrm{j}\ \frac{\eta_0\beta}{4\pi}l\left(I_1\ \frac{\mathrm{e}^{-\mathrm{j}\beta r_1}}{r_1}+I_2\ \frac{\mathrm{e}^{-\mathrm{j}\beta r_2}}{r_2}+I_3\ \frac{\mathrm{e}^{-\mathrm{j}\beta r_3}}{r_3}\right)\sin\theta \tag{2-45}$$

式中，$r_1=r+\Delta$，$r_2=r-\Delta$，$r_3=r$。将相应关系式代入上式得：

$$E_{1,2}=\mathrm{j}\ \frac{\eta_0\beta}{4\pi}l\left(I_1\ \frac{\mathrm{e}^{-\mathrm{j}\beta(r+\Delta)}}{r+\Delta}+I_2\ \frac{\mathrm{e}^{-\mathrm{j}\beta(r-\Delta)}}{r-\Delta}+I_3\ \frac{\mathrm{e}^{-\mathrm{j}\beta r}}{r}\right)\sin\theta \tag{2-46}$$

假定 $r\geqslant\Delta$，则上式可近似表达为：

$$E_{1,2} \approx \mathrm{j}\,\frac{\eta_0 \beta}{4\pi} l \mathrm{e}^{-\mathrm{j}\beta r}(I_1 + I_2 + I_3)\sin\theta \tag{2-47}$$

如果输电电缆上的负载为对称的，则 $I_1+I_2+I_3=0$，因此在这种情况下输电电缆所产生的电磁辐射干扰可以基本不考虑，加之一般煤矿井下巷道中使用的电缆基本为铠装电缆，这种电缆的铠装层会起到较好的电磁屏蔽作用。所以在理想的情况下当测试点到电缆之间的距离与到电缆芯线之间的距离远远大于 1 时，煤矿井下输电电缆产生的电磁干扰基本可以忽略。图 2-13 为平煤十三

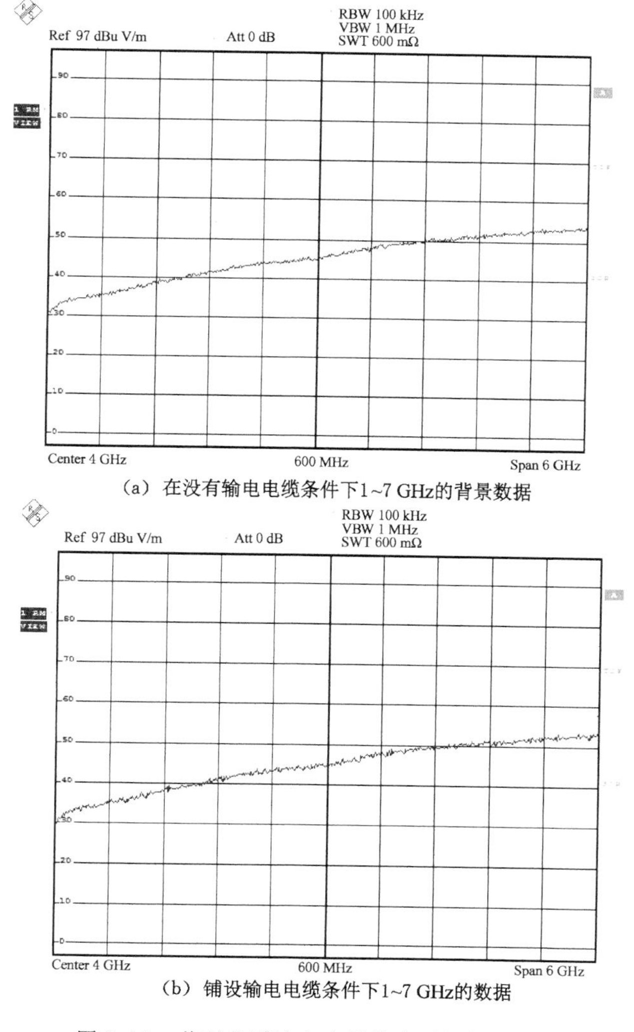

(a) 在没有输电电缆条件下1~7 GHz的背景数据

(b) 铺设输电电缆条件下1~7 GHz的数据

图 2-13 井下巷道输电电缆的电磁辐射干扰

矿废弃的巷道中测试的数据，图 2-13(a)为巷道中既没有照明供电线路也没有监控、通信等线路的情况，图 2-13(b)则是巷道在上述基础上铺设 22 根粗细不等的电缆的条件下测得的数据。

通过对比上述图形可以看出，在煤矿井下电机硐室口设有监控分站的情况下，巷道输电线路各个频段之间不会产生干扰。因此和前面分析的结果基本一致，即在输电电缆三相对称工作的情况下，输电电缆对井下巷道不产生电磁辐射干扰。

2.3.2 井下生产监控系统的干扰

考虑到井下通信环境中工作人员的作业场所周围还存在大量的监控设备，井下工人距离这些控制设备较近且监控分站的功率相对较大，因此研究井下机电硐室内监控系统分站的电磁干扰不容忽视。图 2-14 是存在 KJ4-2000 煤矿安全生产监控系统条件下测试的结果。

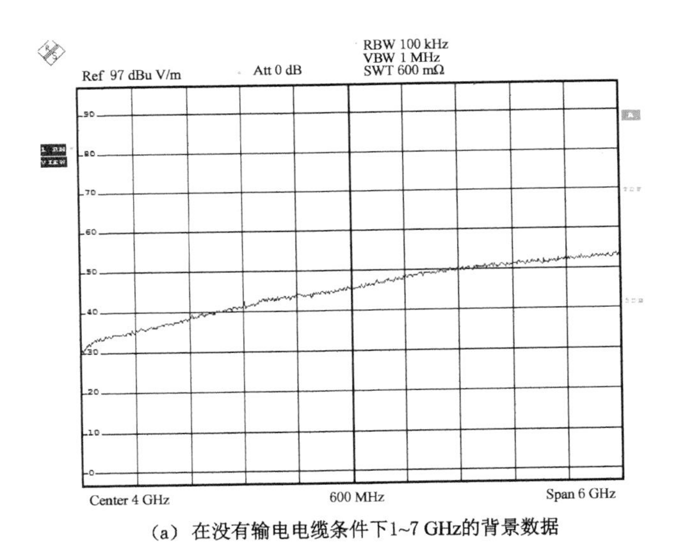

(a) 在没有输电电缆条件下1~7 GHz的背景数据

图 2-14　井下生产监控系统的电磁辐射干扰

对图 2-14 和现场情况的分析可知，电场干扰主要来自监控分站产生的电场干扰，监控分站的电场干扰主要集中在 750 MHz 以下，而在 750 MHz 以上基本没有干扰。该现象主要是 KJ4-2000 煤矿安全生产监控分站的电磁泄漏引起的，但是由于干扰信号的频率较低，泄漏的电磁辐射对周围环境的影响范围较小。

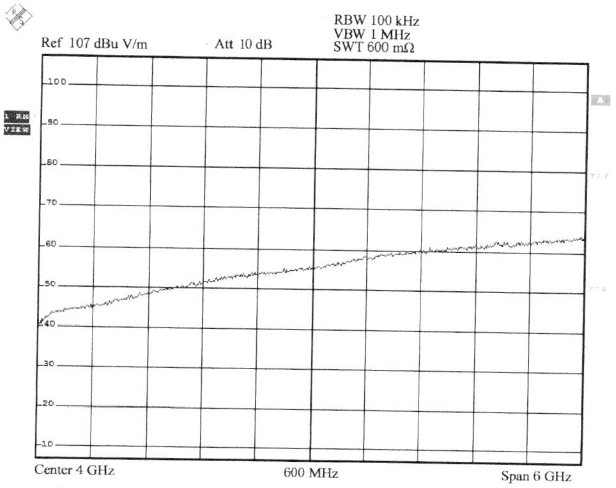

（b）KJ4-2000煤矿安全生产监控分站条件下1~7 GHz的数据

图 2-14（续）

2.3.3 煤矿井下架线机车的干扰

煤矿井下电力机车的接触网是一种具有电缆电磁骚扰特性和随机脉冲干扰特性的强大工业干扰源。井下电力机车接触网的地线是机车的轨道钢轨。采矿区附近的钢轨时常是被煤末所填平的，加上电力机车路过时的碾压摩擦，就会产生电火花干扰。因此，这些干扰的频谱和电平取决于电力的负载电流和电压等级以及接触网敷设状况等条件。

图 2-15 表示由架线机车、架空接触线、牵引整流变电所及回流线路组建的井下巷道机车牵引系统。

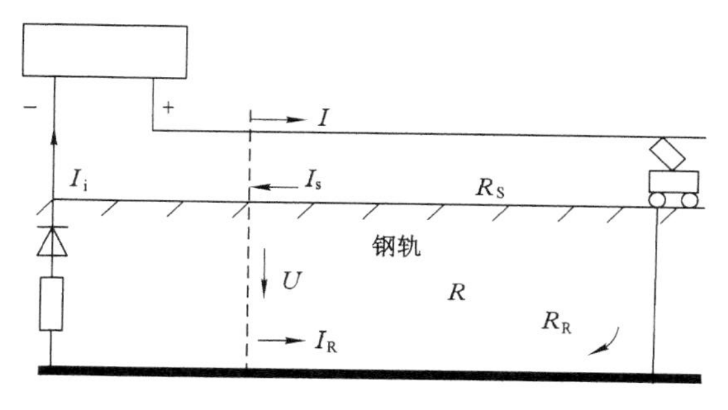

图 2-15 巷道架线机车牵引系统

假设架线机车电弧放电等效电路为电阻和电感回路，如图 2-16 所示。

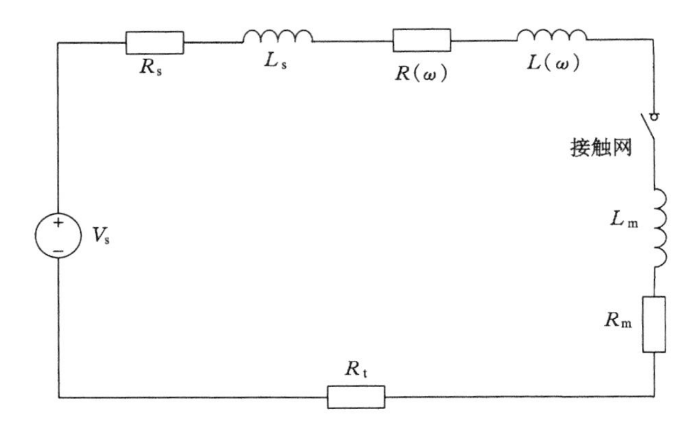

图 2-16　架线机车电弧放电等效电路

图 2-16 中 V_s 为接触网供电电压，R_s、L_s 分别为电源内阻和内电感，$R(\omega)$、$L(\omega)$ 分别为接触网的电抗和电感，R_m、L_m 分别为架线机车直流电机的电阻和电感，R_t 为轨道的电阻，t 为电弓与接触网的分离和接通时间。因此，相应瞬态电流表达式为：

$$i(t)=\frac{V_s}{R}(1-e^{R_t/L})+I_0e^{-R_t/L} \tag{2-48}$$

式(2-48)中接触网回路总电阻 R、回路总电感 L 以及架线机车直流电动机的电感值 L_m 的表达式分别为：

$$R=R_s+R(\omega)+R_m+R_t \tag{2-49}$$

$$L=L_s+L(\omega)+L_m \tag{2-50}$$

$$L_m=19.1\frac{U_N}{2pI_Nn_N}C_a \tag{2-51}$$

以架线机车电动机型号为 ZQ7 型为例，功率 $W_n=6.5$ kW；电流 $I_N=31.5$ A；电压 $U_N=250$ V；极对数 $2p=4$；额定转速 $n_N=119$ r/min；标幺值 $C_a=0.4$；电感 $L_m=0.0127$ H；内阻 $R_m=1.4$ Ω。

$$\begin{aligned}i(t)&=\frac{250}{1.6}(1-e^{-1.6t/0.0142})+I_0e^{-1.6t/0.0142}\\&=156.25(1-e^{-1.6t/0.0142})+31.5e^{-1.6t/0.0142}\end{aligned} \tag{2-52}$$

《煤矿安全规程》要求架线电机车的行驶速度须小于 4 m/s。假定受电弓脱离接触网后再次接触所用行程为 8 cm，则受电弓产生火花的放电时间应大于 0.02 s。图 2-17 为不同 t 的条件下 $i(t)$ 值的仿真图。

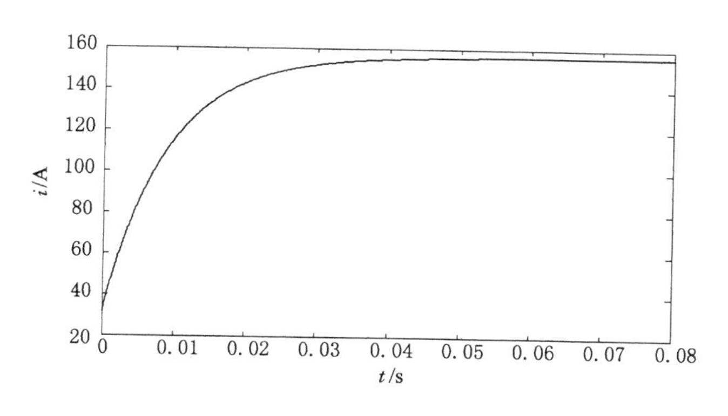

图 2-17　放电电流随时间的变化

从图 2-17 可以知道，当架线机车行驶速度越慢时，机车与接触网间产生的电弧辐射干扰就越大。图 2-18 是煤矿现场架线机车在测试位置以来回 3 m/s 的速度运行时测得的数据。可以看出，井下架线机车巷道内的干扰频段主要集中在 3 GHz 以内，对于 3 GHz 以上基本不存在电磁干扰。结合现场环境可以知道，井下架线机车接触网非常有利于电磁辐射干扰的传播，因此在巷道较远的地方有架线机车工作时都能对整个巷道内产生较大的电磁干扰。

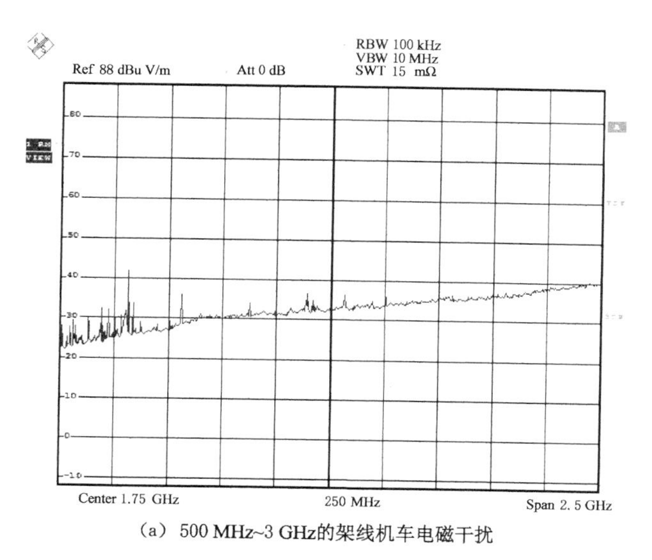

(a) 500 MHz~3 GHz的架线机车电磁干扰

图 2-18　架线机车在远处运行时的电磁干扰

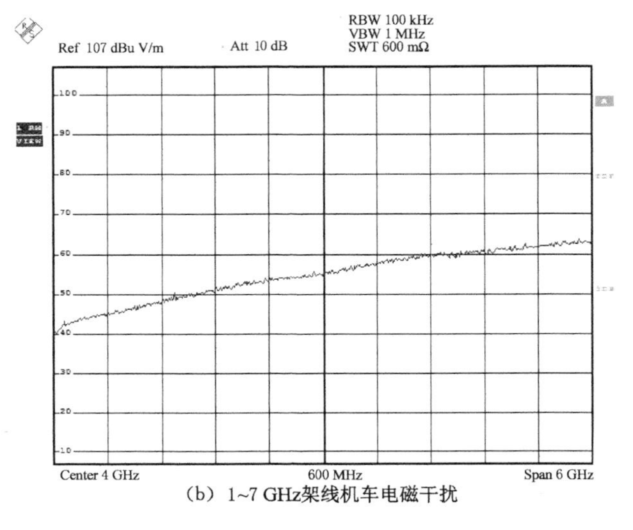

(b) 1~7 GHz架线机车电磁干扰

图 2-18（续）

2.4 井下超宽带穿透探测信号波形

在地下穿透探测应用中，因为实际应用的场景不同，对信号的要求也就不同，所以如何设计出符合矿井下穿透探测要求的信号是研究穿透特性首先要解决的问题。在信号发射过程中，发射波形只是起到一个信息载体的作用，对目标冲激响应进行采样。因此，选取发射信号的波形的时候，要侧重能够实现最大限度激励、提取目标信息的信号波形。

如今，应用于穿透探测系统的信号包括经典的冲激脉冲信号、线性调频信号、步进变频信号和噪声信号。

2.4.1 冲激脉冲信号

冲激脉冲的产生主要考虑脉冲宽度和幅度两个指标。在一些实际应用中，要考虑选择单极脉冲还是双极脉冲，因为脉冲形式的不同对系统性能的影响也不同。脉冲的宽度关系到工作频带，脉冲幅度关系到系统探测距离。

如今，超宽带极窄脉冲的产生主要通过雪崩三极管、隧道二极管或者漂移阶跃恢复二极管实现。其中，雪崩三极管利用雪崩效应，同时运用级联结构，能够产生输出脉冲峰值幅度达到 30 V、上升时间为 200 ps 的脉冲信号。隧道二极管所形成脉冲的上升时间能够达到皮秒(ps)级，在实际应用时，考虑其幅度较低，因此仅可达到毫伏级。漂移阶跃恢复二极管(DSRD)与三极管(DSRT)

能够产生峰值功率达到兆瓦的纳秒(ns)级别的冲激脉冲。这种器件高效、体积小且可靠性高,将其应用在地下的穿透探测中效果良好。

冲激脉冲的时域波形如图 2-19 所示。

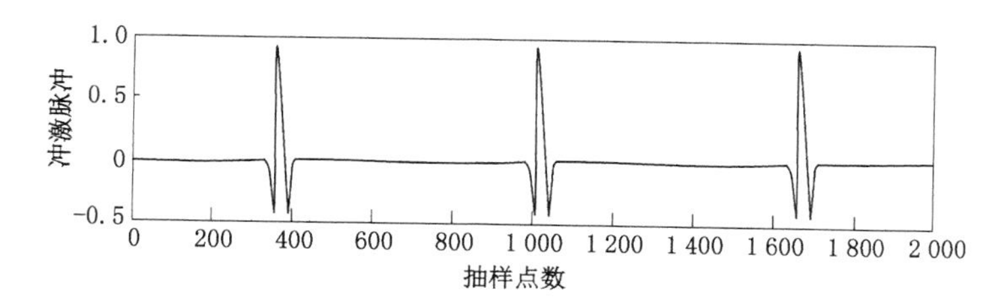

图 2-19 冲激脉冲典型时域波形

单极脉冲所产生的逻辑结构如图 2-20 所示。其原理为:利用开关三极管在短时间内的良性雪崩效应可以使三极管的集电极电容快速地放电,然后即可形成纳秒级别的脉冲。电源模块提供 90 V 的电压,此电压能够满足让雪崩三极管发生雪崩所需要的电压,这时即便断掉输入信号也可以产生自激式纳秒级脉冲。对电源模块所输出的电压进行调节,使其刚好在开关三极管的临界雪崩电压处加上脉冲位置调制(PPM)信号使三极管形成雪崩效应,从而得到窄脉冲。通过脉冲整形电路,能够对所输入的 PPM 信号进行延迟及微分,使之产生雪崩效应。此外,通过调节脉冲生成电路可以得到不同形状的窄脉冲。

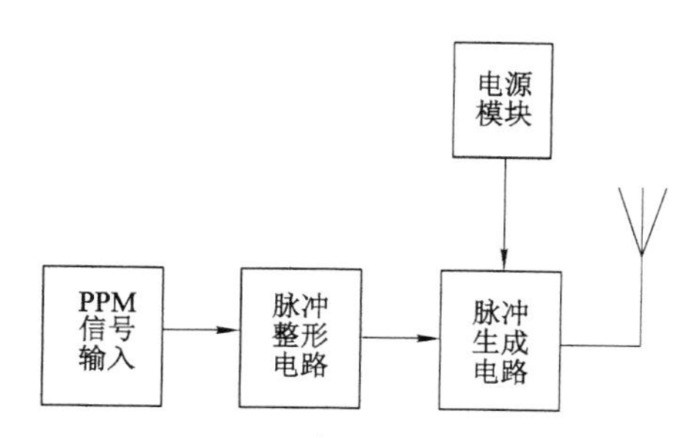

图 2-20 单极脉冲产生的逻辑结构图

典型的脉冲产生电路如图 2-21 所示。当触发脉冲还未到达时,雪崩管 Q_1 截止,V_{cc}使电容 C_2、C_2 以及 C 分别开始充电。当一个足够大触发脉冲到达后,晶体管 Q_1 的工作状态迅速转移到雪崩负阻区,产生快速增大的雪崩电流导致电容 C 快速地放电,从而在负载电阻 R 上形成一个窄脉冲。电路开始雪崩之后,由于晶体管本身及其电路分布参数的影响,导致电容 C 的放电电流只能逐渐增大。当它达到一个特定的峰值后,电容 C 的电荷会开始变少,导致放电电流也逐渐变小。当 Q_1 雪崩击穿的时候，电容 C 即开始进行放电，最终注入负载 R。此时电压流经电容 C_2，使得 Q_2 过压并发生雪崩击穿。同理，Q_3 也依次发生雪崩击穿。由于雪崩的过程非常快，可以把它们看成是同时击穿的，所以在负载上能够获取一个上升时间非常短的冲激脉冲。冲激脉冲产生电路如图 2-21 所示。

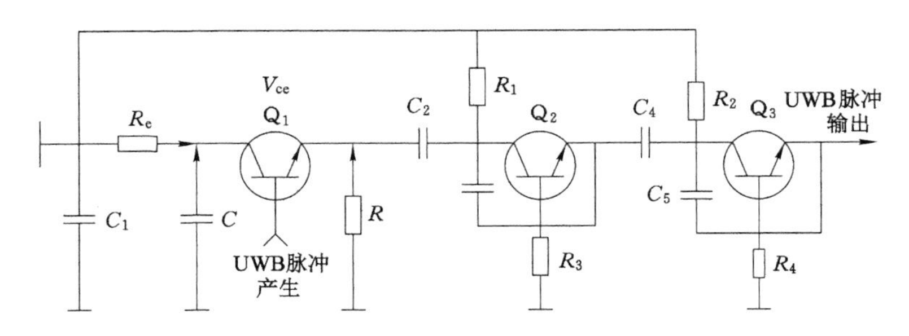

图 2-21 冲激脉冲产生电路

冲激脉冲信号可以分成单极脉冲和双极脉冲两种形式。单极脉冲信号经典的数学模型是单指数衰减函数，其模型可表示为：

$$s(t)=I_0\left(\frac{t}{T}\right)^2 \mathrm{e}^{-2t/T} \tag{2-53}$$

式中，I_0 表示幅度；T 表示上升时间。信号功率谱为：

$$S(f)=\frac{(24\pi^2 T^2 f^2-8)^2+(24\pi Tf-8\pi^3 f^3 T^3)^2}{(4\pi^2 f^2+4)^6} \tag{2-54}$$

单极脉冲的时域波形及功率谱如图 2-22 所示。从频谱上能够清晰地看出，不管怎样设计信号的上下沿，单极脉冲的频谱分量都集中于低频。天线的高通效应会使得信号的绝大多数的能量无法通过天线向外辐射，从而降低了系统的发射频率，发生信号失真。这会使得系统的动态范围减小。

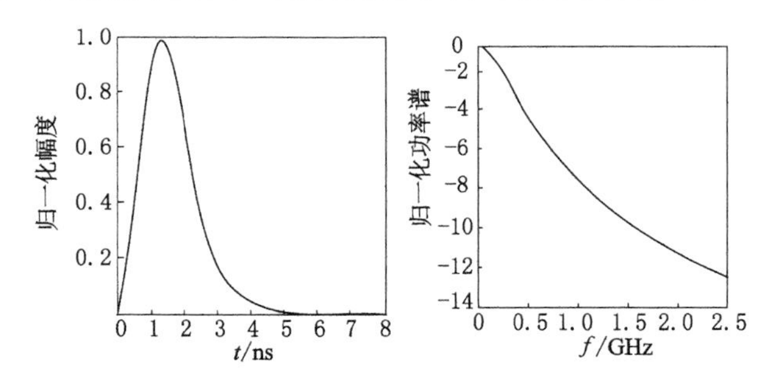

图 2-22 单极脉冲的时域波形以及归一化功率谱

典型的双极波就是脉冲调制的正弦信号。中心频率为 f_0、脉冲宽度为 τ，那么信号的频谱为：

$$S(f)=\int_{-\frac{\tau}{2}}^{\frac{\tau}{2}}\sin(2\pi f_0 t)\mathrm{e}^{-\mathrm{j}2\pi ft}\mathrm{d}t=\frac{\mathrm{j}\tau}{2}\left\{\frac{\sin[\pi(f_0+f)\tau]}{\pi(f_0+f)\tau}-\frac{\sin[\pi(f_0+f)\tau]}{\pi(f_0-f)\tau}\right\} \tag{2-55}$$

如果脉冲宽度 τ 内有 N 个周期，那么 $\tau=N/f_0$，用 N/f_0 指代 τ，那么 $S(f)$ 的幅度变为：

$$|S(f)|=\frac{1}{\pi f_0}\cdot\left|\frac{\sin\left(N\pi\dfrac{f}{f_0}\right)}{1-\left(\dfrac{f}{f_0}\right)^2}\right| \tag{2-56}$$

图 2-23 给出了不同周期数 N 的频谱。可以看出，当 N 很小时，频谱关于中心频率 f_0 是不对称的。

表 2-1 列出了 N 从 1 到 9 时，f_m、f_l、f_h 和相对带宽的值。f_l 为低端 3 dB 频率；f_h 为高端 3 dB 频率；f_m 对应于幅度峰值的频率；η 为 3 dB 相对带宽。

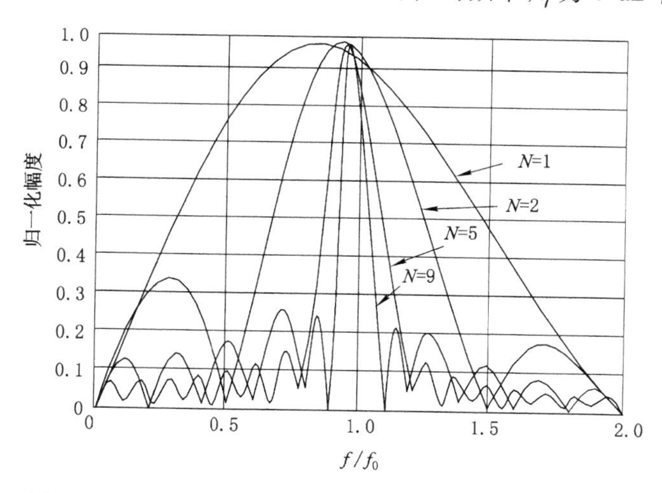

图 2-23 归一化幅频随周期数 N 的变化(选取 $N=1,2,5,9$)

表 2-1 相对带宽随周期数 N 的变化

	$N=1$	$N=2$	$N=3$	$N=4$	$N=5$	$N=6$	$N=7$	$N=8$	$N=9$
f_m/f_0	0.84	0.96	0.98	0.99	0.99	1.00	1.00	1.00	1.00
f_l/f_0	0.42	0.75	0.84	0.89	0.91	0.93	0.94	0.95	0.96
f_h/f_0	1.30	1.18	1.13	1.10	1.08	1.07	1.06	1.05	1.04
η	88%	43%	29%	21%	17%	14%	12%	10%	9%

从表 2-1 可以看出，当载波周期 $N>3$ 时，脉冲调制的正弦信号不再是超宽带信号。

2.4.2 线性调频信号

对于冲激脉冲信号，在给定发射机峰值功率的条件下，增加脉冲宽度可以提高雷达的平均发射功率，提高系统作用距离。然而脉冲宽度的增加会降低系统的距离分辨率。为了不影响系统性能，需要在增加脉冲宽度的同时保持恒定的带宽。而线性调频信号满足这个要求，它的典型时域波形如图 2-24 所示。

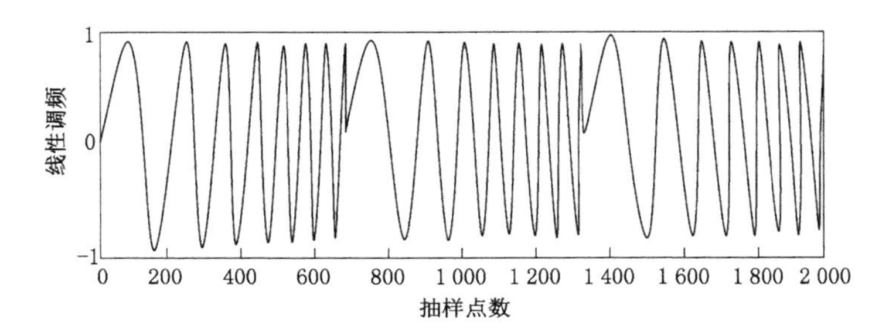

图 2-24 线性调频信号的时域波形

线性调频信号表示如下：

$$s_T(t)=\frac{1}{\sqrt{T}}g_T(t)\cdot \mathrm{e}^{\mathrm{j}2\pi\left(f_1 t+\frac{1}{2}kt^2\right)} \tag{2-57}$$

其中，门函数 $g_T(t)$ 为：

$$g_T(t)=\begin{cases}1, & |t|\leqslant\dfrac{T}{2}\\ 0, & \text{其他}\end{cases} \tag{2-58}$$

式中，f_1 表示中频；T 表示信号的实宽；k 表示信号的调频斜率。信号的瞬时频率 $f_i=f_1+kt$，当 $f_1=0$ 时，即可得到零中频信号。分别取式(2-57)的实部和虚部就可得正交的 I、Q 两路基带信号。信号的幅度谱可以表示为：

$$|A(f)|=\frac{1}{2kT}\sqrt{[C(u_1)+C(u_2)]^2+[S(u_1)+S(u_2)]^2} \tag{2-59}$$

相位谱表示为：

$$\varphi(f)=-\frac{\pi}{k}f^2+\arctan\left[\frac{S(u_1)+S(u_2)}{C(u_1)+C(u_2)}\right] \tag{2-60}$$

其中，$C(u)$、$S(u)$ 为菲涅耳积分，即：

$$C(u)\int_0^u\cos\left(\frac{\pi x^2}{2}\right)\mathrm{d}x \tag{2-61}$$

$$S(u)\int_0^u \sin\left(\frac{\pi x^2}{2}\right)\mathrm{d}x \tag{2-62}$$

又有 $u_1=\sqrt{2k}(T/2-f/k)$，$u_2=\sqrt{2k}(T/2+f/k)$。

线性调频信号的频率-时间特性与 I、Q 两路输出信号如图 2-25 所示。由图可知，脉冲持续时间 $t=30\ \mu s$，发射信号频率从 50 MHz 线性递增到 100 MHz。调制频率 $k=B/T$，其中，$B=f_2-f_1$。根据菲涅耳(Fresnel)积分的性质，当 $TB\geqslant 1$ 时，菲涅耳波纹非常小，信号主要部分的能量都集中在 $-B/2<f<B/2$ 范围内，幅度谱接近于矩形。

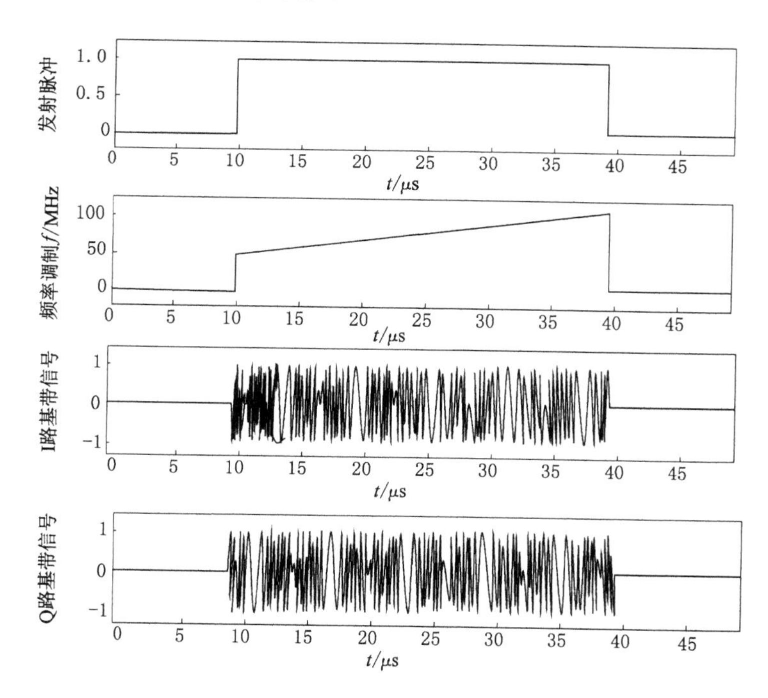

图 2-25　线性调频信号的发射波形

2.4.3　步进变频信号

经典的步进变频信号时域波形如图 2-26 所示。

典型的步进变频信号有 N 个相参脉冲。它的脉间频率递增是有规律的，一般都是按固定的频率增量 Δf 递增，如图 2-27 所示。

在一个脉冲帧当中，其第 n 个脉冲信号的频率为：

$$f_n=f_0+(n-1)\Delta f \tag{2-63}$$

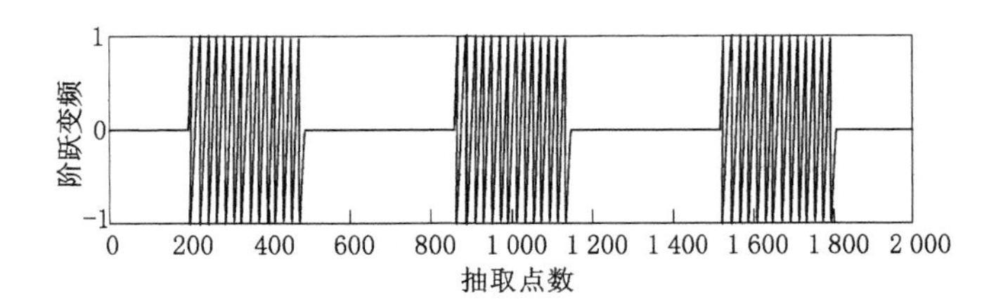

图 2-26　步进变频信号的典型时域波形

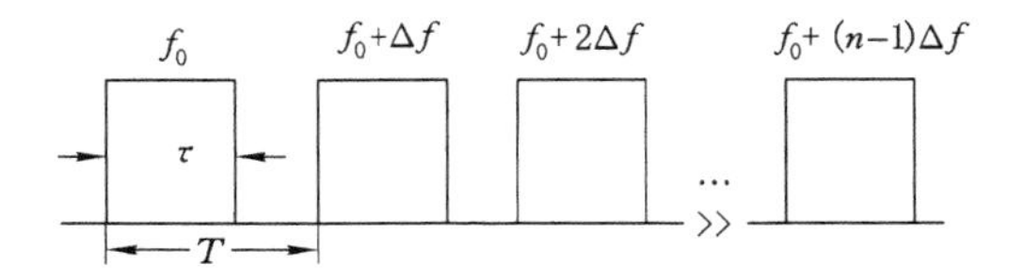

图 2-27　步进变频信号构成

式中，f_0 是射频，即起始频率。每个脉冲的脉宽为 τ，脉冲间隔为 T。每个脉冲帧由 N 个脉冲构成，步进变频信号的有效带宽 $B_{\mathrm{eff}}=N\Delta f$。

2.4.4　噪声信号

近年，纯噪声和类噪声波形，例如伪噪声或伪随机波形也被用于地下的穿透探测系统中。它们最大的优点是高隐蔽性、低拦截性与良好的抗干扰性。如图 2-28 所示。噪声波形也属于连续波，并且具有图钉型的模糊函数。

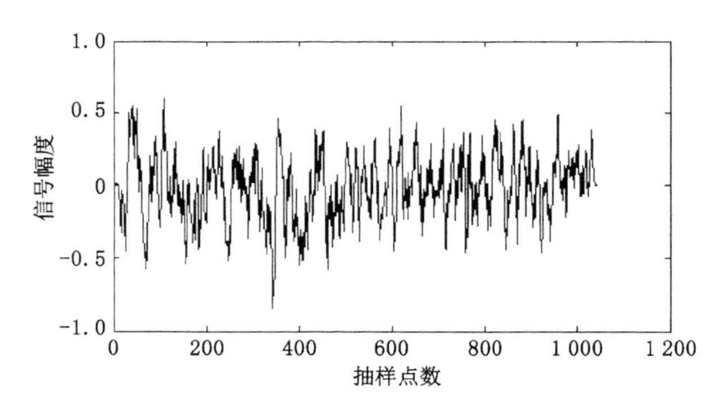

图 2-28　噪声信号

纯噪声波形在幅度上服从高斯分布，其功率谱的密度分布在最低频率 f_L 与最高频率 f_H 当中。纯噪声波形带宽 B 为：

$$B = f_H - f_L \tag{2-64}$$

距离向分辨率 δ_R 为：

$$\delta_R = \frac{c}{2B} \tag{2-65}$$

它们的自相关函数为 sin c 函数，正常情况下，通过互相关算法对发射信号和延迟的发射信号做互相关运算便能够得到目标的检测信号。假设互相关函数的峰值在发射信号延迟 τ_d，那么目标距离发射点的距离 R 就是：

$$R = \frac{c\tau_d}{2} \tag{2-66}$$

2.5 适用于矿井下的超宽带单脉冲波形

2.5.1 发射功率、数据速率与传输距离之间的关系

相对于传统通信系统而言，超宽带通信系统发射功率更低、频谱较宽。这使得超宽带系统具有诸多优点，如低功耗、低成本、系统设计简单、信号传输速率高等。尤其是在应用无载波超宽带通信技术时，通信系统的功耗与成本再次降低。由于上述诸多优点的存在，超宽带通信应用于矿井下将会有很广阔的前景。不同于地面上的通信系统，在矿井下可以使用更加丰富的频谱资源，并且矿井下的数据通信并不苛求信息传输速率，于是，可以用“宽频带”换取“长距离”。本节将研究信号发射功率、信号传输速率与通信系统的传输远近之间可能存在的联系。

鉴于矿井巷道的特殊环境，要计算信号在传播过程中产生的损耗，可考虑使用混合模型。简单说，混合模型就是把巷道分成远近两个区域，并且分别研究信号传播特性。信号在近区并没有形成导引传播，超宽带电磁波主要以多模传输的方式，这也就是电磁波的自由传播。当信号传播到远区，超宽带电磁波的高阶模几乎不存在了，此时信号主要通过主模方式传输，与电磁波信号在波导中的传输相近。远区与近区的分界点可用菲涅尔区域理论界定。其分界可以用下式表示：

$$d_{NF} = \text{Maximum}\left(\frac{b^2}{\lambda}, \frac{a^2}{\lambda}\right) \tag{2-67}$$

在式(2-67)中，巷道宽、高用 a、b 表示，那么巷道大小与 d_{NF} 是正比的关系，d_{NF} 与波长之间是反比的关系。现有主巷道长 10 km、宽 4.2 m、高 3 m，支巷道长 140 m、宽 2.8 m、高 3 m。如果应用超宽带通信系统，选取中频 $f_M =$

4.79 GHz的一阶高斯单脉冲波形。由式(2-67)可知，在主巷道区 $d_{NF}=282$ m，在支巷道区 $d_{NF}=144$ m，如果提高了超宽带信号的频率，那么 d_{NF} 值将会更大。也就是说，在矿井巷道环境下，在近区可以按照自由空间的规律算出信号的路损，算式如下：

$$PL(d)=\frac{P_t}{P_r}=\frac{4(\pi d)^2 f_c^2}{G_t G_r c^2} \tag{2-68}$$

在式(2-68)中，超宽带雷达天线的接收与发射增益用 G_r、G_t 表示，发射与接收功率分别用 P_t 与 P_r 表示。PL 指的是超宽带电磁波理想状态下传输的衰减。超宽带雷达接收天线与发射天线之间间隔的长度用 d 表示，超宽带信号波长用 λ 来表示，信号载频是 f_c，c 是光在自由空间的传播速度。对超宽带通信系统来说，超宽带雷达天线所发射的超宽带信号，因其具有宽频带的功率特征，于是，需要修改式(2-68)，以使其适用于宽频带。可用频率 f 替换掉式中的载频 f_c，就得到下式：

$$PL(d,f)=\frac{4(\pi d)^2 f^2}{G_t G_r c^2} \tag{2-69}$$

在式(2-69)中，$PL(d,f)$ 是自由空间超宽带电磁波传播路径衰减。这时候，必须通过计算一定频段内的功率谱密度积分得到接收、发射功率。设超宽带信号的上带宽是 f_H，下带宽是 f_L，可得距离 d 的超宽带接收天线接收到的信号功率是

$$P_r(d)=\frac{P_t(f)}{PL(d,f)}=\int_{f_L}^{f_H}\frac{A_{max}\mid P_n(f)\mid}{PL(d,f)}df=\frac{A_{max}G_t G_r c^2}{4(\pi d)^2}\int_{f_L}^{f_H}\frac{\mid P_n(f)\mid}{f^2}df \tag{2-70}$$

此外，距离超宽带接收天线 d 处，要使得接收信号达到一定信干比 S/N，那么回波信号的功率如下：

$$P_r(d)=S/N+P_N+LM \tag{2-71}$$

在式(2-71)中，天线接收到的信号的噪声功率是

$$P_N=N_0 B \tag{2-72}$$

其中，等效的噪声带宽用 B 表示；LM 是指系统中的链路余量；而此时的信干比 S/N 就是

$$\frac{S}{N}=\frac{E_s/T_s}{N_0 B}=\frac{E_s\cdot R_s}{N_0 B}=\frac{E_b\log_2 M\cdot\dfrac{R_b}{\log_2 M}}{N_0 B}=\frac{E_b}{N_0}\cdot\frac{R_b}{B} \tag{2-73}$$

在式(2-73)中，超宽带天线接收到的符号能量用 E_s 表示，而比特能量用 E_b 表示，相应地，比特速率是 R_b，接收到的符号速率是 R_s，而 M 表示的是进制。由式(2-71)、式(2-72)、式(2-73)可以推知，超宽带信号传送距离 d、信号传播

速度 R_b 以及超宽带天线发射信号功率 $P_t(f)$ 有如下联系：

$$d = \frac{c}{4\pi}\sqrt{\frac{1}{R_b} \cdot \frac{P_t(f) \cdot G_t G_r}{\int_{f_L}^{f_H} |P_n(f)| \mathrm{d}f \cdot (E_b/N_0) \cdot kT_0 F \cdot LM}\int_{f_L}^{f_H} \frac{|P_n(f)|}{f^2}\mathrm{d}f} \tag{2-74}$$

在式(2-74)中：

$$P_t(f) = A_{max}\int_{f_L}^{f_H} \frac{|P_n(f)|}{f^2}\mathrm{d}f \tag{2-75}$$

其中，A_{max} 取值 -41.3 dBm/MHz，这是美国联邦通信委员会所规定的最大功率谱密度值；f_L 与 f_H 分别是下限频率与上限频率。F 表示的是噪声系数。E_b/N_0 表示的是比特信噪比，其中，N_0 取值 -12.83 dBm/MHz，它是噪声单侧功率谱密度的大小，有：

$$N_0 = kT_0 F \cdot LM \tag{2-76}$$

式中，k 取值 1.38×10^{-23} J/K，是波尔兹曼(Boltzmann)常数；T_0 表示室温，取值 300 K。对脉冲幅度调制来说，误码率 P_b 能够计算如下：

$$P_b = Q\{\sqrt{2E_b/N_0}\} \tag{2-77}$$

计算得到误码率之后，就能够推出对应的比特信噪比。

2.5.2 仿真分析

对超宽带信号的传输速度与接收信号的距离之间的关系仿真分析，并且据此研究单脉冲信号的特点，分析适用于矿井环境的单脉冲波形，研讨超宽带通信技术应用于矿井下时延长信号传输距离的问题。仿真的设定如下：超宽带系统采用无载波脉冲方式通信，应用脉冲幅度调制传送信息；脉冲幅度调制使用双极性信号，得到的回波信号使用相关解调器或者匹配滤波器来解调。

假定误码率 $P_b = 10^{-6}$，那么其比特信噪比 $E_b/N_0 = 10.5$ dB；应用常见的一阶高斯波形和五阶高斯波形作为超宽带通信中的脉冲信号；设定 $LM = 5$ dB，$F = 6$ dB；设定超宽带雷达天线的发射与接收增益 $G_t = G_r = 0$ dBi；以自由空间电磁波的传播作为其信道模型。在室内环境下限制幅度 A_{max}，对一阶高斯脉冲波形和五阶高斯脉冲波形仿真得到其传输速度与传输远近之间的联系，可用图 2-29的曲线示意。由图 2-29 可以得出结论：在同样的信号速度之下，一阶高斯脉冲信号可以比五阶高斯脉冲信号传播更远。当信号传输速率是 200 Mbit/s 时，那么应用五阶高斯脉冲波形可以传送 5 m，而在同样的条件下应用一阶高斯脉冲波形却可以传送将近 10 m 远的距离。在信号速率是 20 Mbit/s 时，应用一阶高斯脉冲可传送 30 m，而应用五阶高斯脉冲只能传送

16 m远。

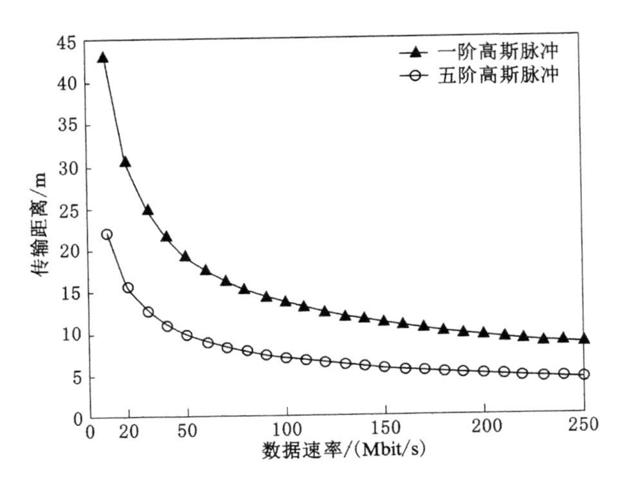

图 2-29 高斯脉冲数据速率与距离的关系

若超宽带天线发射信号的功率不变，应用一阶高斯脉冲，只是改变波形脉宽，则仿真结果如图 2-30 所示。从仿真曲线可知，超宽带无载波通信中，如果天线发射的是一阶高斯脉冲信号，信号脉宽对通信效果有较大影响。当发射信号脉宽增加时，在同样信号传输速率之下，其传播距离也会增大，这是超宽带通信系统与传统通信系统的区别之处。

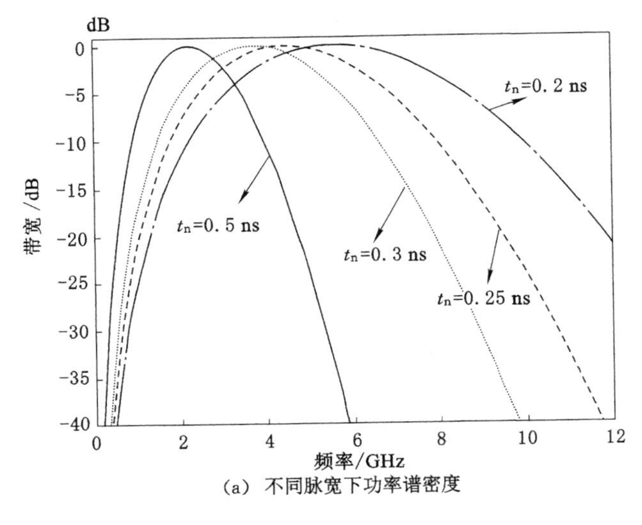

(a) 不同脉宽下功率谱密度

图 2-30 仿真结果

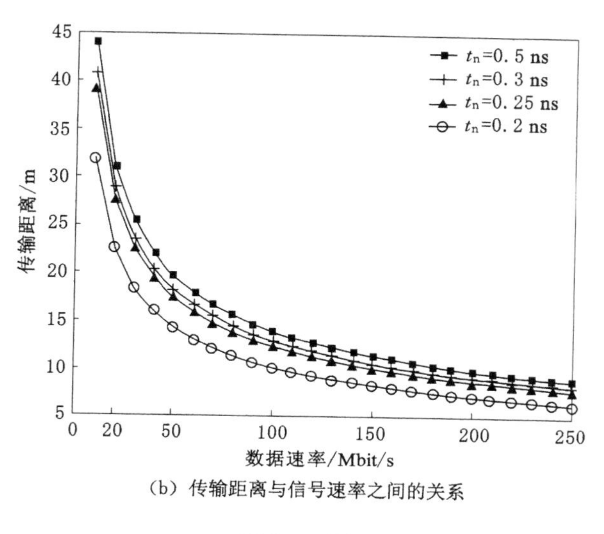

(b) 传输距离与信号速率之间的关系

图 2-30（续）

要注意的是，虽然通过调整脉宽可以改变信号传送距离，但是这种方法并不适用于地面上室内以及室外通信。由图 2-30(a)可知，不同脉宽的波形都含有丰富的低频分量，这个当然不满足美国联邦通信委员会对超宽带信号频谱的要求。在这种情况下，可以考虑选用五阶高斯脉冲来调整频谱，进而满足美国联邦通信委员会对超宽带通信频谱的限制。对于地面通信来说，五阶高斯脉冲波形显然是优于一阶高斯脉冲波形的。可是在煤矿井下有丰富的频谱资源，应用超宽带技术可以基本忽略对附近其他窄带系统的电磁干扰问题，于是，可以不必拘泥于地面上超宽带系统对频谱的限制。在矿井下可以选用硬件电路易于实现的一阶高斯脉冲作为窄脉冲信号，从而避免产生五阶高斯脉冲的技术性困难，同时也使系统成本得以降低。由图 2-31 可知，选取低阶高斯脉冲波形，在同等信号传输速率的情况下可以获得更长的信号传送距离。

选取脉宽 0.33 ns 的高斯脉冲为超宽带通信系统的信号载波，调整天线的发射功率，有仿真图如图 2-31 所示。由仿真结果可知，信号传送距离随着信号发射功率增大而增长。同时可以看到，如图 2-31 所示，在美国联邦通信委员会关于室内超宽带频谱限制的基础上继续增大信号脉宽，进一步增大信号的发射功率，可以使信号的传送距离再次增长。

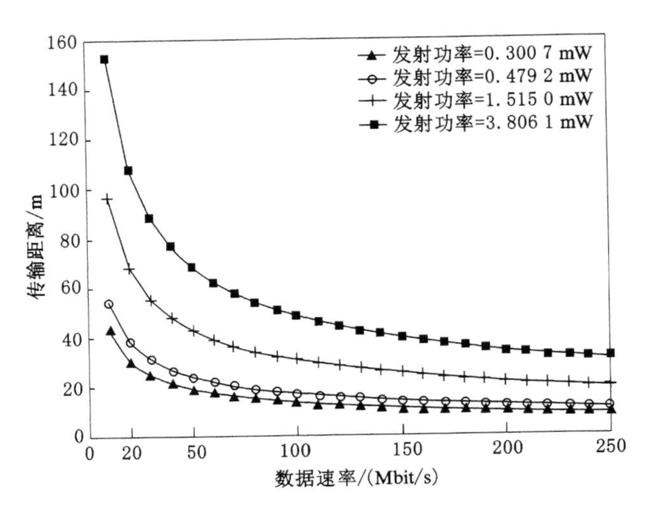

图 2-31　在不同发射功率下的一阶高斯脉冲速率与传输距离的关系

通过对以上仿真结果的分析，可以得出增加超宽带信号传输远近的两种方式。美国联邦通信委员会对室内超宽带通信信号频谱有所限制，以避免此通信系统中对传统的既有无线通信系统产生干扰。地面上超宽带系统的最大接收功率为：

$$P_{\mathrm{rmax}} = 10^{-41.3/10} \times (10.6 \sim 3.1) \times 10^{3} \tag{2-78}$$

最大接收功率 P_{rmax} 取值 0.56 mW，可是对于煤矿井下的超宽带通信，没有那么严苛的限制条件。在矿井下，3.1～10.6 GHz 之间的频率段内不存在其他无线传输设备，也就不存在对其他无线传输设备收发信号的串扰现象。那么就可放缓美国联邦通信委员会关于超宽带通信信号频谱的限制。也就是说，矿井下超宽带通信设备发射信号的功率能够突破地面上的最大功率，考虑到煤矿的安全生产问题，煤矿井下的超宽带通信设备的最大功率一般也不能大于25 W。但是，在矿井下通过增加超宽带设备发射信号的功率而换来的信号传输距离也很可观。

为了达到增大信号传送广度的目的，除了加大信号发射功率之外，还可以通过减小数据传输速率的方式实现。这是由于矿井下安全监控系统或生命探测系统所传输的数据量并不大，相较于地面上无线系统，其信息量要少很多。综上所述，当超宽带通信应用于矿井下安全生产或矿难救援时，适当增加信号发射功率或者适当减小信息传输速率来增长信号的传输距离是可行的。

2.5.3　适用于矿井下的超宽带波形

通过以上两小节的分析可知，当超宽带通信应用于矿井下时，几乎不会对其他传统的通信系统产生干扰问题，于是，可以放缓超宽带技术在地面上应用时对频谱的限制。那么，可以选取硬件电路易于产生的一阶高斯脉冲作为窄脉冲信号，这减低了通信系统的设计、生产成本。在同等信息传送速度的情况下，一阶高斯脉冲可实现比五阶高斯脉冲波形更长的信息传送距离。于是，考虑将一阶高斯脉冲波形作为矿井下超宽带通信的单脉冲波形，应用于井下安全生产监控设备或者矿井下生命检测设备。

下面再论述一下脉冲宽度的权衡，以达到矿井下超宽带通信的最佳实际效果。为了确定适用于矿井下的超宽带通信脉宽，需要研究以下几点问题：首先，选取的单脉冲应在超宽带的定义范围之内；其次，所选取的单脉冲波形，其功率谱密度应该被最大限度地拉低；再次，还要考虑超宽带系统多径分辨力的需要；最后，要确定适当的信号中心频率。

为了满足上述要求，还需要了解超宽带信号脉宽变化时其功率谱密度改变的曲线，对此进行仿真研究，得到的结果用图 2-32 来表示。由仿真结果可知，在信号的脉冲宽度出现变化时，超宽带信号的中频以及－10 dB 带宽也有了对应的改变。如图 2-32 所示，波形脉冲宽度越窄，相应地其－10 dB 带宽也就越高，同时信号中频也越高，多径分辨力也就越大，而相对带宽几乎不会变化。

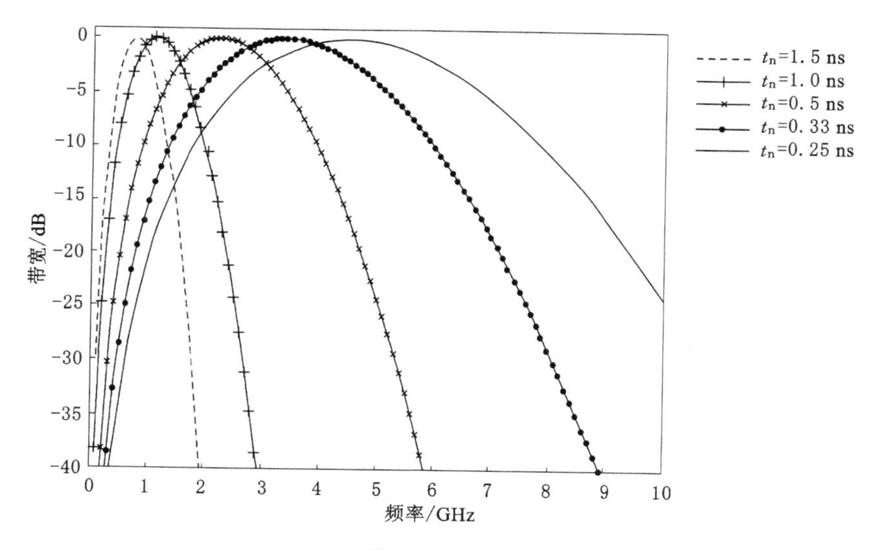

图 2-32　脉宽与功率谱密度关系

但是与传统的通信系统有所不同，超宽带信号的脉冲宽度越窄，其在同等信号传输速率之下，信号的传送距离会有所降低。况且若波形的脉冲宽度极窄，则实际应用中技术上难以用硬件电路来产生相应的波形。于是，权衡考量之后，0.33～0.5 ns 可作为信号的脉冲宽度。在煤矿井下，若巷道平直，那么信号频率越高越有利于超宽带电磁波信号的传送。如果煤矿井下巷道弯曲，超宽带电磁波信号的频率越高越有碍其传送，那么，煤矿井下超宽带通信的信号中频选取 900 MHz 为宜。但是考虑到超宽带信号在 100～200 m 的近区依据电磁波在自由空间的路损计算其损耗，信号的中频取 2～3 GHz 更符合实际需求。

通过上述分析，如果在煤矿井下应用无载波的超宽带通信技术，并且信号选取一阶高斯脉冲波形，那么信号的中频可取 2～3 GHz，取 0.33～0.5 ns 作为信号的脉宽。

2.6 本章小结

本章首先针对井下环境超宽带无线通信的影响因素进行了深入研究。根据超宽带井下反射传播特性、超宽带信道的频率色散等特性的讨论结果，结合地面现有的 IEEE 802.15.3a 和 IEEE 802.15.4a 信道模型，提出超宽带矿井下复合衰落信道模型，具体分析了输电电缆、生产监控系统及架线机车等常见井下噪声源产生的干扰特性。其次，分析了现在常用的几种穿透探测信号之间的优缺点，结合这些优缺点讨论将超宽带信号应用于矿井下进行穿透塌方障碍物的优势。然后从超宽带信号的定义出发，介绍了常见的几种信号波形——冲激脉冲信号、线性调频信号、步进变频信号和噪声信号，依据其各自的优点和缺点分别进行了讨论。最后研究了适用于矿下的超宽带单脉冲波形。由于矿井巷道的特殊环境，计算信号在传播过程中产生的损耗时使用了混合模型。信号在近区并没有形成导引传播，超宽带电磁波主要为多模传输的方式。当信号传播到远区，超宽带电磁波的高阶模几乎不存在了，此时信号主要通过主模方式传输，与电磁波信号在波导中的传输相近。远区与近区的分界点可用菲涅尔区域理论界定，并且对上面的论述进行了仿真论证。通过论述分析，选取硬件电路易于产生的一阶高斯脉冲作为窄脉冲信号，这减低了井下超宽带通信系统的设计和生产成本。综合考量了超宽带信号频谱、中频及超宽带信号分辨力，并且分析论证了适用于煤矿井下的单脉冲波形脉宽、中频。

3 超宽带井下精确定位的研究

前面已经讨论了超宽带技术的井下巷道传播信道，以及对井下设备噪声、多径噪声的抵抗特性，下面将介绍超宽带技术在井下基于 AOA、RSS 和 TOA/TDOA 等测距定位技术的优缺点，以及超宽带技术采用有线信标节点同一授时定位方案、信标节点差分定位方案和变频转发估计定位方案等不同井下精确定位方案的性能比较，最后探讨超宽带技术井下非视距条件下的定位改进算法及其仿真分析。

3.1 超宽带无线信号的产生

超宽带无线信号因其在频率域占用频带极宽的特性，而具备很高的时间分辨率、很强的抗多径能力和超高的传输速率等特性。下面将对 UWB 无线传输信号的 3 种常见产生方式——DS-UWB 方式、TH-UWB 方式和MB-OFDM UWB 方式进行讨论。

3.1.1 DS-UWB 信号的产生

单载波 DS-UWB 技术方案曾经是 IEEE 802.15.3a 标准竞争中的一种备选方案，最初是由以 Xtreme Spectrum 为代表的阵营提出的。该方案为了保证 UWB 信号不对免许可证国家信息基础设施(UNII)造成干扰，只利用了美国联邦通信委员会规定频段中的低频段 3.1～5.15 GHz和高频段 5.825～10.6 GHz，如图 3-1 所示。

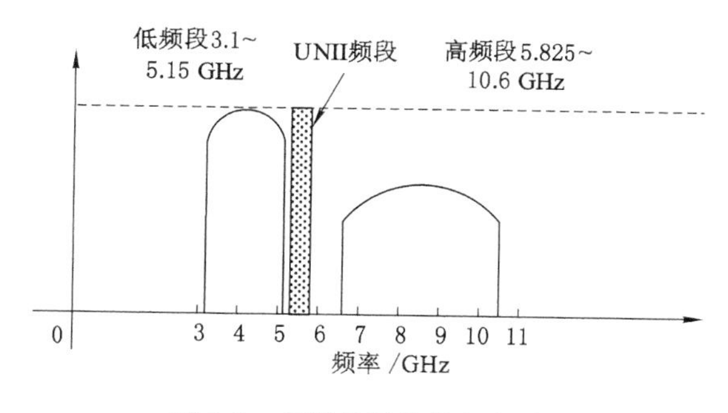

图 3-1 超宽带通信的频段分布

DS-PAM UWB 信号是采用 DS 多址编码后的数据符号对基本脉冲进行幅度 PAM 调制的 UWB 系统，该系统的发射链路原理框图可以表示为图 3-2 所示的模型。

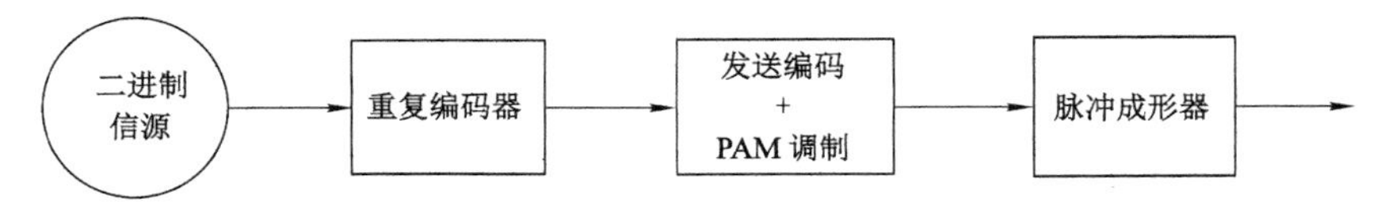

图 3-2　DS-PAM UWB 发射机原理框图

假定上述模型中待发射的二进制信源为序列 $b=(\cdots,b_0,b_1,\cdots,b_k,b_{k+1},\cdots)$，其速率 $R_b=1/T_b$。随后对二进制序列 b 进行 N_s 次重复编码，得到序列 $(\cdots,b_0,\cdots,b_0,b_1,b_1,\cdots;b_1,\cdots,b_k,b_k,\cdots;b_k,b_{k+1},\cdots)=a^*$，对应速率变为 $R_{cb}=N_s/T_b$，其单位为 b/s。模型第三个部分为发送编码和 PAM 调制联合处理单元，它首先将重复编码器输出的序列 a^* 转换成只含有正值和负值元素的序列 $a=(\cdots,a_0,\cdots,a_1,\cdots,a_j,a_{j+1},\cdots)$，然后利用公式 $d=a\cdot c$ 将由 ±1 组成、周期为 N_p 的二进制码序列 $c=(\cdots,c_0,c_1,\cdots,c_j,c_{j+1},\cdots)$ 与 a 组建成新的序列，其组成元素为 $d_j=a_j\cdot c_j$，一般假定 N_p 等于 N_s 的整数倍。然后对序列 d 进行脉冲幅度调制并在 jT_s 时进行 $R_p=N_s/T_b=1/T_s$ 的狄拉克(Dirac)脉冲 $\delta(t)$ 序列的加载。因此，将经过上述处理的信号输入冲激响应为 $p(t)$ 的脉冲形成滤波器后可得到输出信号 $s(t)$。$s(t)$ 表达式可表示为：

$$s(t)=\sum_{j=-\infty}^{+\infty}d_j p(t-jT_s) \tag{3-1}$$

图 3-3 是 DS-PAM UWB 发射机输出信号的仿真图，其参数设置为：$Pow=-30$，$f_c=50\times10^9$，$numbits=2$，$T_s=2\times10^{-9}$，$N_s=10$，$N_p=10$，$T_m=0.5\times$

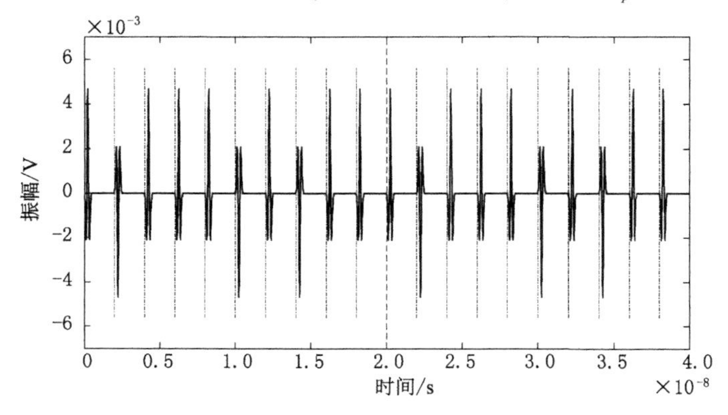

图 3-3　DS-PAM UWB 发射机输出信号波形

10^{-9}，$t_{au}=0.25\times10^{-9}$。

3.1.2 TH-UWB 信号的产生

TH-PPM UWB 信号是采用 TH 多址编码后的数据符号对基本脉冲在时间轴上进行 PPM 位置调制的 UWB 系统，TH-PPM UWB 发射链路原理框图可以表示为图 3-4 所示的模型。

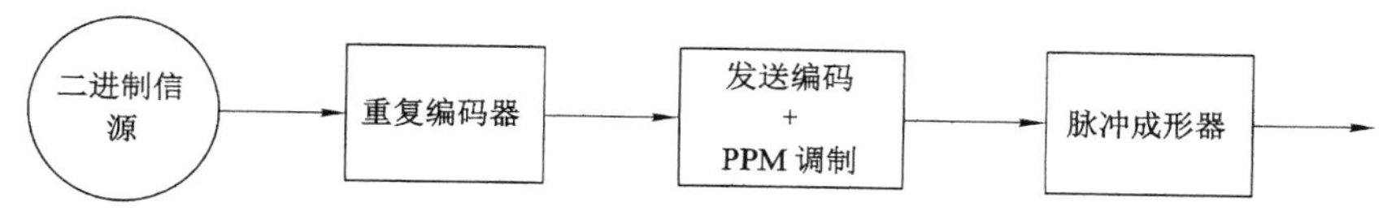

图 3-4 TH-PPM UWB 发射机原理框图

假定 TH 发射信号序列 $b=(\cdots,b_0,b_1,\cdots b_k,b_{k+1},\cdots)$，该序列相应速率 $R_b=1/T_s$，单位为 b/s，进行 N_s 次单比特重复后序列 $a=(\cdots,a_0,a_1,\cdots,a_j,a_{j+1},\cdots)$，对应速率变 $R_{cb}=N_s/T_b=1/T_s$。然后对序列 a 按照预定公式进行变换得到序列 d，对应表达式为：

$$d_j=c_jT_c+a_j\varepsilon \tag{3-2}$$

在式(3-2)中，T_c 和 ε 都是常量，且对所有的 c_j 都必须满足条件 $c_jT_c+\varepsilon<T_s$，$\alpha_j\varepsilon<c_jT_c$，$c_j=0$ 除外。

将刚才所得的实数值序列 d 进行 PPM 调制，即将脉冲序列 d 的时间轴在 $\delta(t)$ 的基础上再偏移 $\delta(t)$。最后将所得序列进行冲激变换 $p(t)$，从而输出信号 $s(t)$：

$$s(t)=\sum_{j=-\infty}^{+\infty}p(t-jT_s-c_jT_c-\alpha_j\varepsilon) \tag{3-3}$$

图 3-5 是 TH-PPM UWB 发射机输出信号的仿真图，设置参数为 $Pow=-30$，$f_c=50\times10^9$，$numbits=2$，$T_s=3\times10^{-9}$，$N_s=5$，$T_c=1\times10^{-9}$，$N_h=5$，$T_m=0.5\times10^{-9}$，$t_{au}=0.25\times10^{-9}$，$dPPM=0.5\times10^{-9}$。

3.1.3 MB-OFDM UWB 信号的产生

MB-OFDM UWB 技术方案是以 TI、Intel 为代表的阵营提出的 IEEE 802.15.3a标准竞争的备选方案之一，并最终通过 ISO 认证成为第一个 UWB 的国际标准。MB-OFDM UWB 技术方案的空中接口采用的频段是将 FCC 规定的频带划分为 14 个不同的频带，而这 14 个频带又进一步被划分为 6 个频带群。该方案的最大好处是能容易适应不同区域的不同频率划分方案。图 3-6 和图 3-7 分别为该方案的频段标准分布图和发射机原理图。

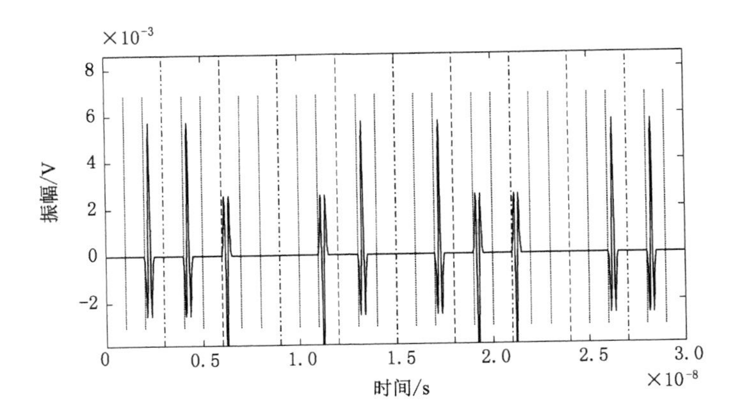

图 3-5　TH-PPM UWB 发射机输出信号波形

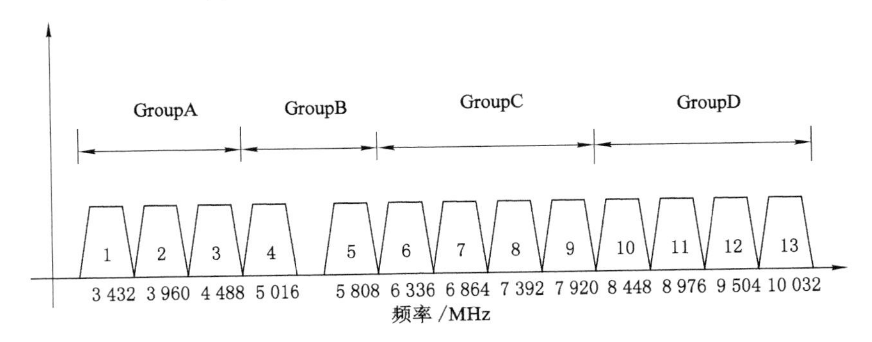

图 3-6　MB-OFDM UWB 通信频段分布标准

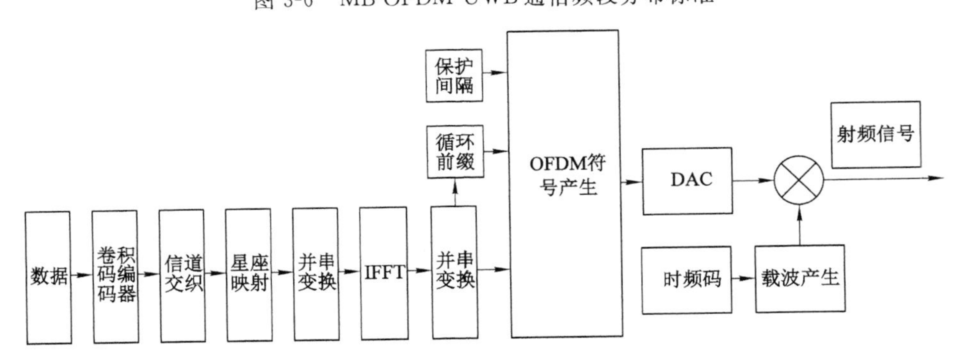

图 3-7　MB-OFDM UWB 发射机原理框图

假定发射序列为每 K 比特合一组的 N 符号序列 $\{d_0, \cdots, d_m, \cdots, d_{N-1}\}$，其中 d_m 满足 $K = NbL$。为能使数据块的 N 符号进行并行传输，每个调制符号必须使用不同的载波且不同的调制载波信号在频率上必须正交。序列 d_m 采用星座图表示为 $c_m=a_m+\mathrm{j}b_m$，则数据块 $\{d_0,\cdots,d_m,\cdots,d_{N-1}\}$ 的表示如下：

$$x(t)=g_T(t)\sum_{m=0}^{N-1}\{a_m\cos[2\pi(f_p+f_m)t+\phi]-b_m\sin[2\pi(f_p+f_m)t+\phi]\} \tag{3-4}$$

其对应的复包络是：

$$\underline{x}(t)=g_T(t)\sum_{m=0}^{N-1}c_m\mathrm{e}^{\mathrm{j}2\pi f_m t}\equiv\sum_{m=0}^{N-1}c_m\varphi_m(t)\equiv g_T(t)S(t) \tag{3-5}$$

在式(3-5)中，$\varphi_m(t)=g_T\mathrm{e}^{\mathrm{j}2\pi f_m t}$，$S(t)$ 是周期为 T_0 的周期函数。

温斯坦(Weinstein)和埃伯特(Ebert)于 1971 年首先提出，OFDM 调制采用离散傅立叶变换(DFT)是最佳实现方案。因此，式(3-4)中 OFDM 信号的数字变换相当于式(3-5)中复包络的抽样值，传输序列 $\underline{x}[n]$ 的相应表达式如下：

$$\underline{x}[n]=\underline{x}(nt_c)=g_T(nt_c)\sum_{m=0}^{N-1}c_m\mathrm{e}^{\mathrm{j}2\pi f_m t_c} \tag{3-6}$$

在式(3-6)中，t_c 表示复包络抽样周期，对应的 $t_c=T_0/N$ 整数处复包络抽样表达式为：

$$\underline{x}[n]=g_T(nt_c)\sum_{m=0}^{N-1}c_m\mathrm{e}^{(\mathrm{j}2\pi f_m nT_0)/N} \tag{3-7}$$

图 3-8 是 MB-OFDM UWB 发射机输出信号的仿真图，参数设置为：$f_c=10^{11}$，$numbits=4\ 096$，$f_p=10^9$，$T_0=242.4\times10^{-9}$，$T_p=60.6\times10^{-9}$，$TG=70.1\times10^{-9}$，$A=1$，$N=128$。

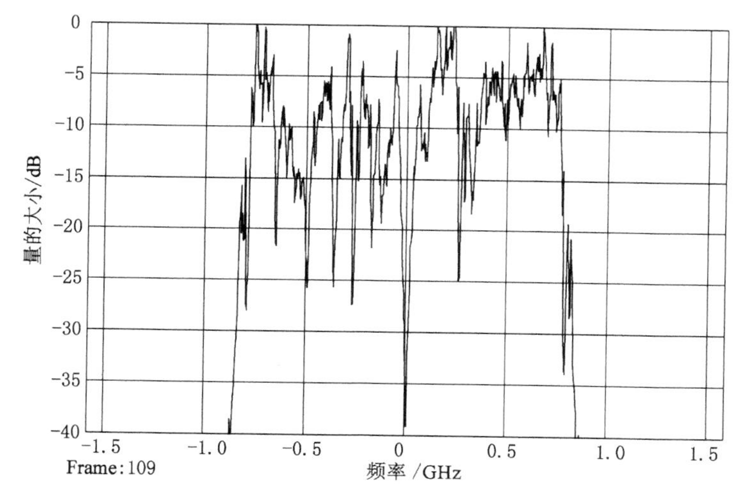

图 3-8 MB-OFDM 发射机输出信号波形

3.2 超宽带信号频谱研究

超宽带技术的不同发射信号所采用的载波方式和编码方式的不同，使其在不同国家频谱规范标准的适应能力及其抗干扰能力存在较大差异。本节主要对 DS-UWB 和 TH-UWB 两种超宽带发射信号对应的频谱特性进行讨论。

3.2.1 DS-UWB 功率谱研究

DS-PAM UWB 信号的功率谱密度可以通过计算函数 $s(t)$ 的自相关函数，然后再计算自相关函数 $s(t)$ 的傅立叶变换得到。分析可知，式(3-1)所表示的信号需增加一个随机相位 θ 才能变成广义平稳的，其中，随机相位 θ 服从在$[0, T_s]$上的均匀分布且与 d 独立。因此，DS-PAM UWB 随机过程修改为：

$$s(t+\theta)=\sum_{j=-\infty}^{+\infty} d_j p(t-jT_s+\theta) \tag{3-8}$$

则 $s(t+\theta)$ 的自相关函数为：

$$\langle s(t+\theta+\tau)s^*(t+\theta)\rangle =$$
$$\left\langle \sum_{k=-\infty}^{+\infty}\sum_{h=-\infty}^{+\infty} d_k d_h^* p(t-kT_s+\theta+\tau)p^*(t-hT_s+\theta)\right\rangle \tag{3-9}$$

由于 θ 和 d 是相互独立的，可得：

$$\langle s(t+\theta+\tau)s^*(t+\theta)\rangle = \sum_{k=-\infty}^{+\infty}\langle d_k d_{k+m}^*\rangle \cdot$$
$$\sum_{k=-\infty}^{+\infty}\langle p(t-kT_s+\theta+\tau)p^*[t-(k+m)T_s+\theta]\rangle \tag{3-10}$$

因式(3-10)第二项中的 θ 是均匀分布的，于是有式(3-11)。然后将式(3-11)代入式(3-10)可得式(3-12)。考虑到式(3-8)所示的是一个广义平稳随机过程，且式(3-12)与时间 t 独立，因此只要对式(3-12)进行傅立叶变换就可以得到 DS-PAM UWB 信号的功率谱密度，又因函数 $p(t)$ 的相关积分的傅立叶变换为$|P(f)|^2$，所以得到式(3-13)：

$$\sum_{k=-\infty}^{+\infty}\langle p(t-kT_s+\theta+\tau)p^*[t-(k+m)T_s+\theta]\rangle$$
$$=\sum_{k=-\infty}^{+\infty}\frac{1}{T_s}\int_0^{T_s} p(t-kT_s+\theta+\tau)p^*[t-(k+m)T_s+\theta]\mathrm{d}\theta$$
$$=\sum_{h=-\infty}^{+\infty}\frac{1}{T_s}\int_{t+hT_s}^{t+(h+1)T_s} p(\zeta+\tau)p^*(\zeta-mT_s)\mathrm{d}\zeta$$

$$= \frac{1}{T_s}\int_{-\infty}^{+\infty} p(\zeta+\tau)p^*(\zeta-mT_s)\mathrm{d}\zeta \tag{3-11}$$

$$\langle s(t+\theta+\tau)s^*(t+\theta)\rangle = \frac{1}{T_s}\sum_{m=-\infty}^{+\infty} R_d(m)\int_{-\infty}^{+\infty} p(\zeta+\tau)p^*(\zeta-mT_s)\mathrm{d}\zeta \tag{3-12}$$

$$P_{\mathrm{XDS}}(f) = \frac{|P(f)|^2}{T_s}\sum_{m=-\infty}^{+\infty} R_d(m)\mathrm{e}^{-\mathrm{j}2\pi f_m T_s} = \frac{|P(f)|^2}{T_s}P_c(f) \tag{3-13}$$

式(3-13)中，$P_c(f)$表示序列 d 的码频谱。式(3-13)表明，DS-PAM UWB发射脉冲由传输函数项 $P(f)$和码频谱项 $P_c(f)$构成。假定序列 d 是由独立符号组成的，则 $R_d(m)$只在 $m=0$ 时不为 0，$P_c(f)$与 f 独立。DS-PAM UWB 信号的功率谱将完全由脉冲 $p(t)$的性质决定。

图 3-9 是采用二阶高斯微分脉冲进行波形成形的 DS-PAM UWB 功率谱的仿真图。

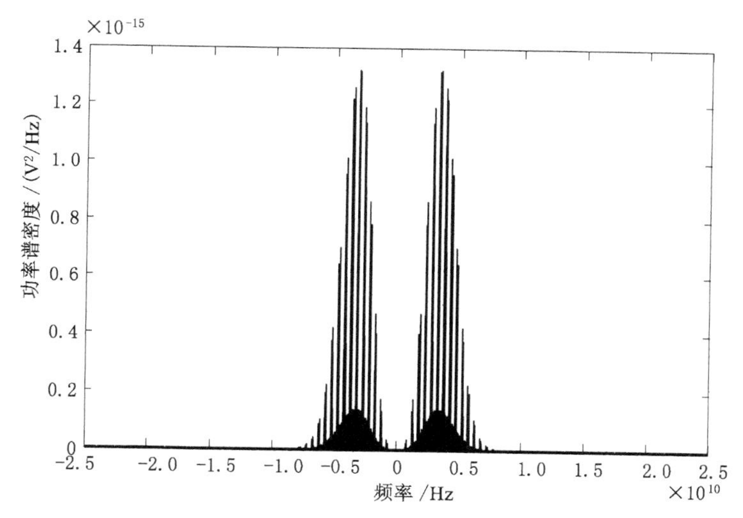

图 3-9　DS-2PAM UWB 信号的功率谱密度($N_p=10$)

3.2.2　TH-UWB 功率谱研究

与上述 DS-PAM UWB 信号的功率谱密度的分析思路一样，先要对函数 $s(t)$求取自相关函数，然后再计算自相关函数 $s(t)$的傅立叶变换便可得到 TH-PPM UWB 信号的功率谱密度。

首先假定 PPM 调制的时间偏移量 ε 的影响无关紧要，因此，典型的 TH-PPM UWB 信号的表达式为：

$$v(t)=\sum_{j=1}^{N_s}p(t-jT_s-\eta_j) \tag{3-14}$$

对上述信号 $v(t)$ 进行傅立叶变换：

$$P_v(f)=P(f)\sum_{m=1}^{N_s}\mathrm{e}^{-\mathrm{j}[2\pi f(mT_s+\eta_m)]} \tag{3-15}$$

如果假定是 $v(t)$ 用于发射的基本多脉冲，并且加上偏移量 ε，则 TH-PPM UWB 发射信号可以表示为：

$$s(t)=\sum_{j=-\infty}^{+\infty}v(t-jT_b-\varepsilon b_j) \tag{3-16}$$

如果假定变量 b_k 的抽样值满足统计独立并具有相同概率密度的函数 w，则式(3-16)所示的信号功率谱密度转化为：

$$P_s(f)=\frac{|P_v(f)|^2}{T_b}=\left[1-|W(f)|^2+\frac{|W(f)|^2}{T_b}\sum_{n=-\infty}^{+\infty}\delta\left(f-\frac{n}{T_b}\right)\right] \tag{3-17}$$

分析式(3-17)可知，影响 TH-PPM UWB 信号功率谱的因素有两方面，主要是 TH 码通过 $P_v(f)$ 和 PPM 调制器对时间偏移量 ε 所产生的影响。其中，PPM 调制器的影响完全特征取决于超宽带信号源的统计特性，而频谱的离散部分只在 $1/T_b$ 处有谱线，且谱线的幅度大小受信源统计特性加权，即 TH-PPM UWB 信号也受 $|W(f)|^2$ 加权的影响。在时间偏移量 ε 很小的时候，信号 $s(t)$ 频谱中离散部分占得较多。

通过对式(3-17)仿真得到 TH-PPM UWB 功率谱的仿真图(图 3-10)。

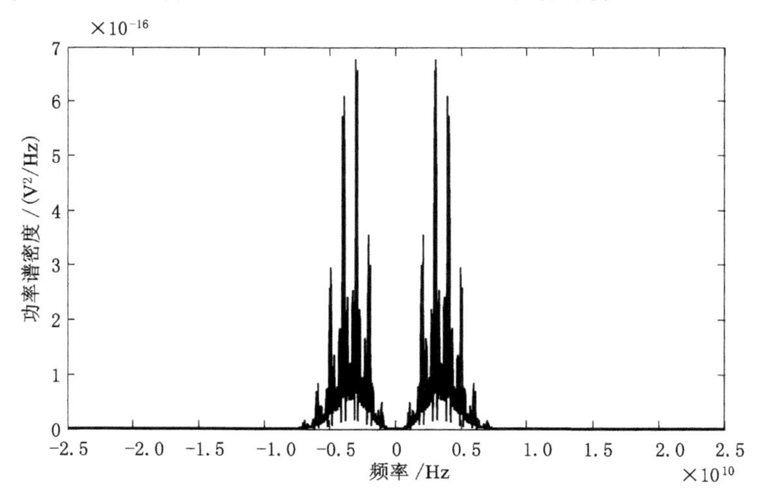

图 3-10　TH-2PPM UWB 信号的功率谱密度($N_p=10$)

3.2.3 超宽带功率谱分布的影响因素

图 3-11 和图 3-12 表示 DS-UWB 信号 u_0 的功率谱密度。仿真参数选择 $P_{ow}=-30$，$f_c=50\times10^9$，$numbits=5\ 000$，$T_s=2\times10^{-9}$，$N_s=10$，$T_m=0.5\times10^{-9}$，$t_{au}=0.25\times10^{-9}$。图 3-11 和图 3-12 所示功率谱密度包络呈现高斯形状。另外，发射的能量主要集中在 $1/T_s=500$ MHz 的整数倍上。当增加码周期 N_p 的值，即用 $N_p=50$ 代替 $N_p=10$，产生新信号 u_1。如图 3-13 和图 3-14 所示，信号 u_1 和信号 u_0 具有相同的功率，并且在频域占用相同的带宽。由于信号 u_1 具有更大的频谱分布和较 u_0 更小的谱密度峰值，因此当 N_p 值不断增大时结果会更为明显。

因此，通过对功率谱影响因素的研究可以知道，脉冲重复频率直接影响超宽带信号功率谱的离散分量的分布。随着重复频率扩大，离散谱线的分布变得越来越分散，意味着这些离散点上的能量越来越集中且对同频段上的干扰也越来越严重，因此，合理选择脉冲重复频率显得非常重要。但是，从图 3-11～图 3-14 中可以看出，仅仅通过改变脉冲重复频率在实际应用中是不可取的，只有选择更合适的 PN 码和适当的脉冲重复频率，才能在满足合理的硬件复杂度的条件下实现 EMC 的要求。

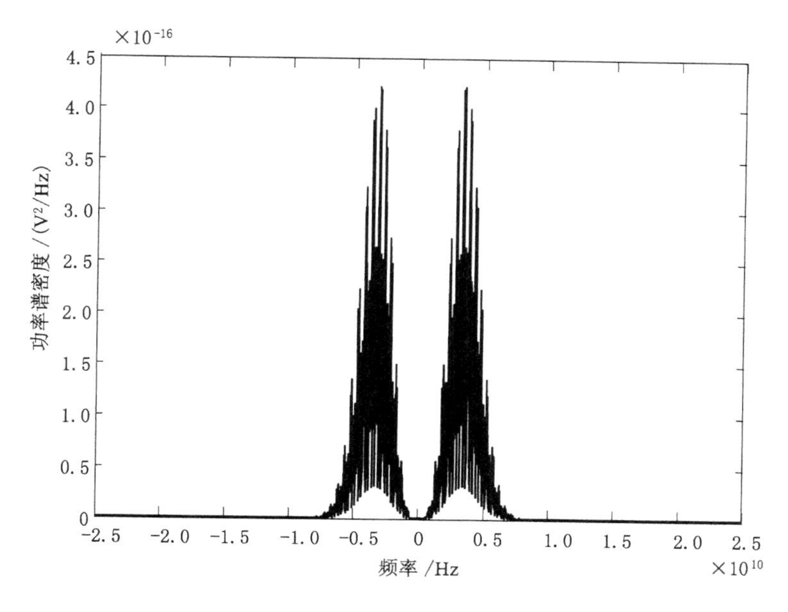

图 3-11 DS-2PAM UWB 信号的功率谱密度($N_p=64$)

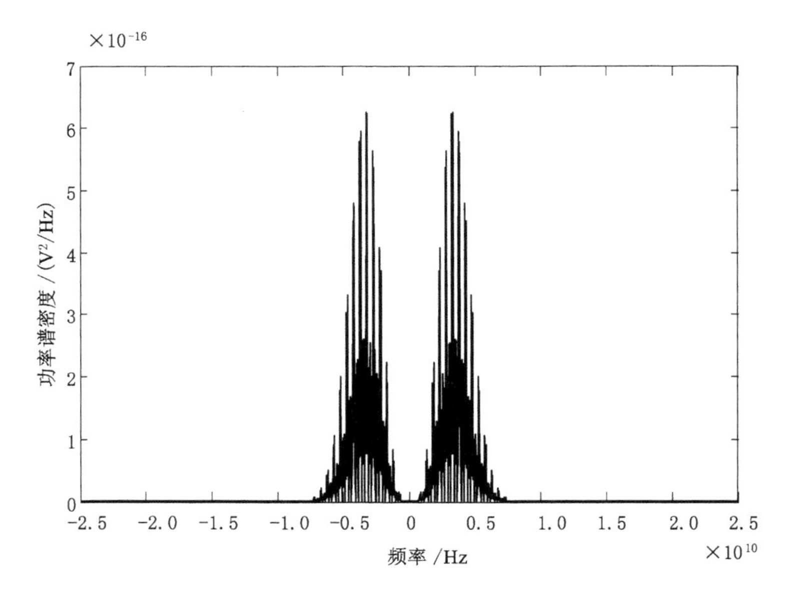

图 3-12 DS-2PAM UWB 信号的功率谱密度(N_p=2 048)

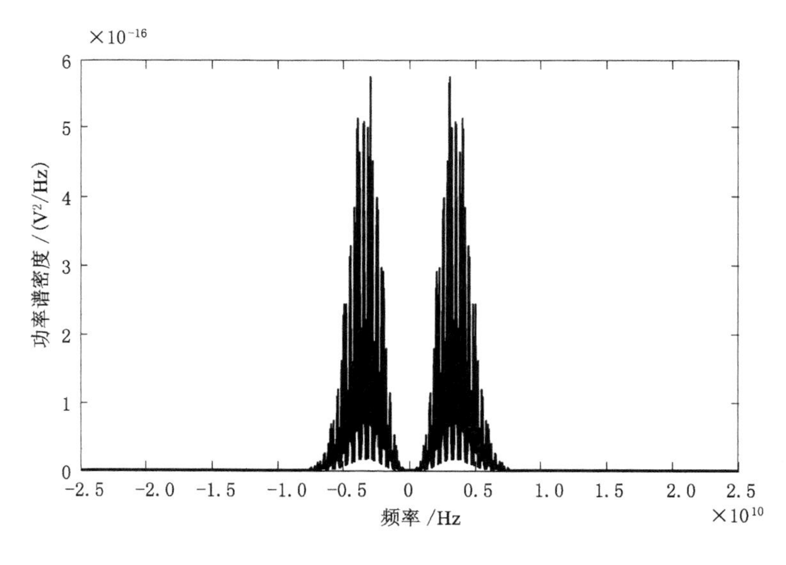

图 3-13 TH-2PPM UWB 信号的功率谱密度(N_p=40)

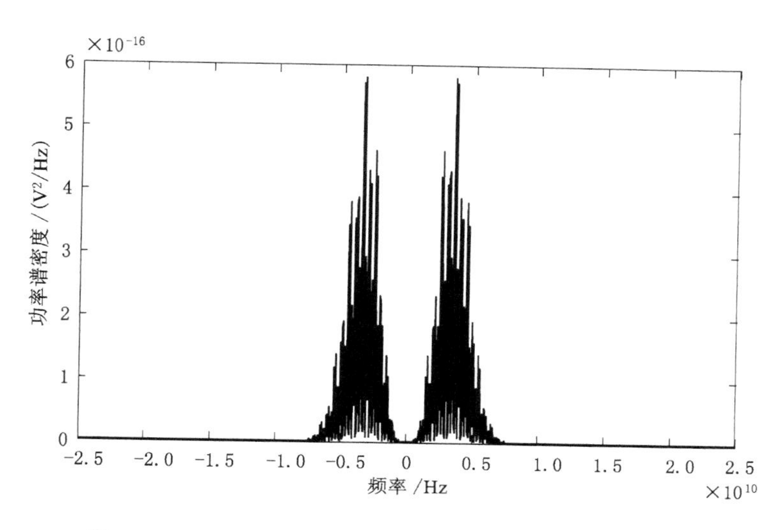

图 3-14 TH-2PPM UWB 信号的功率谱密度(N_p=5 000)

通过前文推导出的 DS-UWB 发射信号谱密度表达式[式(3-13)]可知,可以通过降低扩频码 N_p 速率来平滑离散谱线。给定了一个 DS-UWB 和 TH-UWB 系统,用二阶高斯微分脉冲进行波形成形,通过仿真实验,观察到功率谱密度随扩频码周期的变化情况,图 3-9、图 3-11、图 3-12 是扩频码周期分别为 10、64、2 048 的 DS-UWB 信号的功率谱密度,图 3-10、图 3-13、图 3-14 是扩频码周期分别为 10、40、5 000 的 TH-UWB 信号的功率谱密度。对比可发现,随着 PN 码的周期变大,功率谱密度的平滑程度仅得到一定程度的改善。

3.3 超宽带井下无线测距定位技术

超宽带井下定位技术与现有的无线定位技术相似,也是采用测距和测向来完成定位。本节将从定位测距模型和相应的克拉美-罗下界 CRLB 方面对基于 AOA(Angle of Arrival)估计、基于 RSS(Receive Signal Strength)估计和基于 TOA/TDOA(Time of Arrival/Time Difference of Arrival)估计三种一般定位方法进行讨论。

3.3.1 基于 AOA 的测距定位技术

基于信号角度 AOA 测距定位技术主要是通过天线阵列作为参考节点来测量与目标节点之间的夹角,从而获取目标节点的位置信息。

如图 3-15 所示，通过 A 和 B 两个已知参考节点测得目标节点 C 的到达角分别为 θ_1 和 θ_2，则通过求解非线性方程式(3-18)便可获得目标节点的位置坐标 (x_0, y_0)：

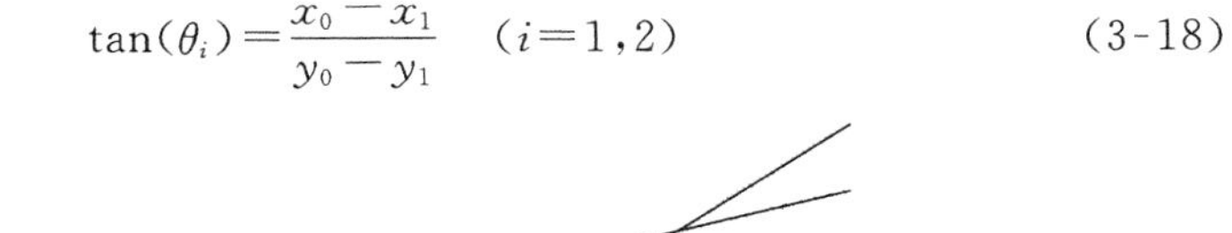

$$\tan(\theta_i)=\frac{x_0-x_1}{y_0-y_1}\quad(i=1,2) \tag{3-18}$$

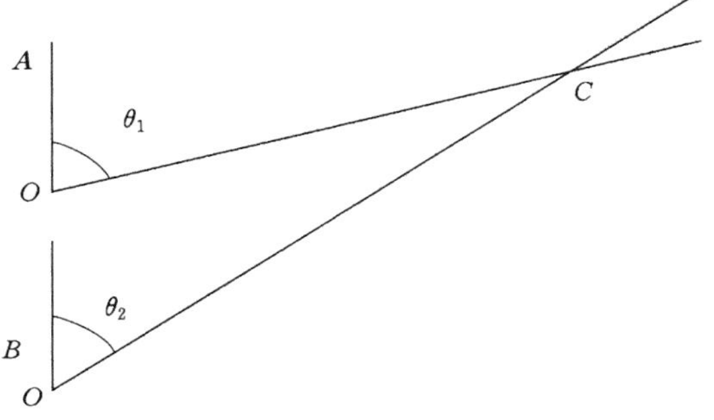

图 3-15　信号角度 AOA 定位估计原理图

AOA 模型假定时刻 t 发射信号 $\boldsymbol{s}(t)$ 由 θ 方向远场入射到均匀性阵列，到达各接收阵元的方向都可以看作是平行的，接收阵列 $\boldsymbol{y}(t)$ 包含阵元数为 M，各阵元的间距为 d(图 3-16)，则阵列向量 $\boldsymbol{y}(t)=[y_1(t),y_2(t),\cdots,y_N(t)]^{\mathrm{T}}$ 的模型表达式为：

$$\boldsymbol{y}(t)=\boldsymbol{C}^{-1}\boldsymbol{A}(\theta)\boldsymbol{s}(t)+\boldsymbol{n}(t) \tag{3-19}$$

式(3-19)中对称矩阵 $\boldsymbol{C}$ 具有互耦特性。方向向量 $\boldsymbol{A}(\theta)=[a_1(\theta),a_2(\theta),\cdots,a_N(\theta)]$表示捕获的 UWB 接收信号的延迟相位。$\boldsymbol{n}(t)$为接收噪声。

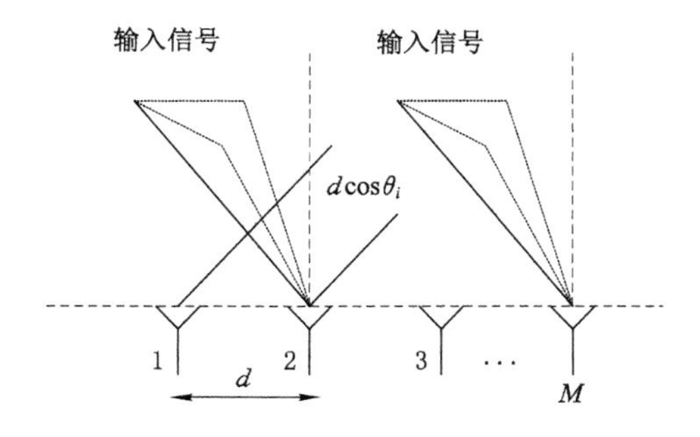

图 3-16　AOA 模型接收阵列定位模型原理图

接收阵列 $\boldsymbol{y}(t)$是均值为 0、方差为 σ^2 的各元素相互独立的复高斯过程。方向向量 $\boldsymbol{A}(\theta)$中第 i 个元素的表达式为：

$$a_i(\theta)=\mathrm{e}^{\mathrm{j}\frac{wd}{c}\left(i-\frac{N-1}{2}\cos\theta\right)}\ (i=0,1,\cdots,N-1) \tag{3-20}$$

式中，w 为初射信号 $s(t)$ 的中心频率；c 为光速。假设接收阵元间不存在互耦影响，AOA 定位估计 $CRLB$ 表达式为：

$$CRLB_{\mathrm{AOA}}=\left[\frac{A^2}{\sigma^2}\left(\frac{wd}{c}\right)^2(\sin\theta)^2\ \frac{N(N^2-1)}{12}\right]^{-1} \tag{3-21}$$

上式表明，接收机阵元的间距 d 或阵元数 M 的增加可以减小 AOA 定位估计的 $CRLB$。但是过度增加接收信号的入射角度会造成 AOA 定位估计精度的恶化。

通过上面的分析可以知道，AOA 定位方法的实现过程非常容易，但是这种定位估计方法不能体现出超宽带发射信号带宽极大、时间分辨率高的特性。在煤矿井下巷道这种多径反射、散射现象极为严重的通信条件下很难保证 AOA 定位估计的精度，并且天线阵列的使用也使得采用这种定位方法的硬件设备很难满足井下对小型化和低成本的要求。

3.3.2 基于 RSS 的测距定位技术

RSS 测距技术由于利用路径损耗来定位而对环境的变化（例如多径衰落变化等）极为敏感，因此有学者对不同环境下超宽带信号传播特性作深入的研究。由解方程组的知识可知，至少要 3 个参考节点进行测量才能获取目标节点的二维平面空间信息。图 3-17 是信号强度 RSS 定位估计原理图。

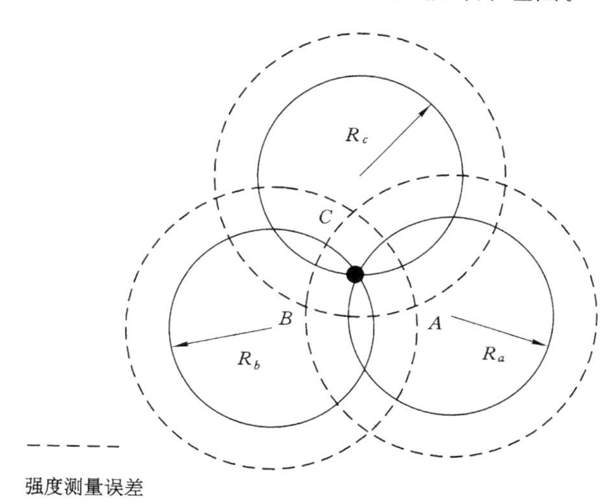

图 3-17 信号强度 RSS 定位估计原理图

井下目标节点发射信号到参考节点的传输过程中，超宽带信号不可避免地存在多径衰落、阴影衰落和路径损失。通常在理想条件下，井下巷道产生的多径和阴影衰落的影响可以通过计算足够长时间接收型号强度的平均值来消除，相应地，信号传播损耗模型表示为：

$$\overline{p}(d)=P_0-10n_p\lg(d/d_0) \tag{3-22}$$

式中，n_p 为路径损耗指数；P_0 为在发射机附近距离 d_0 出的接收信号的平均功率，信号功率的单位均为 dB。

在实际条件下接收机的观测时间受限，导致接收功率中由于路径损失和阴影衰落造成的影响不容忽略，因此，接收信号服从均值为 0、方差为 σ_{sh} 的高斯随机过程，其功率表达式为：

$$p(d)\sim N[\overline{P}(d),\sigma_{sh}] \tag{3-23}$$

在矿井巷道的传播环境中，超宽带信号传播的路径损失与其中心频率有关，且由于传播距离和频率散射导致的传播损失是相互独立的，因此超宽带接收信号的功率表达式为：

$$P(d)=P_0-P_l(d/d_0)-P_l(f) \tag{3-24}$$

式中，$P_l(d/d_0)$为超宽带信号传播距离导致的功率损耗；$P_l(f)$为超宽带信号频率色散产生的功率损耗。

由接收信号 $P(d)$的表达式构造信号强度 RSS 估计的对数似然函数，可以得到两个参考节点间距 d 的无偏估计 $\hat{d}$ 的 CRLB 下限的不等式为

$$\mathrm{var}(\hat{d})\geqslant\left(\frac{\sigma_{sh}d\ln 10}{10n_p}\right)^2 \tag{3-25}$$

式中，n_p 为矿井传播损耗系数；σ_{sh} 为矿井快衰落系数的标准差。由式(3-25)可知，基于信号强度 RSS 定位估计的精度受井下巷道环境的影响很大，不能利用超宽带信号极大带宽的优势来降低井下多径衰减等影响。

3.3.3 基于 TOA/TDOA 的测距定位技术

基于 TOA/TDOA 的测距定位技术是通过测试目标节点发射信号到两个参考节点的传输时间差来获取目标节点的空间位置信息的。与前面的基于 AOA 估计、基于 RSS 估计方法相比较，基于 TOA/TDOA 的定位估计方法充分利用了 UWB 信号具有极强的时间分辨率的特性，更能克服井下巷道多径衰落等对定位精度造成的影响。图 3-18 是基于 TOA/TDOA 定位估计原理图。

基于 TOA 定位估计的 CRLB 下限的一般表达式为：

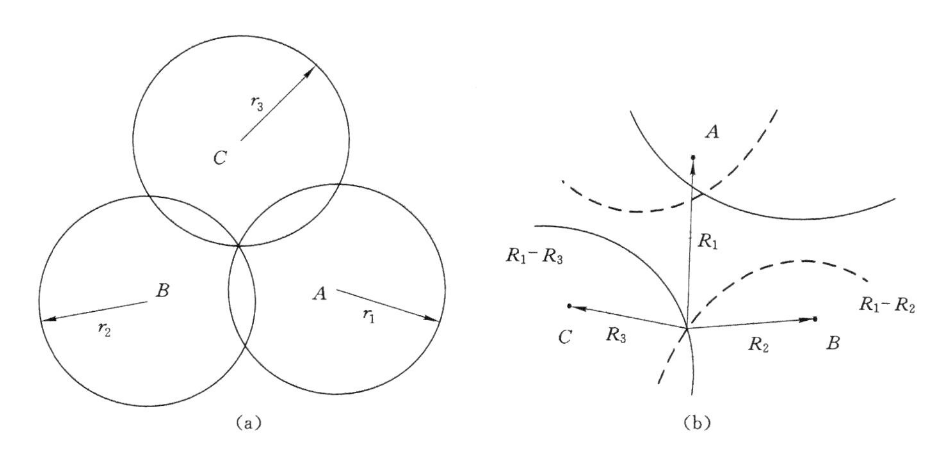

图 3-18 基于时间 TOA/TDOA 定位估计原理图

$$\mathrm{var}(\tau) = \sigma_\tau^2 = \frac{1}{F} = \frac{N_0}{4\int s^2(t;\{a_k\})\mathrm{d}t} = \frac{1}{8\pi^2\gamma\beta^2} \tag{3-26}$$

式中，$\gamma=E/N_0$ 为超宽带接收信号的信噪比；$S(f)$为发射信号 $s(t)$的傅立叶变换；等效带宽 β 的表达式为：

$$\beta \triangleq \left[\int f^2 \mid S(f) \mid^2 \mathrm{d}f / \int \mid S(f)^2 \mathrm{d}f\right]^{1/2} \tag{3-27}$$

由于超宽带发射信号具有极大的带宽，因此 $S(f)$ 的最大化可以按式(3-28)进行：

$$S(f) = \arg\max\left\{\int f^2 \mid S(f) \mid^2 \mathrm{d}f\right\},\ S^2(f) \leqslant T \cdot T \cdot PSD_M(f) \tag{3-28}$$

式中，T 为超宽带信号的传播时间；$PSD_M(f)$为美国联邦通信委员会规定的辐射掩蔽模板，取 $S^2(f)=T \cdot PSD_M(f)$。假定参考节点与目标节点间的距离为 d，井下巷道表示为 $H(f;d)$，则 CRLB 下限的表达式为：

$$\sigma_\tau^2 = \frac{N_0}{8\pi^T\int f^2 \mid H(f;d) \mid^2 PSD_M(f)\mathrm{d}f} \tag{3-29}$$

在实际应用中，由于基于时间差 TDOA 定位估计系统属于异步系统，仅仅需要固定基站与固定基站的同步，因此 TDOA 更能适应井下复杂多变的信道传播环境。

3.4 井下超宽带定位方案

井下环境极为恶劣且易产生时间抖动，制约了超宽带定位系统采用 TOA 定位估计方法实现收发两端的实时同步和定位。本节从超宽带系统时钟同步的角度研究三种可行的定位估计方案。

3.4.1 有线信标节点统一授时定位方案

基于 TDOA 定位估计方法实现定位的关键在于使各个参考站之间实现实时的同步来保证井下定位的精度。有线信标节点统一授时方案主要是使主站通过光纤电缆对各个参考站进行统一授时，则井下 UWB 定位系统结构由主站(MS)、参考节点(RS)和目标节点(UN)组成。图 3-19 为有线信标节点统一授时方案结构图。

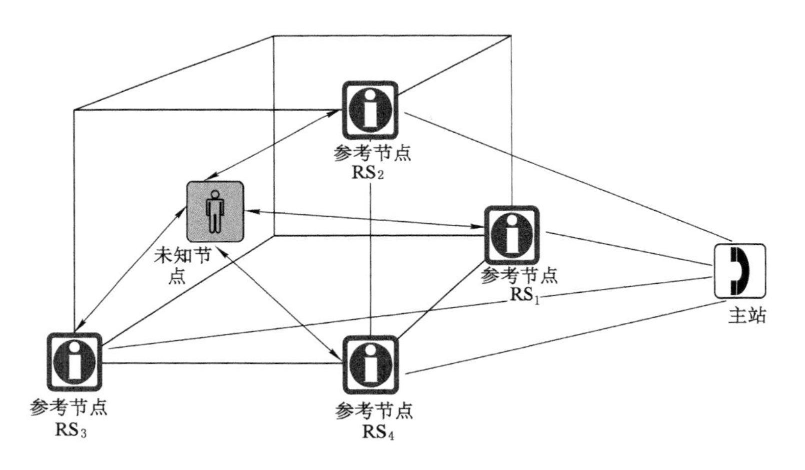

图 3-19 超宽带有线信标统一授时定位方案结构图

如图 3-19 可知，超宽带定位系统主站与各个参考站之间通过光纤连接并由主站统一授时，系统中采用的 4 条光纤要求必须采用长度和接口工艺一致以保证各个线缆上的时间延迟一致，因此系统各参考站是通过统一采用主站的时钟发射源和经历相同的时间延时来保证时钟同步的。该方案中各个参考站将只进行自身定位信息的透明转发，而目标节点将对各个参考站的节点超宽带信号进行接收并完成对各个参考站的 TDOA 估计和定位。假定参考站 n 和目标节点的空间位置坐标分别为(x_n, y_n, z_n)和(x, y, z)，则两者的空间位置关系表示为：

$$\sqrt{(x-x_1)^2+(y-y_1)^2+(z-z_1)^2}-\sqrt{(x-x_2)^2+(y-y_2)^2+(z-z_2)^2}=c\cdot t_{\mathrm{TDOA12}} \tag{3-30}$$

$$\sqrt{(x-x_2)^2+(y-y_2)^2+(z-z_2)^2}-\sqrt{(x-x_3)^2+(y-y_3)^2+(z-z_3)^2}=c\cdot t_{\mathrm{TDOA23}} \tag{3-31}$$

$$\sqrt{(x-x_3)^2+(y-y_3)^2+(z-z_3)^2}-\sqrt{(x-x_4)^2+(y-y_4)^2+(z-z_4)^2}=c\cdot t_{\mathrm{TDOA34}} \tag{3-32}$$

该定位方案中主站与各个参考站之间采用光纤电缆连接，其主要优点是能有效地避免井下大量电磁噪声的干扰，加之光纤链路的距离较短，由此引起的色散也在可以接受的范围内，从而严格地保证了各个参考站之间的同步。

图 3-20 为有线信标节点统一授时方案的测量信号时序关系图。该方案工作时序主要是由主站向各个参考定位信息 1 紧跟帧头，参考站 RS_1 检测到定位信息立刻向目标节点进行转发，等待时间间隔 T 以后，参考站 RS_2 向目标节点进行转发，再等待时间间隔 T 以后，参考站 RS_3 向目标节点进行转发，以此类推。当目标节点接收到定位信息后进行相关 TDOA 估计处理后，即可完成目标节点位置信息的定位。

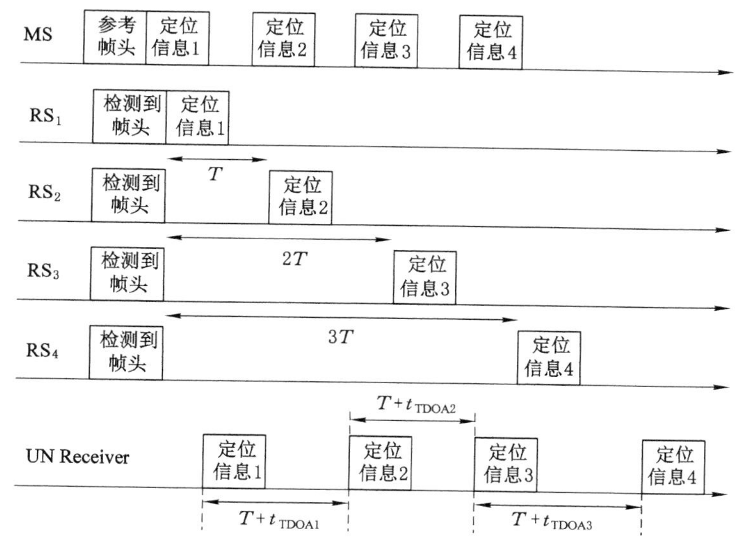

图 3-20 超宽带有线信标统一授时定位方案时序图

3.4.2 信标节点差分定位方案

由图 3-21 可以看出，信标节点差分定位系统主要由 N 个参考站 RS 和目标节点 UN 组成。该方案中参考站 RS 仅负责接收和发送超宽带信号功能，目标节点 UN 则需负责接收超宽带信号、时间估计，以及 UN 位置信息的计算。

图 3-22 为信标节点差分定位系统定位流程的示意图。该系统可以通过参

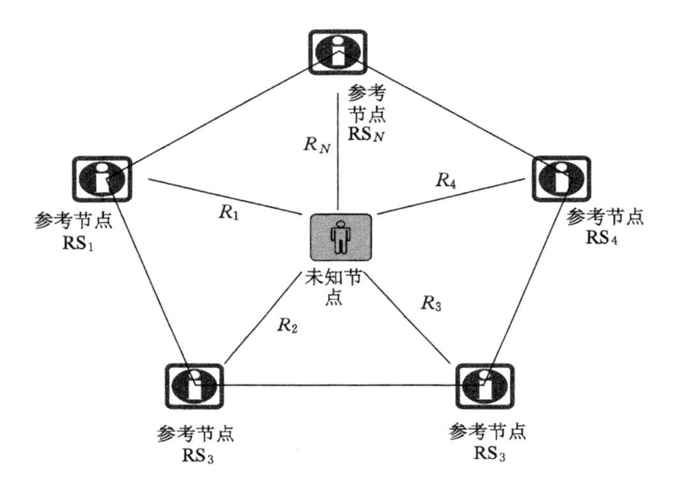

图 3-21 超宽带信标节点差分定位方案结构图

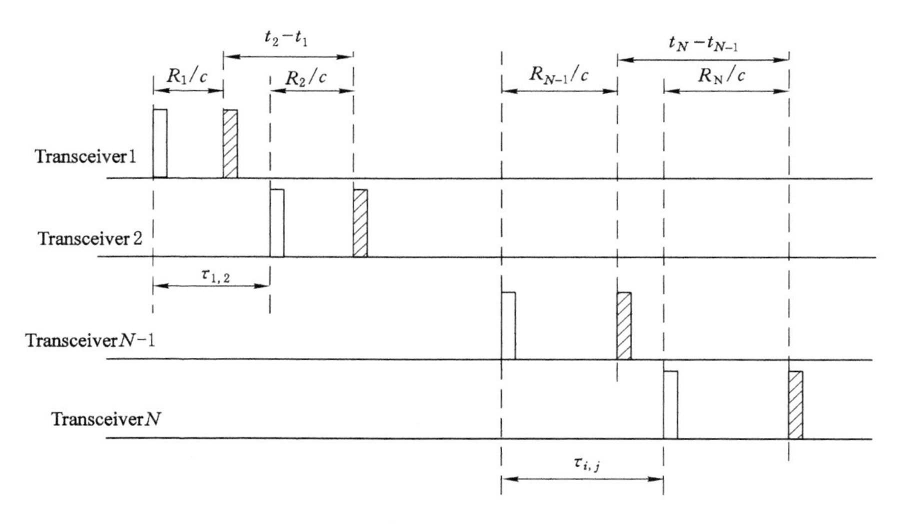

图 3-22 超宽带信标节点差分定位方案原理图

考站 RS 间时序差分关系完成时序同步。首先由参考站 RS_1 的超宽带发射机同时向参考站 RS_2 和目标节点发射测距信息，参考站 RS_1 接收到参考站 RS_3 发射来的定位信息等待固定时间间隔 T 以后，向参考站 RS_3 和目标节点发射测距信息，以此类推。参考站 RS_{N-1} 等待固定时间间隔 T 以后，向参考站 RS_N 和目标节点发射测距信息，目标节点则将每一次的测距信息进行收集，然后交由数字处理单元计估算出相应的 TDOA 值并计算出目标节点的位置信息。

据此假定参考节点 RS 与目标节点 UN 间距为 $R_N(i=1,2,\cdots,N)$，光速为 c，邻近参考节点 RS 间信息发送间隔为 $\tau_{i-1,i}=T$，参考节点 RS 之间的实际距离为 R_{ij}，则：

$$\tau_{1,2}+R_2/c=R_1/c+(t_2-t_1) \tag{3-33}$$

$$\tau_{2,3}+R_3/c=R_2/c+(t_3-t_2) \tag{3-34}$$

$$\tau_{N-1,N}+R_N/c=R_{N-1}/c+(t_N-t_{N-1}) \tag{3-35}$$

其中参考节点与目标节点的距离 R_i 满足下列表达式：

$$R_1^2=(x-x_1)^2+(y-y_1)^2+(z-z_1)^2 \tag{3-36}$$

$$R_2^2=(x-x_2)^2+(y-y_2)^2+(z-z_2)^2 \tag{3-37}$$

$$R_3^2=(x-x_3)^2+(y-y_3)^2+(z-z_3)^2 \tag{3-38}$$

因此结合式(3-33)～式(3-38)可算出目标节点的空间位置坐标。

3.4.3 变频转发估计定位方案

在前面两种方案的研究中，目标节点都需要具备接收、发送超宽带信号和数字信号处理能力，因此不利于井下移动用户的长时间携带与待机，而且设备复杂、成本较高。本小节将研究一种基于变频转发估计定位方案。该方案仅由参考节点和目标节点组成，系统中由参考节点负责超宽带信号的接收与发送，并且需对测距信息进行测距与定位处理，目标节点仅仅进行变频转发处理。

变频转发估计定位方案测距主要是通过参考节点 RS_i 向目标节点发送超宽带载波调制测距信息，目标节点将接收到的测距信息进行变频转发给参考节点 RS_i，然后由参考节点对这些测距信息进行基带处理(图 3-23)，因此一次来回双程传播时间 t_{TWR}^i 和测距方程表达式为：

$$t_{\mathrm{TWR}}^i=2t_{\mathrm{TOA}}^i+t_\Delta \tag{3-39}$$

$$c\cdot t_{\mathrm{TWR}}^1=c\cdot(2t_{\mathrm{TOA}}^1+t_\Delta)=2\sqrt{(x-x_1)^2+(y-y_1)^2+(z-z_1)^2}+c\cdot t_\Delta \tag{3-40}$$

$$c\cdot t_{\mathrm{TWR}}^2=c\cdot(2t_{\mathrm{TOA}}^2+t_\Delta)=2\sqrt{(x-x_2)^2+(y-y_2)^2+(z-z_2)^2}+c\cdot t_\Delta \tag{3-41}$$

$$c \cdot t_{\mathrm{TWR}}^{3}=c \cdot (2t_{\mathrm{TOA}}^{3}+t_{\Delta})=2\sqrt{(x-x_3)^2+(y-y_3)^2+(z-z_3)^2}+c \cdot t_{\Delta} \tag{3-42}$$

$$c \cdot t_{\mathrm{TWR}}^{4}=c \cdot (2t_{\mathrm{TOA}}^{4}+t_{\Delta})=2\sqrt{(x-x_4)^2+(y-y_4)^2+(z-z_4)^2}+c \cdot t_{\Delta} \tag{3-43}$$

通过求解上述测距方程表达式便可获取目标节点的空间位置坐标。

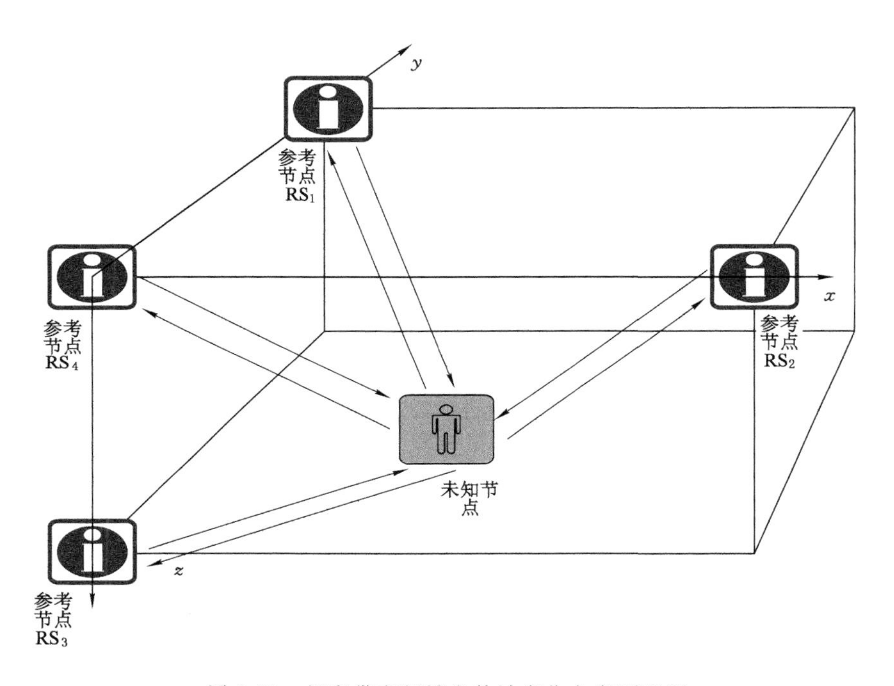

图 3-23　超宽带变频转发估计定位方案原理图

3.5　井下 NLOS 环境下定位算法及其仿真分析

在井下超宽带无线定位系统中，通过对目标节点与多个参考节点的 TDOA 测量值的获取来构建目标节点的空间位置的双曲线方程组并对其进行求解，从而实现目标节点的实时定位。

3.5.1　基于 Taylor 级数的超宽带定位算法

基于 Taylor 级数最小二乘估计定位算法是目前最基本的工程定位算法。该算法主要采用在目标节点初始值位置进行 Taylor 级数展开式，一般选取保留展开式的前两项而忽略二次以上的项，从而将目标节点的非线性位置方程转化成线性方程，然后进行加权最小二乘估计来获取目标节点的空间位置信息。该算法具有通用性强的特点，能适应大部分的定位系统，但是 Taylor 定位算法的定位精度往往不是很高。

首先假设目标节点的空间实际位置为(x_R, y_R)，目标节点的 Taylor 级数展开的估计位置为(x, y)，并假定位置估计误差分别为Δx、Δy，则各位置信息关系满足如下关系：

$$\begin{cases} x_R = x + \Delta x \\ y_R = y + \Delta y \end{cases} \tag{3-44}$$

基于 Taylor 级数展开的超宽带定位算法是以目标节点的初始位置(x_0, y_0)为起点进行迭代运算，每次迭代都必须与目标节点位置的局部最小二乘解进行比较来提高位置估计精度，从而有估计误差$(\Delta x, \Delta y)$关系式[式(3-45)]，其中矩阵 $\boldsymbol{Q}$ 表示间距，矩阵 $\boldsymbol{h}_1$ 和 $\boldsymbol{G}_1$ 分别如式(3-46)和式(3-47)。

$$\begin{bmatrix} \Delta x \\ \Delta y \end{bmatrix} = (\boldsymbol{G}_1^{\mathrm{T}} \boldsymbol{Q}^{-1} \boldsymbol{G}_1)^{-1} \boldsymbol{G}_1^{\mathrm{T}} \boldsymbol{Q}^{-1} \boldsymbol{h}_1 \tag{3-45}$$

$$\boldsymbol{h}_1 = \begin{bmatrix} r_{21} - (r_2 - r_1) \\ r_{31} - (r_3 - r_1) \\ \vdots \\ r_{M1} - (r_M - r_1) \end{bmatrix} \tag{3-46}$$

$$\boldsymbol{G}_1 = \begin{bmatrix} \frac{x_1 - x}{r_1} - \frac{x_2 - x}{r_2} & \frac{y_1 - y}{r_1} - \frac{y_2 - y}{r_2} \\ \frac{x_1 - x}{r_1} - \frac{x_3 - x}{r_3} & \frac{y_1 - y}{r_1} - \frac{y_3 - y}{r_3} \\ \vdots & \vdots \\ \frac{x_1 - x}{r_1} - \frac{x_M - x}{r_M} & \frac{y_1 - y}{r_1} - \frac{y_M - y}{r_M} \end{bmatrix} \tag{3-47}$$

在式(3-45)～式(3-47)中，$r_i (i = 1, 2, \cdots, M)$为目标节点上次迭代估计值与各参考节点之间的距离。将该次 r_i 值及本次迭代初始值 x_i 和 y_i 代入 $r_i^2 = (x - x_i)^2 + (y - y_i)^2$，从而算出迭代值 x_{i+1} 和 y_{i+1}，然后假定 $x_0 = x_{i+1} + \Delta x$、$y_0 = y_{i+1} + \Delta y$ 为下一次迭代初始值，通过重复上述迭代过程并反复计算位置估计误差 Δx 和 Δy，直到目标节点的空间位置误差小于预先设定的门限值 $\varepsilon(|\Delta x| + |\Delta y| < \varepsilon)$时，则确定该次目标节点的空间位置估计值为所需的估计值。

3.5.2 基于 Chan 氏的超宽带定位算法

Chan 氏算法是一种采用非递归方式求解双曲线方程组的解析表达式解法

(closed form solution)。下面首先假定采用3个有效基站进行定位的情况,则3个参考节点和目标节点的空间坐标分别为(x_1,y_1)、(x_2,y_2)、(x_3,y_3)和(x,y),可得:

$$\begin{cases} {r_{21}}^2+2r_{21}r_1=(K_2-K_1)-2x_{21}x-2y_{21}y \\ {r_{31}}^2+2r_{31}r_1=(K_3-K_1)-2x_{31}x-2y_{31}y \end{cases} \tag{3-48}$$

式中,$r_{i,1}$表示目标节点与参考节点i和参考节点1的距离差,$K_i=x_i^2+y_i^2$。假定目标节点到参考节点的距离$r_i^2=(x_i-x)^2+(y_i-y)^2$,则有如下表达式:

$$\begin{cases} x=p_1+q_1r_1 \\ y=p_2+q_2r_1 \end{cases} \tag{3-49}$$

式中:

$$\begin{cases} p_1=\dfrac{y_{21}{y_{31}}^2-y_{31}{r_{21}}^2+y_{31}(K_2-K_1)-y_{21}(K_3-K_1)}{2(x_{21}y_{31}-x_{31}y_{21})} \\ q_1=\dfrac{y_{21}r_{31}-y_{31}r_{21}}{x_{21}y_{31}-x_{31}y_{21}} \\ p_2=\dfrac{x_{21}{r_{31}}^2-x_{31}{r_{21}}^2+x_{31}(K_2-K_1)-x_{21}(K_3-K_1)}{2(x_{31}y_{21}-x_{21}y_{31})} \\ q_2=\dfrac{y_{21}r_{31}-x_{31}r_{21}}{x_{31}y_{21}-x_{21}y_{31}} \end{cases} \tag{3-50}$$

将式(3-48)、式(3-49)和式(3-50)按$i=1$进行整理得:

$$a{r_1}^2+br_1+c=0 \tag{3-51}$$

式中:

$$\begin{aligned} &a={q_1}^2+{q_2}^2-1 \\ &b=-2[q_1(x_1-p_1)+q_2(y_1-p_2)] \\ &c=(x_1-p_1)^2-(y_1-p_2)^2 \end{aligned} \tag{3-52}$$

因此,根据先验条件求解上述二元一次方程式[式(3-51)]得到目标节点的估计位置。

当有效参考节点的个数$M>3$时,可以将目标节点的空间位置估计转化为求解最优解的问题。同上所述,有如下关系式:

$${r_{i1}}^2+2r_{i1}r_1=(K_i-K_1)-2x_{i1}x-2y_{i1}y \ (i=1,2,3,\cdots,M) \tag{3-53}$$

式中:

$$\begin{aligned} &K_i={x_i}^2+{y_i}^2 \\ &r_{i1}=r_i-r_1 \\ &x_{i1}=x_i-x_1 \\ &y_{i1}=y_i-y_1 \end{aligned} \tag{3-54}$$

上式中假定 x、y、r_1 三个参数之间相互独立且有 $\boldsymbol{Z}_a=[x \quad y \quad r_1]^{\mathrm{T}}$，则整理式(3-54)可得：

$$\boldsymbol{h}\cdot\boldsymbol{G}_a\boldsymbol{Z}_a=0 \tag{3-55}$$

式中：

$$\boldsymbol{h}=\frac{1}{2}\begin{bmatrix} {r_{21}}^2-K_2+K_1 \\ {r_{31}}^2-K_3+K_1 \\ \vdots \\ {r_{M1}}^2-K_M+K_1 \end{bmatrix}$$

$$\boldsymbol{G}_a=\begin{bmatrix} x_{21} & y_{21} & r_{21} \\ x_{31} & y_{31} & r_{31} \\ \vdots & \vdots & \vdots \\ x_{M1} & y_{M1} & r_{M1} \end{bmatrix} \tag{3-56}$$

下面为求取 $\boldsymbol{Z}_a$ 的最优解，对式(3-56)进行最小二乘估计可得：

$$\boldsymbol{Z}_a=(\boldsymbol{G}_a^{\mathrm{T}}\boldsymbol{\Psi}^{-1}\boldsymbol{G}_a)^{-1}\boldsymbol{G}_a^{\mathrm{T}}\boldsymbol{\Psi}^{-1}\boldsymbol{h} \tag{3-57}$$

式中，$\boldsymbol{\psi}=c^2\boldsymbol{BQB}$，另：

$$\boldsymbol{B}=\mathrm{diag}(r_2 \quad r_3 \quad \cdots \quad r_M)$$

$$\boldsymbol{Q}=\frac{T}{2\pi}\int_0^{\Omega}\omega^2\frac{S(\omega)}{1+S(\omega)\mathrm{tr}[\boldsymbol{N}(\omega)^{-1}]}\{\mathrm{tr}[\boldsymbol{N}(\omega)^{-1}]\boldsymbol{N}_p(\omega)^{-1}-\boldsymbol{N}_p(\omega)^{-1}\boldsymbol{I}^{\mathrm{T}}\boldsymbol{N}_p(\omega)^{-1}\}\mathrm{d}\omega \tag{3-58}$$

式中，$\boldsymbol{Q}$ 表示不同参考节点测距误差的协方差矩阵；c 表示光速；Ω 表示超宽带接收信号的带宽；T 表示参考节点测距所需的观测时间；$S(\omega)$表示超宽带接收机获得的信号的功率谱函数；$\boldsymbol{N}(\omega)=\mathrm{diag}[N_1(\omega) \quad N_2(\omega) \quad \cdots \quad N_M(\omega)]$表示矿井干扰信号的功率谱函数矩阵；$\boldsymbol{N}_p(\omega)$表示 $\boldsymbol{N}(\omega)$的 $M-1$ 维矩阵；$\boldsymbol{I}$ 表示与 $\boldsymbol{N}_p(\omega)$相对应的全 1 列向量。根据先验条件求解 $\boldsymbol{Z}_a$ 最优值从而求得一个为正解的目标节点的空间位置估计。

虽然在 LOS 环境且噪声服从高斯分布的条件下，Chan 氏算法具有计算量小、定位精度高的优点，但是在井下 NLOS 环境下，Chan 氏算法的定位精度会出现明显的下降而影响其在井下的应用。

3.5.3 井下非视距条件下 UWB 定位的改进算法

由于煤矿井下巷道空间狭小且存在弯曲，因此井下巷道内的通信传播大量为 NLOS 传播环境，所以必须考虑 NLOS 环境对井下人员定位的影响。图 3-24表示定位信号在煤矿井下的传播情况。从图 3-24 中可以看到，井下巷道部分弯曲位置上无法进行直射传播，定位信号只能通过反射等方式进行非视距 NLOS 传播。通过比较可以发现，非视距 NLOS 传播路径相对视距 LOS 传播路径要长，因此进行 TOA 估计时会出现超量延时的 NLOS 误差。非视距传播会产生一个正均值的随机误差，从而影响井下人员定位的精度。

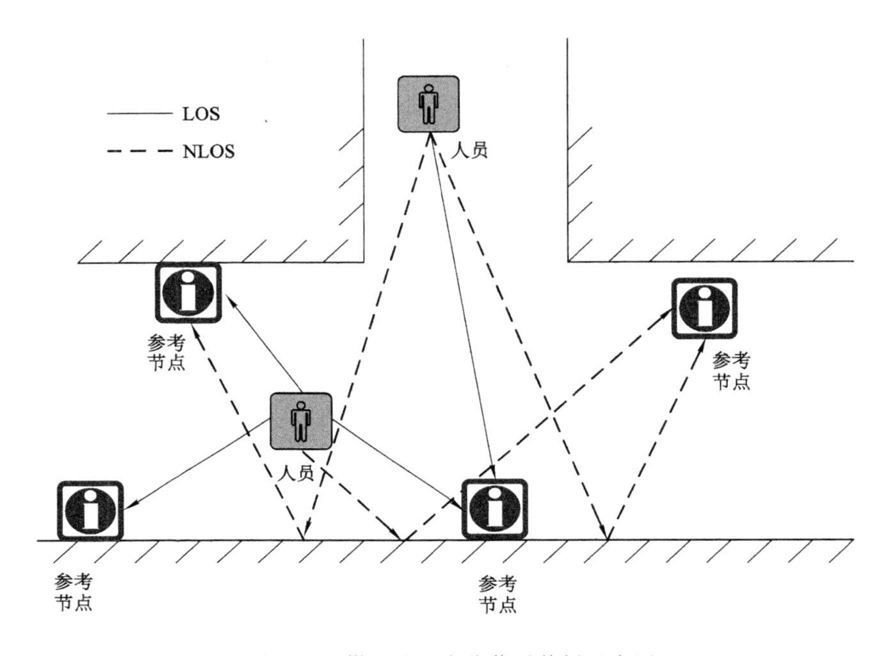

图 3-24　煤矿井下定位信号传播示意图

假定在井下视距 LOS 环境中，目标节点到参考节点 i 的 TOA 估计表达式为：

$$\tau_i = \tau_i^0 - n_i \tag{3-59}$$

式中，τ_i 为目标节点到参考节点的实距；测量误差 n_i 遵循均值为 0 的特性。非视距 NLOS 环境中相应的 TOA 估计表达式为：

$$\tau_i = \tau_i^0 + n_i + n_{\text{nlos}} \tag{3-60}$$

式中，n_{nlos} 表示由于非视距 NLOS 环境引起的 TOA 测量误差，该误差无法通过提高接收机 TDOA/TOA 估计的精度来消除。

通过上述讨论可以知道，非视距 NLOS 误差会使 TOA 估计测量值大于真实距离，从而使目标节点的位置定位在图 3-25 所示的阴影区域 D 内，该阴影区域 D 内到 ABC 三个边界点距离之和最小的点则为目标节点的实际空间位置。

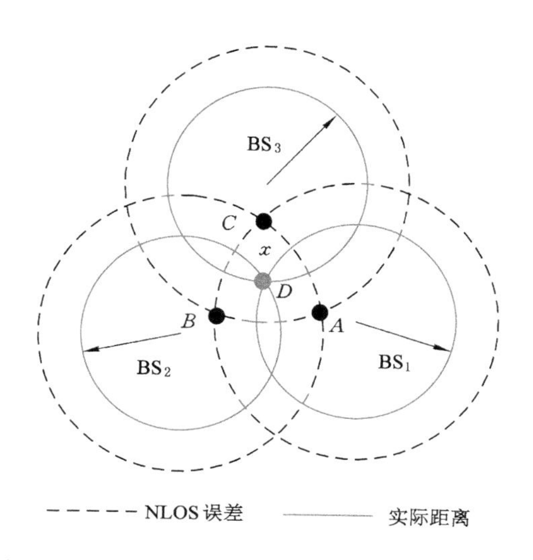

图 3-25 非视距 NLOS 条件对定位系统的影响

由前面的讨论可以知道，虽然 Taylor 级数展开最小二乘估计算法具有适应强的特性，但是该算法只有在足够精确的初始位置用于递归算法，且其目标节点的空间位置误差门限值也必须设置较小，才能在获取较高定位精度的同时拥有合适的计算量。Chan 氏算法虽然具有计算量小、LOS 环境下定位精度较高的特点，但是在井下 NLOS 环境中会出现定位精度明显下降的问题。Chan 氏算法主要是利用最小残差平方和的方法来进行定位判断，并不具备对目标节点空间位置进行几何约束的能力，考虑到井下巷道空间结构比较单一化且巷道大部分为直线几何结构，因此可以通过先采用较低计算量的基于面积形心的约束算法将目标节点的空间位置定位在一个较小的区域 $\omega_s=[x_s, y_s]$ 内，从而减小非视距 NLOS 误差对 TOA/TDOA 估计测量值的影响。然后将处理后的测量值作为 Taylor 初始参数实现递归运算，最后利用定位结果与测量值间的残差关系计算出 Taylor 和 Chan 氏算法中各定位分量的加权系数，从而进行最终的目标节点定位估计运算。联合定位算法流程图如图 3-26 所示。

考虑到井下人员在井下活动的随机性，可以认为目标节点在重叠区域 D 内服从二维均匀分布。假设目标节点对应的位置坐标为 $X_i=(x_i, y_i)$，因此目标节点的坐标测量值的最小均方估计 X_{LS} 为：

$$X_{\mathrm{LS}} = \arg\min_{X}\left\{\lim_{N\to\infty}\sum_{i=1}^{N}\frac{\| X - X_i \|^2}{N}\right\} \quad X \in D \tag{3-61}$$

在式(3-61)中，$X_{\mathrm{LS}}=(x, y)$，又节点分布均匀，则式(3-61)可表示为：

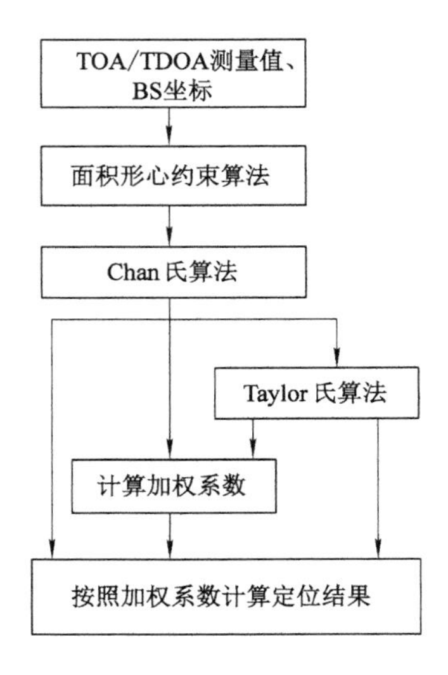

图 3-26　联合定位算法流程图

$$\begin{bmatrix} x \\ y \end{bmatrix}_{\mathrm{LS}} = \frac{1}{N} \lim_{n\to\infty} \sum_{i=1}^{N} \begin{bmatrix} x_i \\ y_i \end{bmatrix} \tag{3-62}$$

在式(3-62)中，N 表示测量的目标节点的数目。由于目标节点分布的均匀性，假定常量 ρ 为 X_i 在重叠区域的分布密度，S 表示重叠区域的面积，则有 $N=\rho S$。因此表达式(3-62)用积分形式表达为：

$$X_{\mathrm{LS}} = \frac{\iint\limits_{D} x\rho \,\mathrm{d}x\mathrm{d}y}{\rho S} \tag{3-63}$$

通过上式可知，只要计算出重叠区域的面积 D 即可估算出目标节点的空间坐标估计值。对于重叠区域的面积计算可以将重叠区域分为 1 个中心三角形和 3 个弓形，分别计算这几个图形的面积便可求出。因此假设中心三角形的面积为 S_0，ABC 3 个弓形的面积分别为 S_a、S_b 和 S_c，其对应的形心坐标为(x_0, y_0)、(x_a, y_a)、(x_b, y_b)和(x_c, y_c)。重叠区域面积分解图如图 3-27 所示。通过计算可以知道目标节点的空间位置估计坐标为：

$$\begin{cases} x_{\mathrm{LS}} = \dfrac{S_0 x_0 + S_a x_a + S_b x_b + S_c x_c}{S} \\ y_{\mathrm{LS}} = \dfrac{S_0 y_0 + S_a y_a + S_b y_b + S_c y_c}{S} \end{cases} \tag{3-64}$$

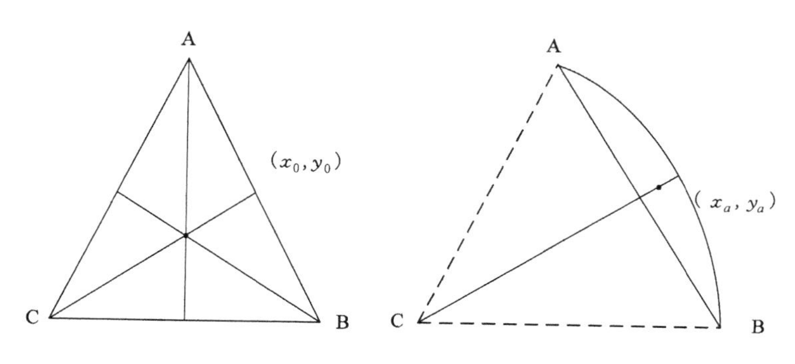

图 3-27 重叠区域面积分解图

通过上述处理过程可以锁定目标节点较精确的空间位置坐标估计值，下面进一步逼近目标节点的精确空间坐标。假定目标节点的空间位置估计值 X 与真实值之间的残差关系式为：

$$R_{es} = \sum_{i=1}^{RSN} (r_i - | X - X_i |)^2 \tag{3-65}$$

式中，r_i 为参考节点 RS 与目标节点 UN 的间距；X_i 为参考节点 RS 坐标，BSN 为用于定位运算的参考节点 RS 的数目。当目标节点空间位置定位估计比较精确时，残差 R_{es} 将较小，因此可以通过提高残差 R_{es} 较小的估计结果的加权系数来提高最终定位精度。

3.5.4 仿真设置和结果分析

该仿真首先由目标节点产生持续时间为 t、采样点数为 N 的 K 组脉冲串 $P_{TX}(t)$，经过目标节点和各个参考节点的最小多径间隔为 t/N 的信道，再加上加性高斯白噪声得到信号 $P_{RX}(t)$，并对这 N 个数据进行平均处理，然后将接收到的 K 组信号进行 TOA/TDOA 估计，得到 $t_j = T_{toa}(j=1,\cdots,k)$，从而获得目标节点和各个参考节点之间的距离 $d_j = ct_j$，其中 c 为信号传播速度，最后利用上述联合改进算法得到目标节点的估计坐标，如图 3-28 所示。

由图 3-28 可以看出，在井下非视距信道条件下，采用超宽带技术在每个采样点计算 1 000 次的条件下，采用基于面积形心约束算法的联合定位算法的定位性能比 Chan 氏算法好，更加接近以真实值为仿真起始点的 Taylor 算法的定位误差水平，但是基于约束算法的联合定位算法具有更小的计算量，所以该改进算法相比较前面的 Chan 氏算法和 Taylor 算法具有更适应井下的综合性能。

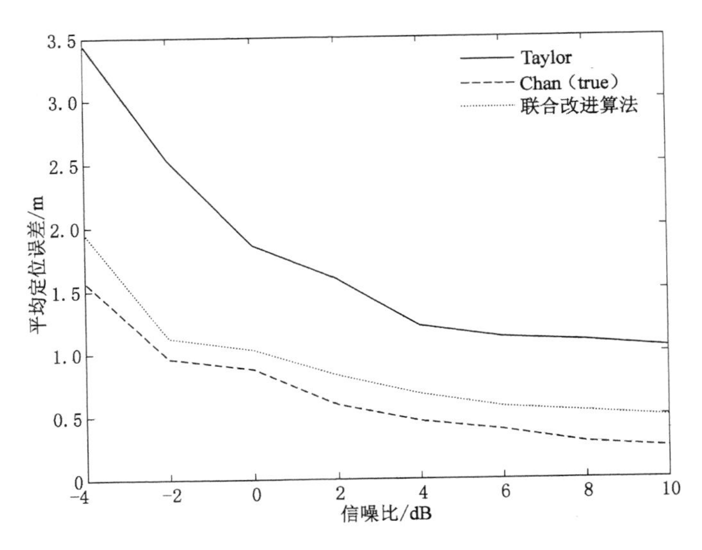

图 3-28　井下 NLOS 复合衰落信道环境定位性能比较

3.6　本章小结

本章首先介绍了超宽带无线传输信号的 3 种产生方式——DS-UWB 方式、TH-UWB UWB 方式和 MB-OFDM UWB 方式，然后对 3 种方式产生的对应超宽带信号的频谱进行了讨论。接着对超宽带井下精确定位进行了研究，先是介绍了井下基于 AOA 估计、基于 RSS 估计和基于 TOA/TDOA 估计等超宽带无线测距定位技术的优点和缺点，然后介绍了有线信标节点同一授时定位方案、信标节点差分定位方案和变频转发估计定位方案等井下精确定位方案，最后结合 Taylor 和 Chan 氏算法的讨论提出井下非视距条件下超宽带定位改进算法且进行了仿真分析。

4 矿井下超宽带信号的穿透特性分析

本书选用穿透能力强、分辨率高、目标识别能力强、多径分辨能力强、抗干扰能力强、探测盲区小的线性调频超宽带信号用于矿井下复杂环境下的穿透探测。超宽带信号的穿透探测系统需要根据矿井下的探测环境来确定探测方式。如何把超宽带信号的穿透特性应用于矿井下,是本书所研究的矿井下超宽带信号探测系统的关键。与地面上的穿墙探测系统不同的是,将超宽带信号应用于矿井下进行穿透探测的过程中往往具有塌方障碍物阻挡、超宽带、实孔径等特点。在超宽带信号的穿透探测系统中必须切实考虑这些问题。

超宽带信号在矿井下穿透塌方体的过程中,因为塌方体中含有多种介质类型,而且这些介质通常是不均匀的,形状也是不规则的,所以信号在其中的传播情况比较复杂。信号在穿透过程中,容易产生波形形变失真、能量衰减、相位速率随频率改变等征象。在塌方体与空气的分界处还会产生反射与透射等现象。在塌方体边缘处,信号还会产生边缘绕射等物理现象。

针对矿井环境下的穿透建模需要考虑很多因素。井下通常不仅含有电大尺寸,也含有电小尺寸(把这种情况称作组合尺寸),在这种情况下,采用一些传统的时域求解方法已经行不通了。针对井下这种组合结构建模,最好的办法是使用混合计算方法。常用混合计算方式包括时域有限差分法(FDTD)与一致绕射理论(UTD)的混合算法和 FDTD 与伪谱时域法(PSTD)的混合算法。这些混合算法的实质是针对某个特殊的应用场景,结合各自算法的优点,把各自方法的计算区域相结合,以此来处理组合尺寸所带来的建模难题。但是这些方法还是存在一些不足,它们忽视了穿透探测本身和超宽带信号的特点。因此,本书工作的主要目的是探求一种不但能运用超宽带信号特点又能针对井下组合构造来合理、精确建模的数值计算方式。

4.1 塌方体障碍物分析

由于矿井下特殊的自然环境,矿井下超宽带信号的穿透性能受到许多因素的影响,特别是塌方体的厚度和材料的电磁特性。塌方体的不规则性、介电常数和天线发射角度等也会对超宽带信号的穿透效果产生影响。信号穿透塌方体过程中会产生一些变化，从而影响对目标特征的准确获取。因此需要了解矿井下塌方体的构成。

4.1.1 矿井下塌方体主要构成介质

研究应分析矿井下超宽带信号的穿透特性，进而构建超宽带信号适应矿井下穿透塌方障碍物的传播特性模型。但是矿井下塌方体具有多样性和不规则性，要想构建完全符合矿井下实际塌方的精确模型是行不通的，所以本书主要研究理想化的塌方模型。矿井下塌方障碍物主要构成为石块和混凝土。

岩石和矿石的介电参数通常是各向异性的。其含水量的多少，与其电导率和相对介电常数直接相关。针对层状分布的岩石，若层面与电场平行，则：

$$\varepsilon_r = (1-p)\varepsilon_m + p\varepsilon_w \tag{4-1}$$

式中，ε_r 表示层状媒质的相对介电常数；ε_m 表示矿石层的相对介电常数；ε_w 表示水介电常数；p 表示物体孔隙率。

当电场垂直于层面时，则：

$$\varepsilon_r = \frac{\varepsilon_m \varepsilon_w}{(1-p)\varepsilon_m + p\varepsilon_w} \tag{4-2}$$

混凝土属于复杂媒质。典型混凝土介电常数为 $\varepsilon=6.25$，$\sigma=0.037$。通常情况下，混凝土由水、水泥和细小的空气孔组成。鉴于材料原子结构、物理性质的不同，不同的材料表现出不同的色散和衰减度。混凝土广泛地运用在各类建筑物中，它的广泛性也使得越来越多的人研究它的特性。要想构建精确度非常高的混凝土模型，需要考虑它的含水量、密度和均匀性等各种因素。超宽带频率范围内，极度干燥、含水量近似于零的混凝土的相对介电常数实部值是3.7～4，虚部值则是0.12～0.6。这个数值是根据混凝土含水量的多少而改变的，实部值一般在3～10之间波动，而虚部值则在0.12～2之间波动。

4.1.2 塌方障碍物的描述

矿井下超宽带信号穿透特性的研究关键是信号在穿透过程中会发生大量衰减。在穿透过程中，假如可以把障碍物理想化，也即把它的几何形状及组合方式规范化，则可以运用数值解析方法来数值化障碍物影响。以下分别对均匀媒质、非均匀媒质作障碍物影响的分析。

(1) 均匀媒质

如果塌方体是均匀介质，那么就能够把它看成一整块的平板介质。在此情形下，材料的介电常数与厚度即可决定塌方体对超宽带信号穿透特性的影响。现在人们经常运用半空间电介质界面上的菲涅耳(Fresnel)反射系数和透射系数来对信号在介质内部产生反射时的信号求和。这种方法的优势在于能够详细地描述穿透介质的信号的分散效应。透射系数计算为：

$$T_{v/h}=\frac{1+R_{01}R_{10}e^{-jk_{1x}d}}{1+R_{01}R_{10}e^{-2jk_{1x}d}} \tag{4-3}$$

而局部 Fresnel 反射系数

$$R_{10}=-R_{01}=\frac{1-p_{10}}{1+p_{10}} \tag{4-4}$$

其中，当信号是水平极化[式(4-3)中的下标 h]，那么 $p_{10}=k_{0x}/k_{1x}$。当信号为垂直极化[式(4-3)中的下标 v]，则 $p_{10}=\varepsilon_r k_{0x}/k_{1x}$。$\varepsilon_r$ 是相对介电常数；d 是介质厚度；k_{0x}是信号在空气中传播矢量的法向分量；k_{1x}是信号在塌方体中的传播矢量的法向分量。同理，塌方体的反射系数

$$T_{v/h}=\frac{R_{01}+R_{10}e^{-2jk_{1x}d}}{1+R_{01}R_{10}e^{-2jk_{1x}d}} \tag{4-5}$$

(2) 非均匀媒质

如果塌方体是由不同材料的介质构成的，那么塌方体就是非均匀媒质。矿井下实际的塌方体主要包括具有空隙的混凝土和大块的岩石。因为大块岩石的密度和介电常数大，当岩石厚度大于 2.3 m 时，超宽带信号也很难穿透它进行探测，所以本书主要是针对有空隙的混凝土进行研究。而如果超宽带信号的波长超过塌方体结构半个周期或者超过非均匀的尺度，那么就能够忽略塌方体这种非均匀性。在频率范围内，把塌方体近似看成是均匀介质。相反，当信号波长小于塌方体结构周期，比如信号处于甚高频(UHF)波段时，塌方体的周期性结构会产生一些多余的传播路径，信号的频率和塌方体结构周期决定了布拉格(Bragg)模式的方向与数量。在数学上可以描述为：

$$n\lambda=2D\sin\theta \tag{4-6}$$

式中，D 为塌方体结构周期；λ 为波长；n 为整数；θ 为塌方体的法线和多余路径的夹角。

4.1.3 均匀塌方体中的电磁波

由波的合成原理可知，任何脉冲信号都能分解为不同频率的正弦信号。所以，当假设塌方体为均匀和各向同性的，那么麦克斯韦(Maxwell)方程组中的 $\nabla\times H=\frac{\partial D}{\partial t}+J$ 的频域可以表示成：

$$\nabla\times H=(\sigma_e+j\omega\varepsilon)E=j\omega\left(\varepsilon-\frac{j\sigma_e}{\omega}\right)E=j\omega\tilde{\varepsilon}E \tag{4-7}$$

式中，$\sigma_e E$ 为因电场引起的传导电流；$\tilde{\varepsilon}=\varepsilon-\frac{j\sigma_e}{\omega}$ 是塌方体的等效复介电常数。

根据电磁场的相关理论，得到电场与磁场二者所满足的波动方程如下：

$$\nabla^2 E(r)+k^2 E(r)=0 \tag{4-8}$$

因此，无界的均匀有耗塌方体中，电磁波的电场可由式(4-9)表示：

$$E(r)=E_0 \mathrm{e}^{-\mathrm{j}\boldsymbol{K}\cdot r}=E_0 \mathrm{e}^{-\alpha r} \mathrm{e}^{-\mathrm{j}\beta r} \tag{4-9}$$

式中，$\boldsymbol{K}$ 为塌方体中的复传播矢量，它的大小为

$$\boldsymbol{K}=\omega \sqrt{\mu \tilde{\varepsilon}}=\beta-\mathrm{j}\alpha \tag{4-10}$$

因子 $\mathrm{e}^{-\alpha r}$ 中的 α 是衰减系数，$\mathrm{e}^{-\alpha r}$ 意味着电场 $E(r)$ 的幅度随传播距离的增大而逐渐衰减。$\mathrm{e}^{-\mathrm{j}\beta r}$ 中的 β 是相移系数，$\mathrm{e}^{-\mathrm{j}\beta r}$ 则意味着 $E(r)$ 的相位随传播距离的增大而逐渐滞后。超宽带信号在有耗媒质中传播时振幅衰减，说明其能量随传播而损耗，损耗的能量转化为媒质中传导电流的焦耳热能。

应用 MATLAB 仿真软件对 3 种不同情况下塌方体的瞬间反射和传输波形进行仿真。正入射脉冲下的输出波形如图 4-1 所示。为了进行对比，仿真包括有耗均匀混凝土的仿真结果，该介质具有与频率无关的复介电常数，仿真结果如图 4-2 所示。

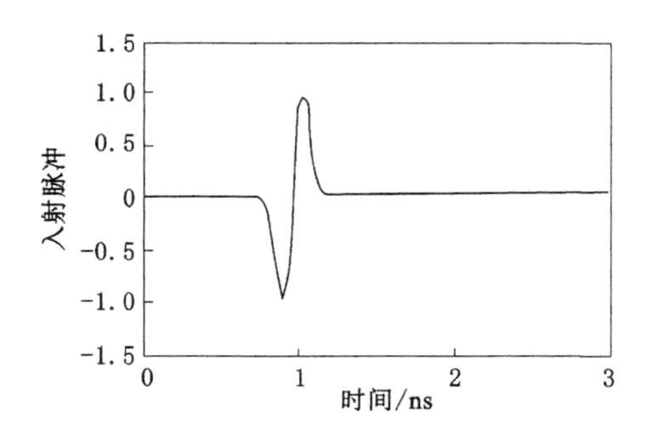

图 4-1 入射脉冲

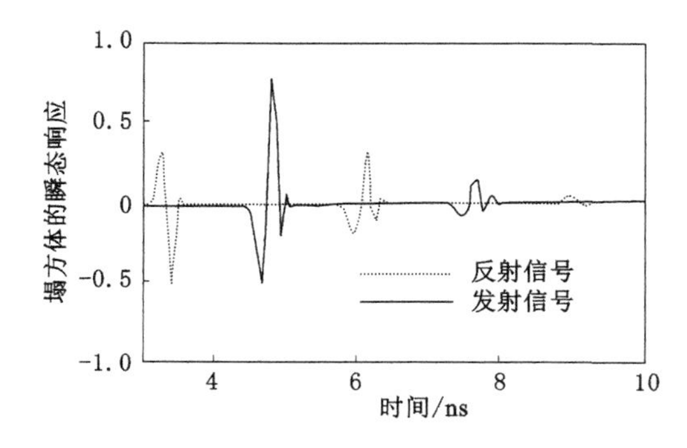

图 4-2 恒定介电常数下混凝土塌方体的瞬态响应

对后面的情况，时域响应可简单被认为是入射脉冲的时域与衰减，它包含塌方体内部的多次反射效应。图 4-3 和图 4-4 是与频率相关的由混凝土构成的塌方体和矿井下实际塌方体给出的塌方体瞬态响应，从仿真结果中能够明显地看出塌方体的色散效应。

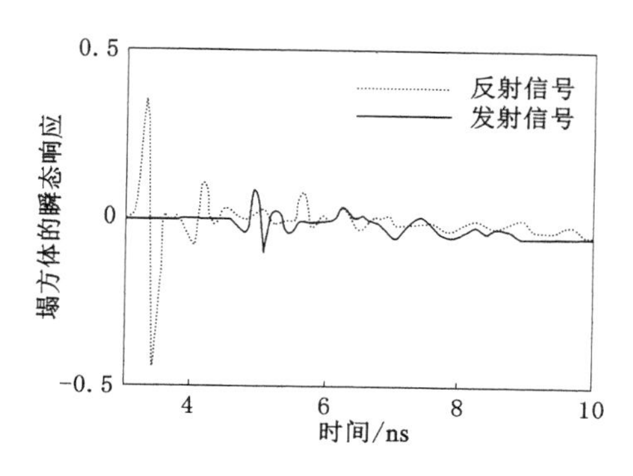

图 4-3 实测介电常数下混凝土塌方体的瞬态响应

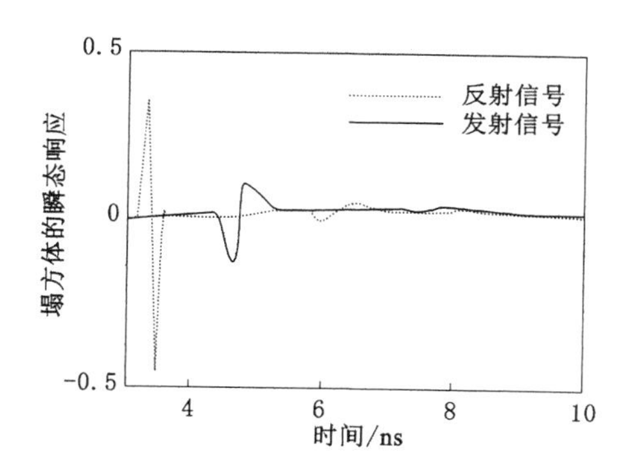

图 4-4 实际塌方体的瞬态响应

4.1.4 描述塌方体介电属性的参数

通常情况下，塌方体的介电常数和电导率皆为复数的形式，它们可以分别用 $\varepsilon=\varepsilon'-j\varepsilon''$ 及 $\sigma_e=\sigma'-j\sigma''$ 来表示。其中，塌方体介电常数的实部为 ε'，塌方体的损耗因数是 ε''。但是在实际测量中，一般测量得到的塌方体的等效介电常数是 $\tilde{\varepsilon}=\varepsilon_e'-j\varepsilon_e''$，电导率则是 $\tilde{\sigma}=\sigma_e'-j\sigma_e''$。其中，介电常数的实部和虚部分别用 ε_e' 及 ε_e'' 表示；电导率的实部和虚部分别用 σ_e'、σ_e'' 表示。这些参数与塌方体参数的关系可以按下式描述：

$$\begin{cases} \varepsilon_e' = \varepsilon' - \dfrac{\sigma''}{\omega} \\ \sigma_e' = \sigma' + \omega\varepsilon'' \\ \varepsilon_e'' = \varepsilon'' + \dfrac{\sigma''}{\omega} \\ \sigma_e'' = \sigma'' - \omega\varepsilon' \end{cases} \tag{4-11}$$

所以，式(4-7)的系数 $\sigma_e + j\omega\varepsilon$ 能等效成：

$$\sigma_e + j\omega\varepsilon = \sigma_e' + j\omega\varepsilon_e' \tag{4-12}$$

在井下研究超宽带信号的穿透性能时，一般关注信号的传播速度 v 和它的衰减因子 α。由式(4-11)和式(4-12)可以得到：

$$\alpha = \omega\left[\frac{\mu\varepsilon_e'}{2}\left(\sqrt{1+\frac{\varepsilon_e''}{\varepsilon_e'}} - 1\right)\right]^{1/2} \tag{4-13}$$

$$\beta = \omega\left[\frac{\mu\varepsilon_e'}{2}\left(\sqrt{1+\frac{\varepsilon_e''}{\varepsilon_e'}} + 1\right)\right]^{1/2} \tag{4-14}$$

$$v = \frac{\omega}{\beta} = c\left\{\frac{\varepsilon_e'}{2\varepsilon_0}\left[\sqrt{1+\left(\frac{\varepsilon_e''}{\varepsilon_e'}\right)^2} + 1\right]\right\}^{-1/2} \tag{4-15}$$

其中，塌方体损耗角正切用 $\varepsilon_e''/\varepsilon_e'$ 来形容，即 $\tan\delta = \varepsilon_e''/\varepsilon_e'$。对损耗比较小的塌方体来说，损耗角正切在工作频带范围内通常被视作常数；而对损耗较大的塌方体来说，损耗角正切为：

$$\tan\delta = \frac{\sigma' + \omega\varepsilon''}{\omega\varepsilon' - \sigma''} \tag{4-16}$$

能够看到，损耗角正切受到 ε'' 和 σ'' 的影响。如果电导率很小，那么损耗角正切能够直接使用下式估计：

$$\tan\delta = \frac{\sigma'}{\omega\varepsilon'} \tag{4-17}$$

从式(4-15)能够看出，波速关键是由相位系数影响的。如果塌方体的介电常数和电导率都是实数，那么式(4-13)和式(4-14)能够用下式表示：

$$\alpha = \omega\sqrt{\mu\varepsilon}\left\{\frac{1}{2}\left[\sqrt{1+\left(\frac{\sigma_e}{\omega\varepsilon}\right)^2} - 1\right]\right\}^{1/2} \tag{4-18}$$

$$\beta = \omega\sqrt{\mu\varepsilon}\left\{\frac{1}{2}\left[\sqrt{1+\left(\frac{\sigma_e}{\omega\varepsilon}\right)^2} + 1\right]\right\}^{1/2} \tag{4-19}$$

得出结论：频率 f 变大，则相位系数 β 也会变大，而信号传播速度变小。

4.2 超宽带信号的数学模型建立

超宽带信号在煤矿井下工作，首先通过发射天线向塌方体后面的探测区域发射线性调频超宽带信号，然后利用接收天线接收塌方体后目标的回波信号。同时，为了获得高方位向分辨率，还需要利用一定孔径的天线阵收发信号。

超宽带信号在煤矿井下穿透探测的工作原理如图 4-5 所示。穿透探测系统向探测区域发射超宽带信号，该信号可以穿透塌方体，辐射到塌方体后的探测区域。当信号遇到塌方体后的目标时，由于目标与周围环境的电特性不同，信号会发生反射或散射而产生回波信号。这些回波信号中包含目标的相关信息，如目标的位置、散射强度等。回波信号反向传播，再次穿透塌方体后被接收天线接收。接收天线可以与发射天线是同一个天线，也可以是不同的天线。

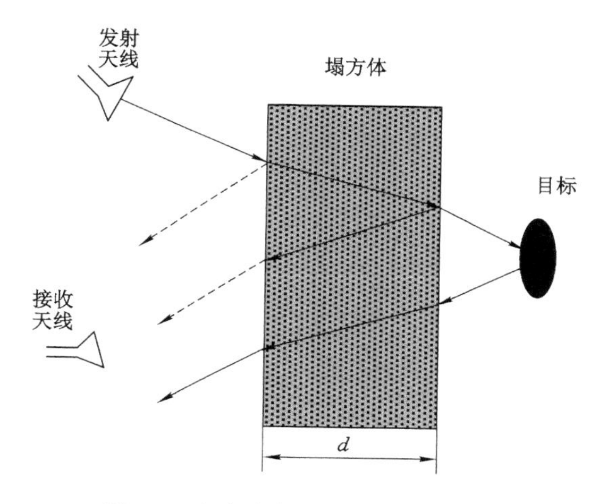

图 4-5　超宽带信号穿透探测示意图

由于矿井下环境复杂，在超宽带信号的发射或接收时需要采用一定孔径的天线阵，以实现方位向的分辨能力。与此同时，结合超宽带信号的距离向高分辨率，使得从目标处接收到的回波信号中不仅包含目标的位置、散射强度的信息，还包含目标的轮廓信息。在接收到回波信号之后，将这些含有目标信息的回波信号存储或直接传输到信号处理平台，以进行后续的处理。超宽带信号在矿井下穿透塌方体，受井下粉尘和湿气等复杂环境的影响，超宽带信号的回波信号比地面环境相比会掺杂很强的杂波信号，目标的回波信号容易淹没在杂波信号中，再加上井下的各种噪声，检测有用信号比较困难。

假设在塌方体后只有所需探测的目标物体，没有其他干扰物体存在，先不考虑井下噪声及其他干扰的影响，那么，穿透探测需要解决的关键问题就是塌方体的影响。这也是井下穿透探测与地面上传统的探空探测的关键区别。

4.2.1 目标散射点模型

超宽带信号在矿井下穿透塌方体是根据目标的散射回波功率来发现目标的。鉴于早期的接收天线的分辨能力低下,目标的尺寸往往远小于系统的分辨率,所以那时把探测目标看作一个个“点”目标来探测包括位置在内的一些参数。随着科学技术的发展,接收天线的分辨率不断增大。因为当前天线所能达到的分辨率相对于目标的尺寸来说要小得多,所以可以把要探测的目标用一组散射点来近似表示。在这种条件下,接收天线会把接收到的散射点当作一个个点目标来处理。每个散射点都含有各自的位置和散射等信息。接收天线利用每个散射点的回波矢量和重构目标回波。超宽带信号在矿井下穿透塌方障碍物探测的实质就是通过一定信号的处理方式重构目标信息。因此,点目标的探测是关键。穿透探测前,目标的信息通常都是未知的,所以可以利用一个模型去表示目标的那些点目标。图 4-6 给出了网格模型的实际模型,该模型在目前应用较多。

探测区域分别在水平和垂直方向上被分割成大小相同的小方格,这种模型的优势就在于它不需要目标的先验信息,较之以往的方法更简单。

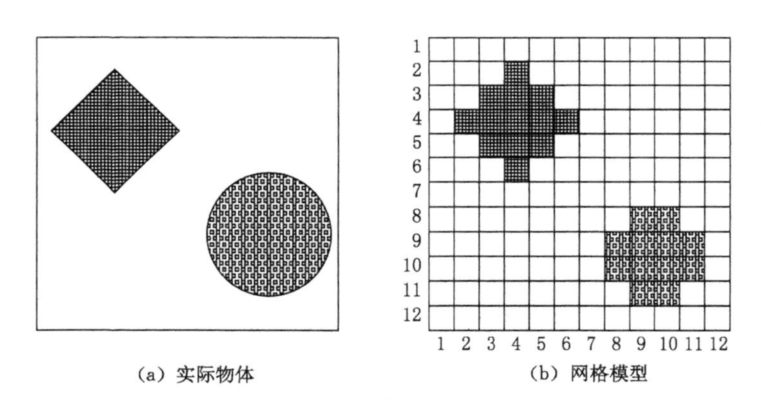

(a) 实际物体　　(b) 网格模型

图 4-6　目标散射点的网格模型

由图 4-6 给出的网格模型,可以得出二维目标表示如下:

$$f(x,y)=\sum_{p}\sigma_{p}\delta(x-x_{p},y-y_{p}) \tag{4-20}$$

式中,σ_p 表示散射强度;(x_p,y_p)则表示散射点的位置。

$$\sigma_p=\sigma_0\rho_R\rho_x/\sin\beta \tag{4-21}$$

式中,σ_0 表示单位面积的雷达截面积(RCS);ρ_x 表示横向距离分辨长度;ρ_R 表示距离分辨长度;β 表示天线射线的侧偏角。如果天线发射信号功率是 P_t,增益是 G_t,那么,在与发射天线相距为 R 处,功率密度 S 为:

$$S=\frac{P_tG_t}{4\pi R^2} \tag{4-22}$$

目标散射功率 P_p 为:

$$P_p=\sigma_pS=\frac{P_tG_t\sigma_p}{4\pi R^2} \tag{4-23}$$

若发射天线与接收天线是同一个天线,增益是 G_R,那么天线接收的回波信号功率为:

$$P_r=\frac{P_tG_t\sigma_pG_r}{(4\pi)^2R^4} \tag{4-24}$$

由网格模型可得,目标的雷达散射截面积(RCS)是每个散射点矢量和:

$$\sigma_s = \left|\sum_p \sqrt{\sigma_p}\,\mathrm{e}^{\mathrm{j}4\pi d_p/\lambda}\right|^2 \tag{4-25}$$

式中,σ_p 表示第 p 个散射点的 RCS;d_p 为接收天线与第 p 个散射点之间的距离。天线接收到的所有散射信号的回波信号之和即为目标的回波信号。如果超宽带发射天线用 $s(t)$ 来表示发射信号,则天线接收到的回波信号可以表示为:

$$y(t) = \sum_p a_p s(t-\tau_p) \tag{4-26}$$

式中,a_p 表示回波信号第 p 个散射点幅度;τ_p 表示双程传播第 p 个散射点的时间,$\tau_p=2d_p/c$。令 $a_p=\sqrt{\sigma_p}$,那么理想情况下接收天线接收到的目标回波信号可以表示成:

$$y(t) = \sum_p \sqrt{\sigma_p}\, s(t-\tau_p) \tag{4-27}$$

4.2.2 回波信号模型

针对本书所研究的矿井下的探测环境,如图 4-7 所示,大量回波信号的信息被超宽带天线接收。该信号不仅包含目标的回波信号,还包含天线之间的耦合波、井下的噪声干扰,以及塌方体表面的直接反射波等各种杂波信号。

如果天线发出的信号用 $s(t)$ 来表示,那么在忽略其他噪声干扰的条件下,接收天线接收到的信号可以描述成:

$$y(t) = s_0(t) + \sum_{m=1}^{M} s_m(t) + n(t) + s'(t) \tag{4-28}$$

式中,$s_0(t)$ 表示天线耦合波;$s_m(t)$ 表示塌方体界面的第 m 次反射波;$n(t)$ 表示矿井环境下的噪声;$s'(t)$ 表示塌方体后目标的反射回波。又因为塌方体的一次

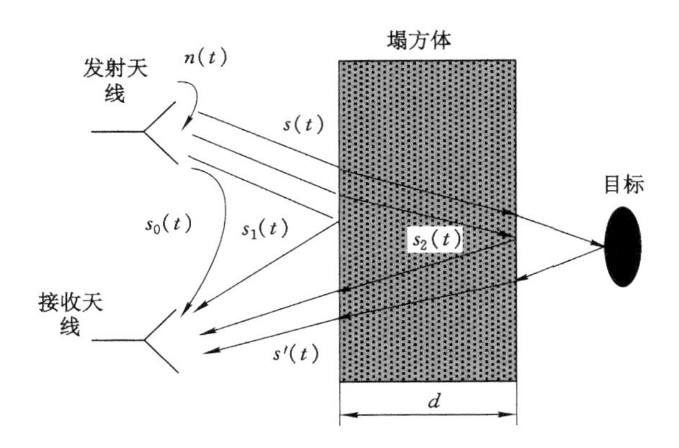

图 4-7　穿透探测回波信号示意图

反射回波信号的能量最强，远远超过后面数次的反射波能量，所以本书为了分析简便，只考虑塌方体的一次反射回波，用 $s_1(t)$表示。那么，式(4-28)可以更新为：

$$y(t)=s_0(t)+s_1(t)+n(t)+s'(t) \tag{4-29}$$

矿井下塌方体表面直接反射波和收发天线耦合波在时域上相比于接收到的目标回波信号要早很多，这些信号被统称为直达波。而且目标回波信号需要来回穿透两次塌方体，在这过程中必然会引起能量衰减，造成目标回波信号的能量要远低于直达波的能量。在分析过程中直达波属于杂波，因为它们能量更强，目标回波很容易淹没在直达波中，导致不能很好地将目标信号从回波信号中分辨出来。

图 4-8 中的信号波形是利用 FDTD 数值仿真获得的对塌方体后目标进行探测时天线接收到的一个回波信号。从图 4-8 中可以看出，目标回波信号因为穿过塌方体时产生衰减，信号能量很弱。而直达波能量很强，直达波的拖尾震荡几乎淹没了目标回波，导致探测效果不理想。在穿透探测之前需要进行预处理，抑制直达波信号，这将在后文中进行讨论。

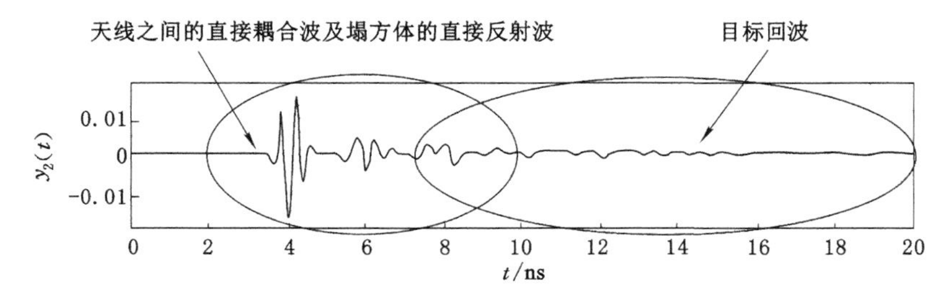

图 4-8　天线接收的回波信号

另外，信号受到煤矿井下温度、湿度、粉尘和噪声等复杂环境的影响，穿透塌方体后信号波形会发生很复杂的变化。

4.2.3 天线阵列

为了提高穿透探测的方位向分辨率，通常使用大孔径的天线发射阵来发射和接收信号。目前应用比较广泛的有合成孔径和实孔径天线阵列。

实孔径天线阵列是一系列实际天线的排列，其中每个天线被称为一个阵元。而合成孔径天线阵列是利用待测目标与天线之间的相对运动进行方位探测的，与实孔径天线阵列不同的是它只有一个阵元。相比于实孔径天线阵列，该天线能够在多个位置上得到目标物体的信号，然后把接收到的多个信号进行处理得出待测物体的位置。该天线阵列又分为合成孔径阵列和逆合成孔径阵列，这两种天线在测量过程中目标与天线的运动情况相反。合成孔径阵列与逆合成孔径阵列的区别在于，前者是天线运动但是目标不动；而后者与前者正好相反，天线不动，然后目标移动。可以看出，若需要探测的目标是运动目标，则可以采用逆合成孔径天线阵列；相反，若目标是静止的或者说目标运动幅度非常小，则采用合成孔径天线阵。但是，如果探测的目标不仅含有运动的目标，也含有静止的目标，那么采用实孔径阵列比较合适。

合成孔径阵列在实际操作过程中还需要用到一些运动设备和轨迹，而且它的使用需要一个缓冲，这也导致其有一些局限性。实孔径天线阵列的不足之处在于它需要采用更多的天线。虽然如此，但是相比合成孔径阵列来说，它不需要那些运动设备；而且一旦天线安装完毕，还可以随时对目标进行探测，具有实时性；还有，它能够从各个角度探测目标信息。

综合分析，因为本书的探测环境是矿井下，对塌方体后杂乱的场景，要求能够实时探测实际场景中的目标不确定能否运动，所以本书选取实孔径天线阵列超宽带信号收发天线。

4.3 常用电磁计算方法

超宽带信号拥有时域极窄、频域较宽的特点，若直接使用传统的电磁频域数值计算方法，则会加大计算量，得不偿失。现今，在电磁学计算中，虽然频域方法较为成熟，但是它更适合求解窄带问题，而对超宽带信号来说这种方法并不合适。况且，超宽带信号的传播特征研究是以时间为变量进行建模的问题。下面分析说明几种常用的数值解析法。

4.3.1 时域有限差分法

传统的时域解析法往往都很复杂。于是，针对超宽带信号的建模一般都使用数值计算方式。其中，FDTD 方法是现在人们使用最频繁的一种方法。该方法是从 Maxwell 旋度方程入手，对其进行离散的方法。

(1) Maxwell 旋度方程

Maxwell 方程组是目前处理宏观电磁问题的根本方程。Maxwell 旋度方程为：

$$\nabla\times H=\frac{\partial D}{\partial t}+J \tag{4-30}$$

$$\nabla\times E=-\frac{\partial B}{\partial t}-J^{*} \tag{4-31}$$

各向同性介质的关系为：

$$D=\varepsilon E,\ B=\mu H,\ J=\sigma E,\ J^{*}=\sigma^{*} H \tag{4-32}$$

式中，E 为电场强度，V/m；H 为磁场强度，A/m；B 为磁通量密度，Wb/m^2；ε 为介质介电系数，F/m；μ 为磁导系数，H/m；σ 为电导率，S/m。

将式(4-30)和式(4-31)改成标量形式：

$$\begin{cases}\dfrac{\partial H_z}{\partial y}-\dfrac{\partial H_y}{\partial z}=\varepsilon\dfrac{\partial E_x}{\partial t}+\sigma E_x\\ \dfrac{\partial H_x}{\partial z}-\dfrac{\partial H_z}{\partial x}=\varepsilon\dfrac{\partial E_y}{\partial t}+\sigma E_y\\ \dfrac{\partial H_y}{\partial x}-\dfrac{\partial H_x}{\partial y}=\varepsilon\dfrac{\partial E_z}{\partial t}+\sigma E_z\end{cases} \tag{4-33}$$

$$\begin{cases}\dfrac{\partial E_z}{\partial y}-\dfrac{\partial E_y}{\partial z}=-\mu\dfrac{\partial H_x}{\partial t}-\sigma^{*} H_x\\ \dfrac{\partial E_x}{\partial z}-\dfrac{\partial E_z}{\partial x}=-\mu\dfrac{\partial H_y}{\partial t}-\sigma^{*} H_y\\ \dfrac{\partial E_y}{\partial x}-\dfrac{\partial E_x}{\partial y}=-\mu\dfrac{\partial H_z}{\partial t}-\sigma^{*} H_z\end{cases} \tag{4-34}$$

(2) FDTD 方法对 Maxwell 旋度方程的离散和求导

采用 FDTD 方法进行信号建模时，首先要做的就是将计算空间进行网格划分。这样做的目的是能够使那些在空间上属于连续分布的物理量进行离散化。这种方法的优势在于它只需要计算那些属于网格节点上的量。Yee 于 1966 年建立了时域有限差分算法，并直接提供了图 4-9 所示的网格结构，这也就是后文所说的 Yee 元胞。

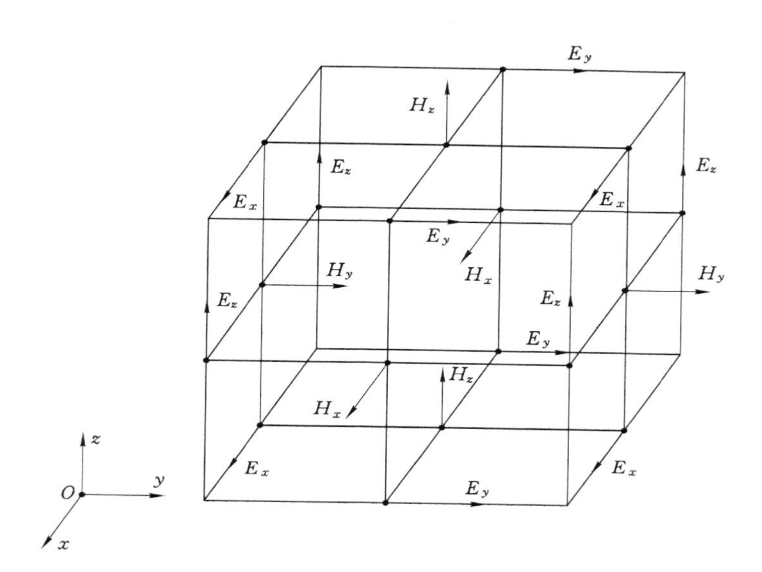

图 4-9　Yee 元胞

根据 Yee 提出的理论，利用下面的方法将 Maxwell 旋度方程进行离散化：

先将空间区域在三维坐标系上划分为无数个独立的网格单元。3 个方向上的单元格长短为 Δx、Δy、Δz。单位时间是 Δt。用 $f(x,y,z,t)$ 来表示 E 或 H 在坐标系中的某分量。那么

$$f(x,y,z,t)=f(i\Delta x,j\Delta y,k\Delta z,n\Delta t)=f^n(i,j,k) \tag{4-35}$$

就取 x 轴来说，对 $f(x,y,z,t)$ 进行一阶偏导后取中心差分，得到：

$$\left.\frac{\partial f(x,y,z,t)}{\partial x}\right|_{x=i\Delta x}=\frac{f^n\left(i+\frac{1}{2},j,k\right)-f^n\left(i-\frac{1}{2},j,k\right)}{\Delta x} \tag{4-36}$$

$f(x,y,z,t)$ 在时间轴进行一阶偏导再取中心差分，得到：

$$\left.\frac{\partial f(x,y,z,t)}{\partial t}\right|_{t=n\Delta t}=\frac{f^{n+1/2}(i,j,k)-f^{n-1/2}(i,j,k)}{\Delta t} \tag{4-37}$$

对于式(4-33)中的第一个式子，如果(x,y,z)是 E_z 的一个节点，且 $t=(n+1/2)\Delta t$，那么：

$$\varepsilon\left(i+\frac{1}{2},j,k\right)\frac{E_x^{n+1}\left(i+\frac{1}{2},j,k\right)-E_x^n\left(i+\frac{1}{2},j,k\right)}{\Delta t}+$$

$$\sigma\left(i+\frac{1}{2},j,k\right)\frac{E_x^{n+1}\left(i+\frac{1}{2},j,k\right)+E_x^n\left(i+\frac{1}{2},j,k\right)}{2}$$

$$=\frac{H_z^{n+1/2}\left(i+\frac{1}{2},j,k\right)-H_z^{n+1/2}\left(i+\frac{1}{2},j-\frac{1}{2},k\right)}{\Delta y}-$$

$$\frac{H_y^{n+1/2}\left(i+\frac{1}{2},j+\frac{1}{2},k+\frac{1}{2}\right)-H_y^{n+1/2}\left(i+\frac{1}{2},j,k-\frac{1}{2}\right)}{\Delta z} \tag{4-38}$$

在式(4-38)中，得出了 E 在 $t=(n+1/2)\Delta t$ 上的值。现在对 E^n 和 E^{n+1} 求平均值：

$$E_x^{n+1/2}\left(i+\frac{1}{2},j,k\right)=\frac{E_x^{n+1}\left(i+\frac{1}{2},j,k\right)+E_x^n\left(i+\frac{1}{2},j,k\right)}{2} \tag{4-39}$$

式(4-38)整理后可以得到：

$$E_x^{n+1}\left(i+\frac{1}{2},j,k\right)=\frac{1-\frac{\sigma(m)\Delta t}{2\varepsilon(m)}}{1+\frac{\sigma(m)\Delta t}{2\varepsilon(m)}}\cdot E_x^n\left(i+\frac{1}{2},j,k\right)+$$

$$\frac{\frac{\Delta t}{\varepsilon(m)}}{1+\frac{\sigma(m)\Delta t}{2\varepsilon(m)}}\cdot\left[\frac{H_z^{n+1/2}\left(i+\frac{1}{2},j+\frac{1}{2},k\right)-H_z^{n+1/2}\left(i+\frac{1}{2},j-\frac{1}{2},k\right)}{\Delta y}\right]-$$

$$\frac{H_y^{n+1/2}\left(i+\frac{1}{2},j,k+\frac{1}{2}\right)-H_y^{n+1/2}\left(i+\frac{1}{2},j,k-\frac{1}{2}\right)}{\Delta z} \tag{4-40}$$

式中，$m=(i+1/2,j,k)$。现在针对实际场景的空间进行划分时，往往已经提供了网格单元的介质参数($\varepsilon,\mu,\sigma,\sigma^*$)，又因为 Yee 网格里，场量分布在棱和面上，所以($i+1/2,j,k$)的介质参数有必要根据附近的网格介质参数求平均值。

超宽带信号传播过程用时域有限差分法来模拟，能够根据计算过程清楚地看到目标区域的电场分布状况。但是这种方法也存在局限性，即它的稳定性不足，导致将它应用于矿井下组合结构时会产生计算时间过长、资源消耗过大的缺点。

4.3.2 伪谱时域法

Q. H. Liu 在 1997 年提出了伪谱时域法(PSTD)。这种方式是利用快速傅立叶变换(FFT)在 FDTD 的基础之上改进的一种数值计算方法。它不但继承了 FDTD 方法的优点，又避免了其在针对电大尺寸计算方法的缺点。它是现在常用的一种取代 FDTD 的方法。但是与 FDTD 类似，PSTD 在使用过程中也要划分计算空间，计算网格节点上的量。

(1) PSTD元胞

PSTD是在FDTD的基础之上进行改进的，它与FDTD的区别在于PSTD的电磁场量处在元胞的中心，如图4-10所示。

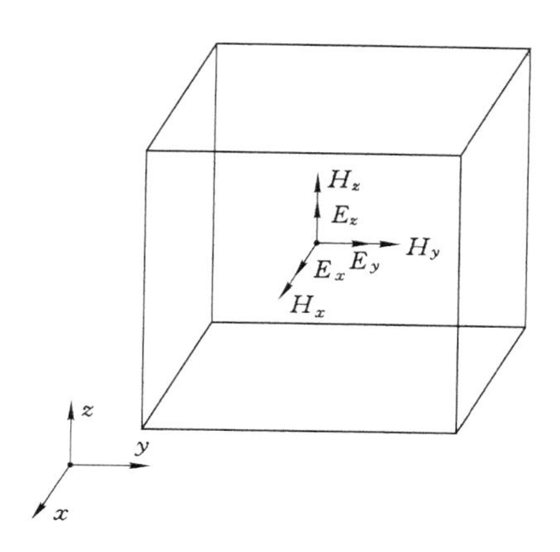

图4-10　PSTD所使用的元胞

但是在计算场量关于时间的导数的时候，PSTD方法和FDTD方法都是利用中心差分近似来求解的。与FDTD不同的是，PSTD是通过伪谱法来计算空间导数的。

(2) 伪谱法计算空间导数

伪谱法是指在计算空间导数的过程中采用三角函数来近似。

假设一个函数 $u(x,t)$，在 $\Delta x = L/N$ 范围内是属于周期性的。当 $\Delta x = L/N$ 表示元胞的大小，$x_j = j\Delta x(j=0,1,2,\cdots,N-1)$，则这个函数的空间导数能够表示成：

$$\frac{\partial u(x,t)}{\partial x} \approx D_x\{u(x,t)\} \tag{4-41}$$

式中，D_x 在伪谱法中表示成：

$$D_x f(x) = F_x^{-1}\{\mathrm{i}k_x F_x[f(x)]\} \tag{4-42}$$

F 是正向傅立叶变换，而 F^{-1} 是反向傅立叶变换。

在傅立叶变换中，利用三角函数近似求解空间导数：

$$[(D_x\{u(x,t)\})_{\mathrm{PS}}]_{x=x_j} = \frac{1}{L}\sum_{m=-N/2}^{N/2-1} \mathrm{i}k_m \tilde{u}(m)\mathrm{e}^{\mathrm{i}k_m x_j} \tag{4-43}$$

式中，$k_m = 2\pi m/L$；$\tilde{u}(m)$ 是傅立叶级数，有

$$\tilde{u}(m) = \Delta x \sum_{j=0}^{N-1} u(x_j)\mathrm{e}^{-\mathrm{i}k_m x_j} \tag{4-44}$$

从上述分析中能够总结出：FDTD方法是一次求解一个点的导数，且是一次求解一个方向上所有点的导数，这是两种方法的本质区别。只是这两种方式都需要划分空间网格，但是对于矿井塌方环境来说，这样做会造成一些无谓的资源浪费。

4.3.3 射线追踪算法

基于频域的射线追踪(Ray-tracing)算法是为了在计算电大尺寸目标时，能够规避空间网格的划分，从而降低资源成本。自超宽带技术解锁以来，人们提出、建立了很多关于超宽带信号的传输模型，这些模型很多采用的是Ray-tracing方法。尤其是之后几何光学(GO)法和一致绕射(UTD)理论等理论的逐渐成熟，使得Ray-tracing模型进一步得到完善。

本书针对目前常用的Ray-tracing方法，基于矿井环境作出改进，使改进后的方法能够适用于矿井环境，提高计算精度。这种方法在射线开始追踪之前先作出初始射线，并给出射线方向角(r,ϕ,θ)。其中ϕ以$\Delta\phi=\Delta\theta/\sin\theta$作为间隔，$0<\phi<\pi$；而$\theta$以常数$\Delta\theta$作为间隔，$-\pi/2<\theta<\pi/2$。

在第一步生成初始射线之后，就可以开始进行射线追踪了，如图4-11所示。关键的步骤如下：

(1) 首先计算每条射线和全部塌方体分界面的交点。把其中离源点最近的交点和源点之间的距离表示为l_r。如果射线与塌方体没有交点，那么把这种情况看成是交点处于无穷远。得到接收点到射线的垂线之后，计算出垂足与接收点间的距离，用d_r表示，而垂足到源点的距离则用l_d表示。如果垂足不能作在射线上，那么相当于d_r和l_d是无穷大的。接着由射线和分界面法线的方向来计算射线的入射面旋转角度φ。

(2) 若是$l_r<l_d<\infty$，或者$l_r<\infty$和l_d超过接收天线半径，那么射线出现折反射。当反射射线的强度超了过门限值，可以对它作压栈处理。然后再对折射射线强度进行判断，如果它超过门限值，那么直接回到步骤(1)；如果低于门限值，那么直接跳到步骤(4)。当折射点处在塌方体的外缘，此时要判断它和接收天线之间是不是有绕射路径。如果有，那么计算绕射射线强度；不然直接跳到步骤(4)。

(3) 若是存在射线d_r比接收天线半径还小的情况，那么这条射线能够被天线接收到。接着计算射线被接收时的强度和时延信息。若是射线d_r超过天线半径，那么可以判定这条射线已经不在仿真区域了。

(4) 若是栈非空，就从栈顶取射线，然后对这条射线跳转到步骤(1)。若是栈空，则意味着结束了，把全部的接收波形加起来就可以获得目标波形。

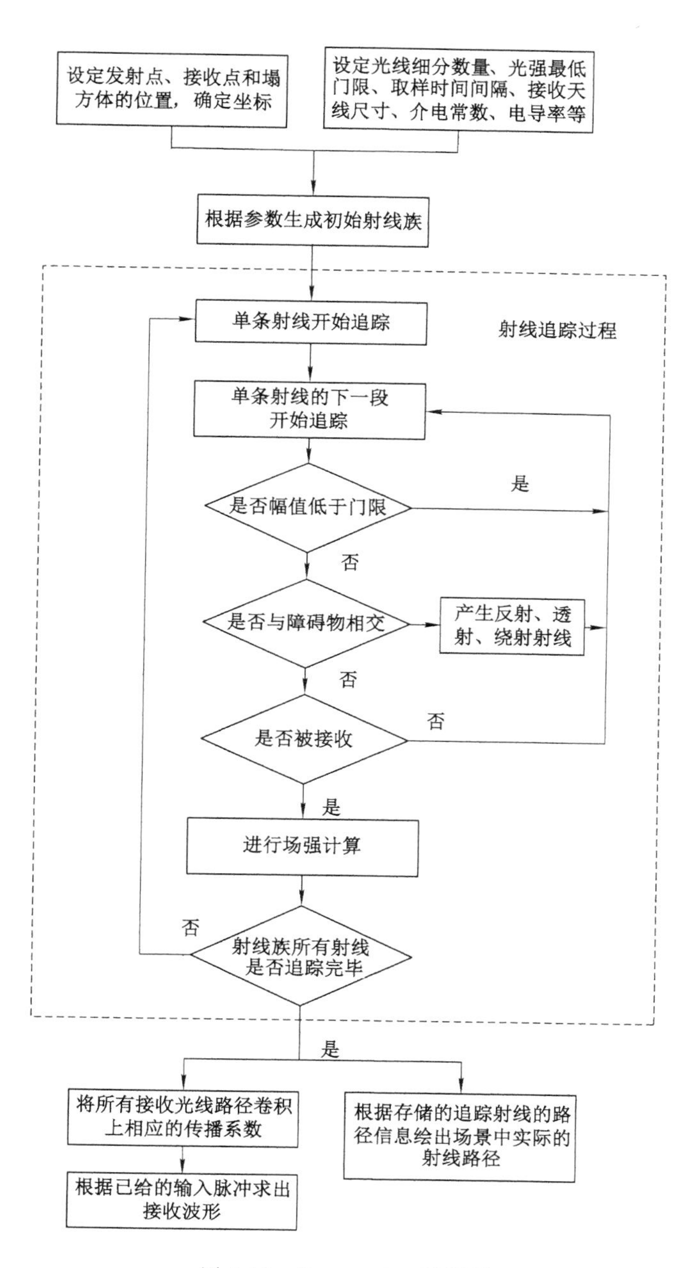

图 4-11 Ray-tracing 流程图

4.3.4 仿真分析

矿井下的环境与地面上存在很大的差别。在分析信号穿透特性的时候，常把矿井下的环境比作地面上的房间，但这又存在很多的不同。房间里的信号可以透过前、后、左、右和上面传播出去，而矿井下只有前后，信号传播方向单一。借鉴穿墙成像的原理对超宽带信号穿透特性进行研究。把矿井下的塌方体比作墙体，而这个墙体与一般的墙体不同，是加大了厚度和减少了障碍物密度的墙体。在此基础上设计了以下研究方案。

模仿矿井下巷道全塌方结构，用已知介电常数的混凝土介质构建塌方体，在密闭实验室内模拟事故现场进行试验。发射天线置于 A 处，目标处于 B 处，模拟塌方体厚度达到 0.8 m。通过发射天线发射超宽带信号，检测信号的衰减、反射、衍射和散射的数据。仿真场景如图 4-12 所示，A 点表示发射天线，B 点表示接收天线。图 4-13 是采用 FDTD 方法时信号传播的过程模拟图。图 4-14 为采用 TD-Ray 方法时信号传播过程的模拟图。

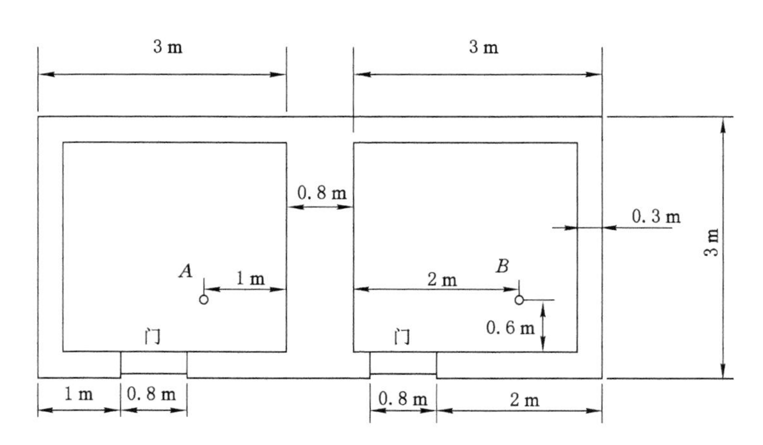

图 4-12　仿真场景示意图

本节中用到了上节提到的 TD-Ray 方法，来对超宽带信号在模拟场景下的传播波形进行预测。为了验证模型的精确程度，将它与 FDTD 方法的计算结果作了对比。源信号形式为：

$$E_i(t)=\frac{t-t_0}{\tau}\mathrm{e}^{-4\pi(t-t_0)^2/\tau^2} \tag{4-45}$$

式中，$t_0=1.596$ ns，$\tau=532$ ps，－20 dB 频谱宽度为 1～2 GHz，如图 4-15 所示。

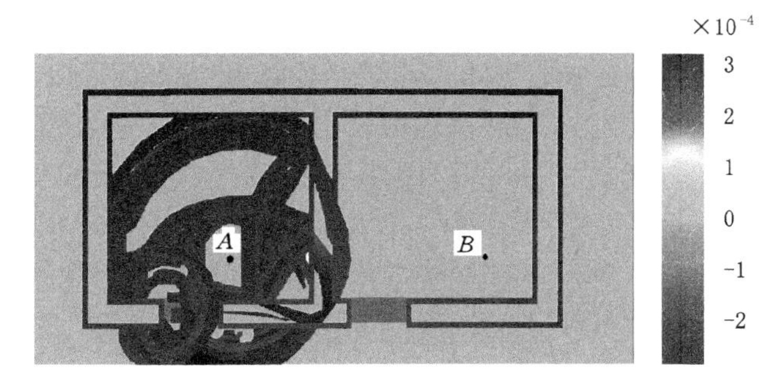

图 4-13 采用 FDTD 方法模拟场的传播过程

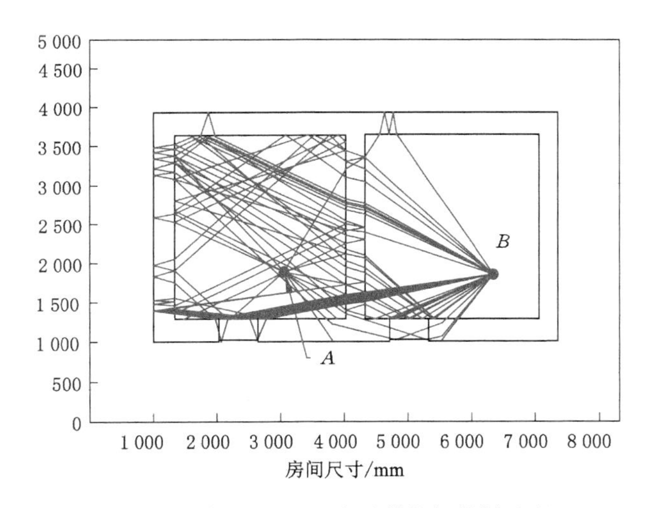

图 4-14 采用 TD-Ray 方法模拟场传播过程

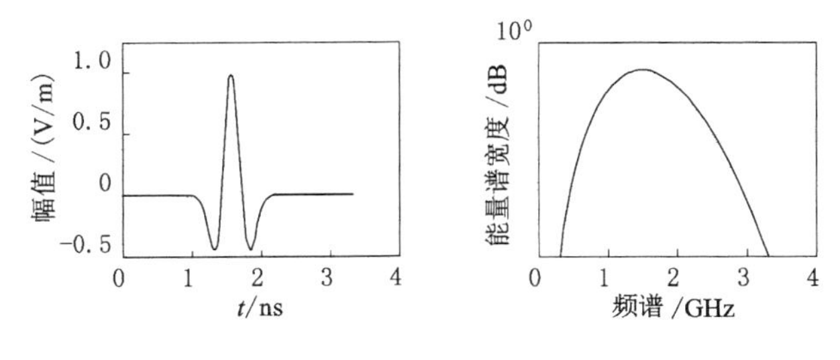

图 4-15 高斯微分二次脉冲及频谱

系统参数设置如下:混凝土介质的介电常数 $\varepsilon=6$,$\sigma=0.1$;采用 TD-Ray 方法设计追踪了 10 000 条射线;幅值门限定为 1×10^{-6};贝塞尔函数截断项数是

5;时域系数的冲激响应采样点是 1 000;FDTD 的网络长度是 1 cm;时间步是 16.69 ps;选用 8 层 PML 吸收边界;吸收边界的反射率是 1×10^{-6}。

FDTD 方法是根据时间来展示信号的传播过程的。但是 TD-Ray 方法需要在所有射线追踪结束之后才可以根据所有射线来获得信号的传播路径。这种方法的优势在于,它能够根据实际情况,对某个特定塌方体的特征进行单独定量分析。研究人员能够根据射线的密集程度推测出哪种介质对信号传播影响最大。这也为之后的系统设计提供了理论依据。

图 4-16 和图 4-17 分别在水平极化和垂直极化方式下给出了两种方法的信号穿过塌方体后的接收波形对照图。

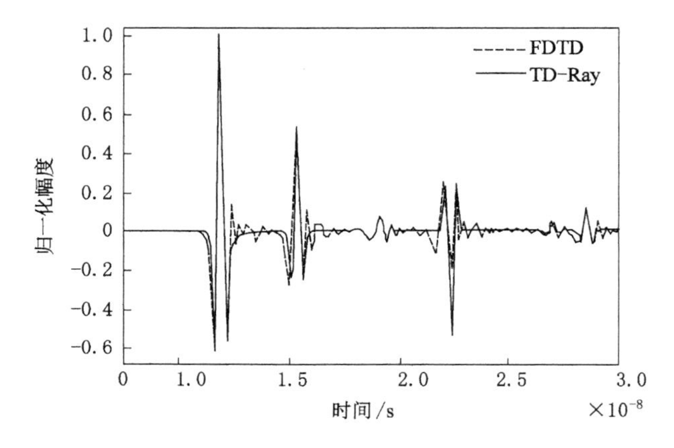

图 4-16　水平极化波的波形对比图

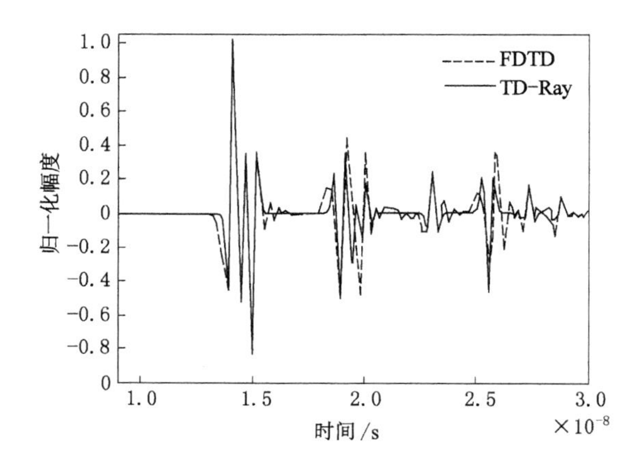

图 4-17　垂直极化波的波形对比图

可以看出，采用 TD-Ray 方法得到的波形标准差是 0.034 5，而 FDTD 方法得到的波形标准差则是 0.198 2，TD-Ray 方法比 FDTD 方法的精确程度更高。并且，TD-Ray 能够针对某个特定介质分析其传播特性。

4.4 超宽带信号在塌方体内的传输特性分析

塌方体介质对超宽带信号的影响可以由 Maxwell 经典电磁理论来分析，简单媒质的本构关系式表示为：

$$D=\varepsilon E=\varepsilon_0\varepsilon_r E \tag{4-46}$$

$$B=\mu H=\mu_0\mu_r H \tag{4-47}$$

$$J=\sigma E \tag{4-48}$$

式中，ε_0、μ_0 分别是自由空间的介电常数、磁导率。不同材料的相对介电常数 ε_r、相对磁导率 μ_r 和电导率 σ(S/m)具有不同的值。可以假定塌方体为一种简单媒质，其电磁参数都是正的标量常数。

在一定频段中求解塌方体中电磁问题时，对材料采用这种理想化探究方法是可行的。介电常数 ε 表示媒质极化特性，它可以用来解释介质中的电荷被外电场作用之后的一些性质，如偏移性质。在真空中(自由空间)传播的介电常数 ε_0 为：

$$\varepsilon_0=(1/36\pi)\times 10^{-9}\,\mathrm{F/m} \tag{4-49}$$

相对介电常数用 ε_r 表示，有：

$$\varepsilon_r=\varepsilon/\varepsilon_0 \tag{4-50}$$

若是理想化介质，则在一个周期中的电场等量消长等量，也就没有损失能量。塌方体介质有损耗，可以按损耗性质把矿井下塌方体介质大致分为导电损耗、极化损耗和磁化损耗 3 种。而大多数常见媒质不是磁性的介质，这时介质的磁导率约等于自由空间中的磁导率。若媒质是极化损耗、导电损耗，可以推导出其介电常数复数表达式：

$$\mu\approx\mu_0=4\pi\times 10^{-7}\ \mathrm{H/m} \tag{4-51}$$

$$\mu_r=\mu/\mu_0\approx 1 \tag{4-52}$$

$$\tilde{\varepsilon}=\varepsilon'-\mathrm{j}\varepsilon'' \tag{4-53}$$

上式中，介电常数 ε 的实部与虚部分别是 ε'、ε''。

如果媒质为导电损耗，那么：

$$\varepsilon'=\varepsilon \tag{4-54}$$

$$\varepsilon''=\sigma/\omega \tag{4-55}$$

式中，ω 为角频率；σ 用来表征媒质的导电特性，其值越大导电性能越优良。

依据平面电磁场理论的知识，在无界情况下，对于有损耗的均匀媒质，其电场可表示为：

$$E(r)=E_0 e^{j\omega t} e^{-(\alpha+j\beta)r} \tag{4-56}$$

$$\alpha=\omega\sqrt{\mu_\varepsilon/2[\sqrt{1+(\varepsilon''/\varepsilon')^2}-1]} \tag{4-57}$$

式中，α 为衰减常数，它指的是单位距离上的衰减量（Np/m）；β 用来表示在一单位距离上相位落后了多少，传播常数是 $\alpha+j\beta$。

可以得出结论，超宽带信号在塌方体中传播时，其损耗与塌方体材料、信号中心频率有关。

4.5 超宽带信号在塌方体界面的透射特性分析

当超宽带信号穿透塌方体时，出现反射、折射。对于平面波，假定塌方体表面光滑平整，因为超宽带信号在塌方体表面上有连续性，所以对于垂直入射极化波，它有垂直极化的反射、折射波。同理，当平行极化的入射波投向塌方体时，它具有平行极化的反射、折射波。

假设超宽带信号由介质 1 入射介质 2，依据 Fresnel 理论，垂直极化波的反射系数 $r_\perp$、传输系数 $t_\perp$ 为：

$$r_\perp=\frac{\eta_2\cos\theta_i-\eta_1\cos\theta_t}{\eta_2\cos\theta_i+\eta_1\cos\theta_t} \tag{4-58}$$

$$t_\perp=\frac{2\eta_2\cos\theta_i}{\eta_2\cos\theta_i+\eta_1\cos\theta_t} \tag{4-59}$$

平行极化波的反射系数 r、传输系数 t 表示为：

$$r=\frac{\eta_1\cos\theta_i-\eta_2\cos\theta_t}{\eta_1\cos\theta_i+\eta_2\cos\theta_t} \tag{4-60}$$

$$t=\frac{2\eta_2\cos\theta_i}{\eta_1\cos\theta_i+\eta_2\cos\theta_t} \tag{4-61}$$

η_1、η_2 指的是介质波阻抗，有：

$$\eta=\sqrt{\mu/\varepsilon}/\sqrt{1-j\varepsilon''/\varepsilon'} \tag{4-62}$$

塌方体介质边沿以 z 方向功率反射系数 R、功率传输系数 T 为：

$$R=|r|^2 \tag{4-63}$$

$$T=1-R \tag{4-64}$$

由上述分析可知，塌方体介质之间的电磁参数数值相差越小，在界面处的反射偏低，从而透射分量就越大。在垂直入射的情况下，即 $\theta_i=0$ 时，反射、透射系数在垂直极化与平行极化两种方式下的对应系数相等。在理想化塌方体介质的情况下，透射角表达为：

$$\theta_t = \arcsin(\sqrt{\varepsilon_1/\varepsilon_2}\sin\theta_i) \tag{4-65}$$

而对于平行极化波，若平行极化波反射系数为0，则入射角可以表达为：

$$\theta_i = \arcsin\sqrt{\varepsilon_2/(\varepsilon_2+\varepsilon_1)} \tag{4-66}$$

就拿平行极化波来说，不管塌方体介电常数是多少，都会有全透射现象出现。对于有损耗媒质，同样可以用 Fresnel 公式来分析，此时透射角是复数，等幅面、等相面通常不重合，而超宽带信号垂直入射时，等幅面、等相面重合。

4.6 仿真分析

通过4.1节、4.2节的理论分析可以分别得出超宽带电磁波在塌方体内的传输特性，以及超宽带电磁波在塌方体界面的透射特性。下面仿真分析常见的塌方体介质岩石、混凝土对超宽带信号的削弱作用。

不同的塌方体介质对电磁波穿透性有一定的影响，塌方体大部分是混凝土及砖墙和土墙，通过查阅相关资料得到表4-1，它统计的是不同塌方体材料的电磁参数。

表4-1 各种塌方体介质电磁参数

塌方体介质	ε_r	σ	塌方体介质	ε_r	σ
混凝土	6～8	0.037	玻璃	7.00	0.010
岩石	5～8	0.010	砖墙	4.60	0.018

备注：各种材料在1 GHz的电磁参数。

4.6.1 超宽带电磁波穿透岩石数值分析

考虑塌方体为岩石的情况，假设超宽带电磁波从空气射入岩石，依据表4-1中的数据，根据岩石的不同，ε_{r2}可取值1.4、4、8、14，假定岩石为一种细密均匀损耗介质，μ_{r2}取值1。

从图4-18仿真结果可以发现，垂直极化波功率传输系数因入射角的增大而变小。塌方体介电常数越大，全透射角越大。反射功率与传输功率呈负相关。在介电常数较大的情况下，如果略微增大入射角度，就可以降低平行极化波的反射损耗，从而提高超宽带雷达接收信号的质量。

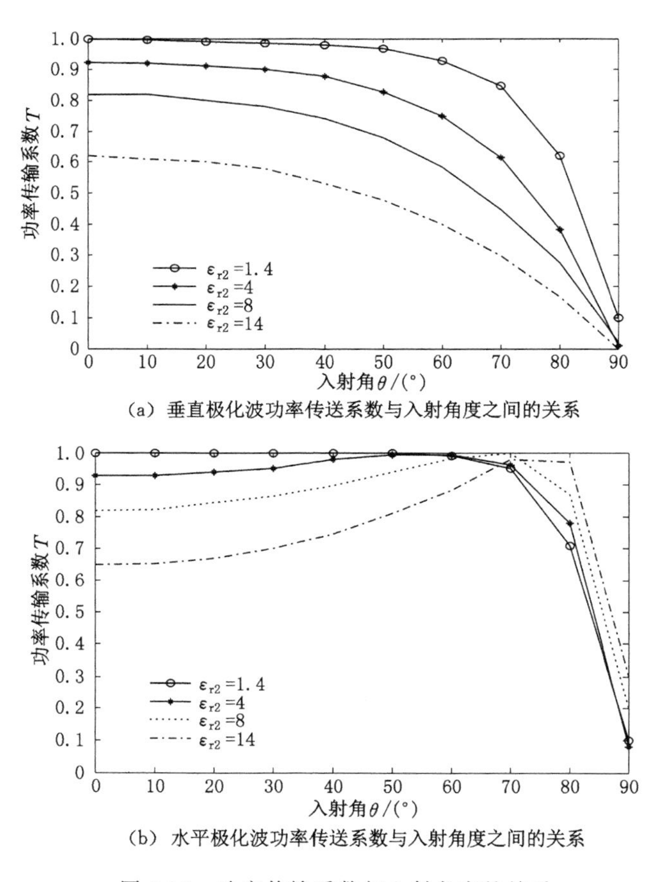

(a) 垂直极化波功率传送系数与入射角度之间的关系

(b) 水平极化波功率传送系数与入射角度之间的关系

图 4-18 功率传输系数与入射角度的关系

4.6.2 超宽带电磁波穿透混凝土数值分析

考虑塌方体介质为混凝土的情况，若超宽带电磁波从空气入射此介质，此时 $\varepsilon_{r2}=6$，$\mu_{r2}=1$，随着混凝土湿度的不同，σ_2 取值 10^{-1}、10^{-3}、10^{-6}、10^{-7}（单位：S/m），由理论分析可计算出塌方体介质的损耗正切值，并进行仿真验证。

在垂直入射的情况下，功率衰减与信号频率之间的关系曲线如图 4-19(a) 所示。由仿真结果可知，对于电导率固定的塌方体介质，超宽带信号的频率升高，随之塌方体界面的透射增强，最终功率传输系数趋近于常值，这也证明了高频超宽带电磁波具有穿墙探测的优势。

塌方体介质的衰减常数与频率之间的相关性如图 4-19(b)所示，其中 $\varepsilon_{r2}=$

6，$\mu_{r2}=1$，$\sigma_2=0$。由仿真结果可以发现，当频率小于兆赫兹单位级时，几乎不影响衰减常数的值，当频率继续变大，衰减常数骤升。由仿真曲线还验证了损耗正切值 $\varepsilon''/\varepsilon'$ 对高频超宽带信号损耗有很大影响。

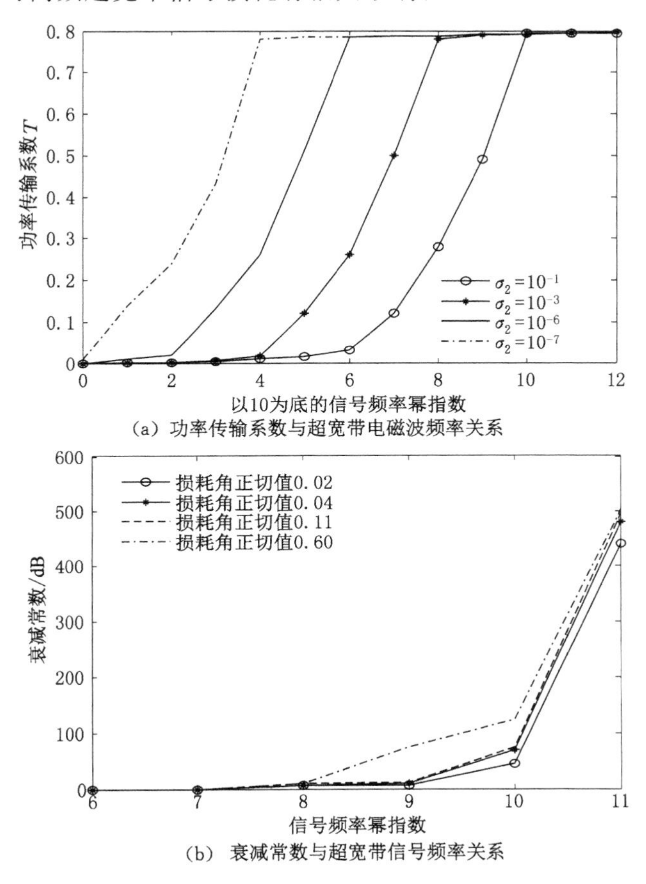

图 4-19　超宽带电磁波穿透混凝土数值分析仿真曲线

4.6.3　超宽带电磁波穿透混合塌方体介质衰减特性分析

超宽带电磁波在塌方体中的损耗，主要与塌方体的介电常数和入射信号频率有关。复杂塌方体可以理想化为分层均匀媒质。首先，计算各种介质内传输损耗；其次，计算在不同介质表面的透射损耗，假定介质表面平滑而没有奇点；最后，依次计算出超宽带电磁波在均匀分层介质中的传输损耗，以及在介质交界面的透射损耗，相累加即可得到超宽带电磁波在复杂塌方体中的损耗。在长距离、大尺度传输的情况下，复杂塌方体可以取其主成分来分析。图 4-20 对超宽带电磁波穿透复杂塌方体时的损耗特性进行仿真，分析了普通的混凝土、砖墙、岩石和玻璃的传输损耗与超宽带信号频率之间的关系。仿真场景中取混凝土厚度为 0.2 m，假定混凝土塌方体周围没有遮挡，仿真时暂不考虑钢筋对电磁波损耗的影响，这里的混凝土 $\varepsilon_r=6.5$，损耗正切角取值 0.05；在普通砖墙表面加上 1 cm 厚度的水泥涂层，总厚度为 38 cm。普通砖墙的电磁参数 ε_r 取值4.5、5.5，损耗正切角取值 0.01、0.02；普通岩石厚度为 10 cm，$\varepsilon_r=4.2$，损耗角正切值取 0.004；普通玻璃厚度为 1 cm，$\varepsilon_r=2$，损耗角正切值取 0.005。

由仿真结果可知，损耗会随频率升高而升高，普通混凝土和普通砖墙的损耗受频率影响最大。在正常情况下，混凝土和砖墙的电导率很低，在塌方浸水的情况下，受水分子的影响，电导率会大幅增高，这时候电导率的影响就不可以忽略。与混凝土相比较，普通砖墙的损耗更大，这是因为在普通砖墙中有空气层，超宽带电磁波在砖墙与空气层中经过了反射与透射，由此产生了较大的损耗。

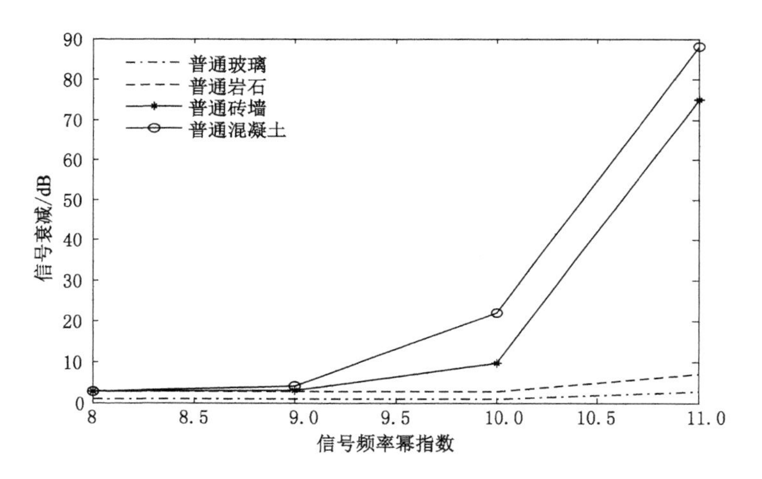

图 4-20　超宽带信号穿透复杂塌方体时的损耗特性

4.7　本章小结

本章首先分析了常见的几种电磁计算途径——伪谱时域法、时域有限差分法、射线追踪技术，对其进行分析比较，得出各自的优缺点。然后针对矿井下塌方的实际情形，采用时域有限差分和射线追踪的混合方法，建立矿井下超宽带穿透模型，构建实验仿真场景，并与传统的时域有限差分法进行分析比对，验证了构建模型的适用性。同时，对超宽带电磁波穿透岩石、混凝土进行了数值仿真分析，分析了超宽带电磁波穿透复杂塌方体介质时的特性。超宽带电磁波在塌方体中的损耗，主要与塌方体的介电常数和入射电磁波的频率有关。复杂塌方体可以理想化为分层均匀媒质。通过数值仿真可以得出结论，入射角越大损耗越大，电磁波随频率的升高其损耗变大，从而使信号传输距离变短。平行极化波透射损耗随着入射角增大先减小后增大。对于介电常数较大的塌方体介质，对超宽带信号的衰减作用以反射损耗为主。数值仿真结果表明，平面电磁波理论适用于超宽带电磁波穿透塌方体的研究，并为矿井下超宽带生命探测雷达的设计提供参考。

5 矿井下超宽带信号穿透双层塌方体特性研究

目前，超宽带信号在井下的应用比较少，对于穿透塌方体的特性研究与分析更是鲜有进行。黑龙江科技大学的王保生在分析井下塌方体构成的基础上，仿真分析了岩石、混凝土和复杂塌方体的主要介质成分对超宽带信号的削弱作用，进而提出采用经验模态分解（EMD）与参考独立分量分析（ICA-R）相结合的混合算法，检测塌方体后的生命特征。结合井下的特殊环境，使用时域有限差分和射线追踪相结合的方法，建立了适用井下塌方体的穿透模型。但这些研究均是基于单层塌方体进行的。本章基于上述传播与穿透理论，并结合上述研究基础，使用时域有限差分法，研究并分析超宽带信号穿透双层塌方体的特性，为研究超宽带信号穿透多层塌方体和探测塌方体后方的生命提供理论支持。

5.1 基本理论

当井下发生事故时，塌方体会覆盖巷道，有些将巷道全封闭，有些并没有将巷道全封闭，而是在上方留有空隙，如图 5-1 所示。在使用超宽带雷达发射信号对塌方体后方的目标进行探测时，信号的传播有以下 4 种情况：

① 从塌方上方穿过，此时信号的传播就与信号在矿井下的传播相同，此部分已在第 2 章的超宽带井下传播特性进行分析。

② 超宽带信号先在空气中传播，经历了传播损耗，然后穿透塌方体。

③ 超宽带信号先穿透塌方体，然后在空气中传播。②和③属于同一种情况，区别就是穿透塌方体时信号能量的大小，在传输相同距离后，信号衰减及失真情况不同，此情况已在第 2 章进行了相关研究。

④ 巷道处于全封闭状态时，超宽带信号会经历两次塌方体的穿透，这种情况下信号能量的衰减最严重。此情况下信号的衰减正是本章所要研究的内容。

使用超宽带雷达对塌方体后方的目标进行探测时，信号在穿透塌方体碰到目标物体后会出现反射现象，目标的后向散射波又穿过塌方体，从而被接收天线接收。然而在穿透双层塌方体时，接收天线接收的还包括第二层塌方体的反

图 5-1 塌方体

射波。而且,井下塌方体的形状不规则,两层塌方体之间的间隙也不同,如图 5-2 所示,因此,不同层甚至同层的塌方体的反射波也会存在不同的时延。随着超宽带信号穿透塌方体层数的增加,接收天线收到的回波信号中反射波越来越多。当检测目标信号时,由于目标信号本身就比较微弱,在经过多层塌方体后,其信号更不容易辨别出来。因此,研究超宽带信号穿透双层塌方体的特性,对于检测塌方体后方的目标具有重要意义。

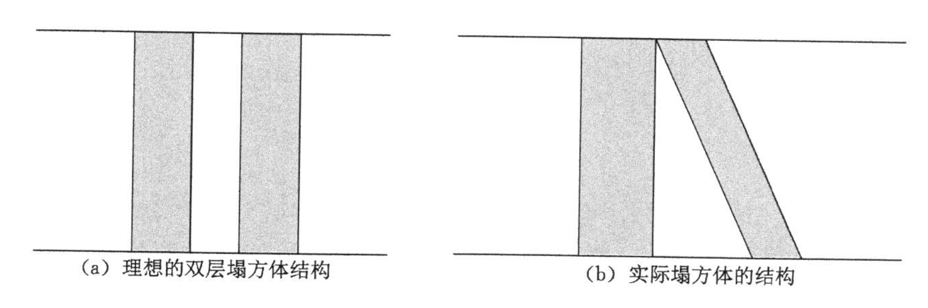

图 5-2 双层塌方体的结构

5.2 时域有限差分法

5.2.1 时域有限差分法概述

时域有限差分法(FDTD)是计算电磁场的一种全面且重要的计算方法,是一种时域模拟方法,其基本思想是用中心差商替代场量,几乎可以分析所有的电磁问题。其从基本的时域 Maxwell 方程开始,无须使用中间量和方程就可以推导出该方程。而且在离散时域波动方程时，时域有限差分法无须各种形式的导出方程，其应用范围不受数学模型的约束。它的一大优点就是在其进行差分时，只需给出各网格相应的参量，就可以模拟出各种复杂的结构。此外，FDTD使用步进法计算，所以可以模拟各种复杂时域宽带信号，并且可以较便捷地获得空间某一点的时域信号波形。

5.2.2 Maxwell 方程组的差分形式转化

根据 Maxwell 时域方程构建 FDTD 算法。

$$\nabla \times \boldsymbol{H} = \frac{\partial \boldsymbol{D}}{\partial t} + \boldsymbol{J} \tag{5-1}$$

$$\nabla \times \boldsymbol{E} = -\frac{\partial \boldsymbol{B}}{\partial t} - \boldsymbol{M} \tag{5-2}$$

$$\nabla \cdot \boldsymbol{D} = \rho_{\mathrm{e}} \tag{5-3}$$

$$\nabla \cdot \boldsymbol{B} = \rho_{\mathrm{m}} \tag{5-4}$$

式中，$\boldsymbol{E}$ 为电场强度，V/m；$\boldsymbol{D}$ 表示电位移矢量，$\mathrm{C/m^2}$；$\boldsymbol{H}$ 表示磁场强度，A/m；$\boldsymbol{B}$ 表示磁通量密度，$\mathrm{Wb/m^2}$；$\boldsymbol{J}$ 表示电流密度，$\mathrm{A/m^2}$；$\boldsymbol{M}$ 则表示磁流密度，$\mathrm{V/m^2}$；ρ_{e} 为电荷密度，$\mathrm{C/m^3}$；ρ_{m} 为磁荷密度，$\mathrm{Wb/m^3}$。

本构关系对线性、各向同性和非色散媒介可以写成：

$$\boldsymbol{D} = \varepsilon \boldsymbol{E} \tag{5-5}$$

$$\boldsymbol{B} = \mu \boldsymbol{H} \tag{5-6}$$

$$\boldsymbol{J} = \sigma \boldsymbol{E} \tag{5-7}$$

$$\boldsymbol{M} = m \boldsymbol{H} \tag{5-8}$$

式中，ε 为媒质的介电常数；μ 为媒质的磁导率；σ 表示电导率；m 表示导磁率。

在三维空间中，式(5-1)和式(5-2)可以分别转化为如下标量形式：

$$\left.\begin{aligned}
\frac{\partial H_z}{\partial y} - \frac{\partial H_y}{\partial z} &= \varepsilon \frac{\partial E_x}{\partial t} + \sigma E_x \\
\frac{\partial H_x}{\partial z} - \frac{\partial H_z}{\partial x} &= \varepsilon \frac{\partial E_y}{\partial t} + \sigma E_y \\
\frac{\partial H_y}{\partial x} - \frac{\partial H_x}{\partial y} &= \varepsilon \frac{\partial E_z}{\partial t} + \sigma E_z
\end{aligned}\right\} \tag{5-9}$$

$$\left.\begin{aligned}
\frac{\partial E_z}{\partial y} - \frac{\partial E_y}{\partial z} &= -\mu \frac{\partial H_x}{\partial t} - m H_x \\
\frac{\partial E_x}{\partial z} - \frac{\partial E_z}{\partial x} &= -\mu \frac{\partial H_y}{\partial t} - m H_y \\
\frac{\partial E_y}{\partial x} - \frac{\partial E_x}{\partial y} &= -\mu \frac{\partial H_z}{\partial t} - m H_z
\end{aligned}\right\} \tag{5-10}$$

要实现 FDTD 算法建模，首先要做的就是将对象空间进行网格划分，对场域进行离散。FDTD 算法将研究的立体空间结构分解为若干单元，进而将这些单元构建成相应的网络整体。由 Yee 单元构成网格，用构成单元的大小作为分辨率，采用阶跃或阶梯的方式来表示研究对象的表面和内部的几何结构。图 5-3 是($N_x \times N_y \times N_z$)个 Yee 单元构成的网络。

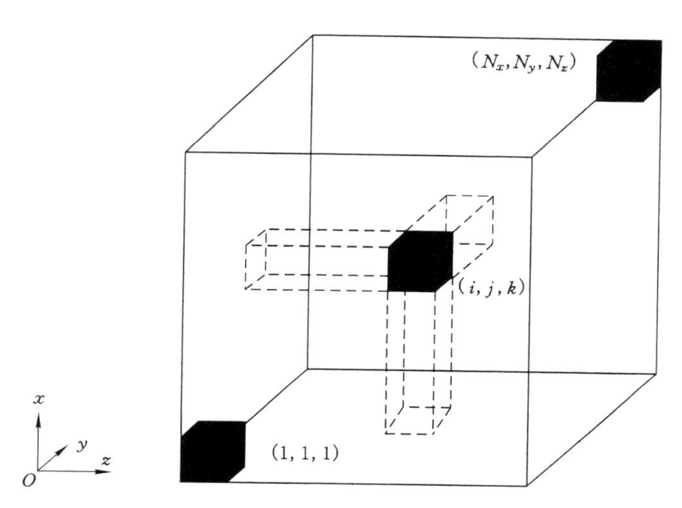

图 5-3 由($N_x \times N_y \times N_z$)个 Yee 单元构成的三维 FDTD 计算空间

根据 Yee 提出的理论，对 Maxwell 旋度方程进行离散化。

首先，将空间区域分解成(x, y, z)坐标上的 Yee 单元，Yee 单元在 x、y、z 坐标上的尺寸分别为 Δx、Δy、Δz，时间步为 Δt，E 取样在时间的 n 倍步长时刻，H 取样时刻为($1/2+n$)倍的时间步时刻，即它们之间的时间差为 1/2 个时间步。用 $f(x,y,z,t)$ 来表示 E 或者 H 在(x,y,z)坐标中的某一分量，则离散为：

$$f(x,y,z,t)=f(i\Delta x,j\Delta y,k\Delta z,n\Delta t)=f^n(i,j,k) \tag{5-11}$$

取其在空间和时间的一阶偏导的中心差分，近似表示为：

$$\left.\frac{\partial f(x,y,z,t)}{\partial x}\right|_{x=i\Delta x}=\frac{f^n\left(i+\frac{1}{2},j,k\right)-f^n\left(i-\frac{1}{2},j,k\right)}{\Delta x} \tag{5-12}$$

$$\left.\frac{\partial f(x,y,z,t)}{\partial t}\right|_{t=n\Delta t}=\frac{f^{n+1/2}(i,j,k)-f^{n-1/2}(i,j,k)}{\Delta t} \tag{5-13}$$

将式(5-9)进行如下运算：

$$\varepsilon\left(i+\frac{1}{2},j,k\right)\frac{E_x^{n+1}\left(i+\frac{1}{2},j,k\right)-E_x^{n}\left(i+\frac{1}{2},j,k\right)}{\Delta t}+$$

$$\sigma\left(i+\frac{1}{2},j,k\right)\frac{E_x^{n+1}\left(i+\frac{1}{2},j,k\right)+E_x^{n}\left(i+\frac{1}{2},j,k\right)}{2}$$

$$=\frac{H_z^{n+1/2}\left(i+\frac{1}{2},j,k\right)-H_z^{n+1/2}\left(i+\frac{1}{2},j-\frac{1}{2},k\right)}{\Delta y}-$$

$$\frac{H_y^{n+1/2}\left(i+\frac{1}{2},j+\frac{1}{2},k+\frac{1}{2}\right)-H_y^{n+1/2}\left(i+\frac{1}{2},j,k-\frac{1}{2}\right)}{\Delta z} \tag{5-14}$$

式中，(x,y,z)是 E_z 的一个节点，$t=(n+1/2)\Delta t$。取 E^n 和 E^{n+1}的平均值：

$$E_x^{n+1/2}\left(i+\frac{1}{2},j,k\right)=\frac{E_x^{n+1}\left(i+\frac{1}{2},j,k\right)+E_x^{n}\left(i+\frac{1}{2},j,k\right)}{2} \tag{5-15}$$

式(5-14)整理得：

$$E_x^{n+1}\left(i+\frac{1}{2},j,k\right)=\frac{1-\frac{\sigma(m)\Delta t}{2\varepsilon(m)}}{1+\frac{\sigma(m)\Delta t}{2\varepsilon(m)}}\cdot E_x^{n}\left(i+\frac{1}{2},j,k\right)+$$

$$\frac{1-\frac{\Delta t}{\varepsilon(m)}}{1+\frac{\sigma(m)\Delta t}{2\varepsilon(m)}}\cdot\left[\frac{H_z^{n+1/2}\left(i+\frac{1}{2},j+\frac{1}{2},k\right)-H_z^{n+1/2}\left(i+\frac{1}{2},j-\frac{1}{2},k\right)}{\Delta y}\right]-$$

$$\frac{H_y^{n+1/2}\left(i+\frac{1}{2},j,k+\frac{1}{2}\right)-H_y^{n+1/2}\left(i+\frac{1}{2},j,k-\frac{1}{2}\right)}{\Delta z} \tag{5-16}$$

式中，$m=(i+1/2,j,k)$。

5.2.3 解的稳定性条件

FDTD 算法最终以离散的差分方程的求解来代替原偏微分方程的求解，但这种近似求解法只有在差分方程的解是收敛和稳定时才有意义。FDTD 算法在时间和空间上都是离散的，算法求解的稳定性与时间步长和空间步长的划分都有关系。

5.2.4 吸收边界条件

FDTD 算法在有限空间的截断边界处引入吸收边界条件来吸收入射波。

PML(完全匹配吸收层)是一种常见的吸收边界条件,由贝伦格(Berenger)在1994年提出。PML是一种基于吸收层的技术,在空间的边界上设置一种特殊的有耗介质层。对于该有耗介质层,即使介质的厚度有限,入射的电磁波也将迅速衰减。PML技术可使任意入射角和任意频率入射的平面波投射到边界表面的后向散射系数的理论值都是零。

5.3 建模与仿真

井下的塌方体可以看作墙体,只是塌方体的厚度较大,密度比墙体小。用两个500×500的Yee网络来建立超宽带信号穿透厚度为1～1.5 m的理想情况下(塌方体介质均匀,形状规则)的塌方体模型,模拟井下发生塌方时巷道处于全封闭的状态。根据矿井下环境,此时模拟的为石灰石矿井,塌方体的相对电容率 ε_r 设置为7.51,电导率 σ 设置为0.01 S/m。巷道的截面尺寸设计为宽4.2 m、高3 m、长10 m。模型中每个元胞的长度 $\Delta x=1$ cm,将第一个Yee网格的塌方体设置在 $j=100$ 处,厚度为100 cm;第二个Yee网格的第一块塌方体设置在 $j=100$ 处,第二块塌方体设置在 $j=260$ 处,厚度均为100 cm。吸收边界条件为4层完全匹配层吸收边界条件。二维模型如图5-4所示。

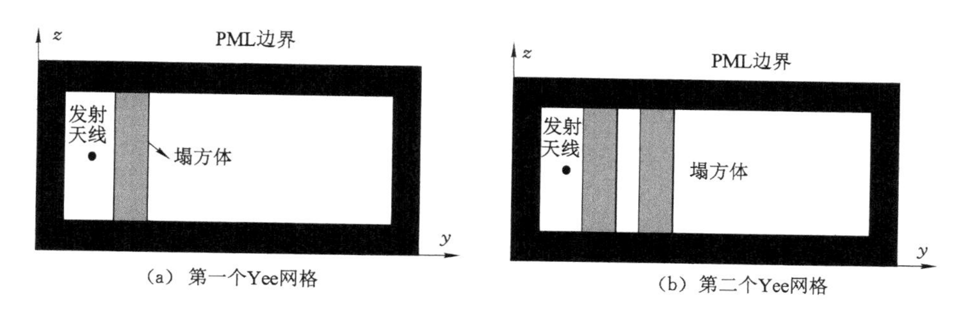

图5-4 二维穿墙模型

采用调制高斯脉冲作为信号源:

$$E(t)=\sin(2\pi f_0 t)\mathrm{e}^{-4\pi(t-t_0)/\tau^2} \tag{5-17}$$

式中,中心频率 $f_0=1$ GHz,峰值出现时刻 $t_0=2.5$ ns,时宽 $\tau=2$ ns。波形图如图5-5所示。分别在塌方体的(100,80)、(100,220)和(100,380)处获取穿透信号,得到的波形如图5-6、图5-7所示。

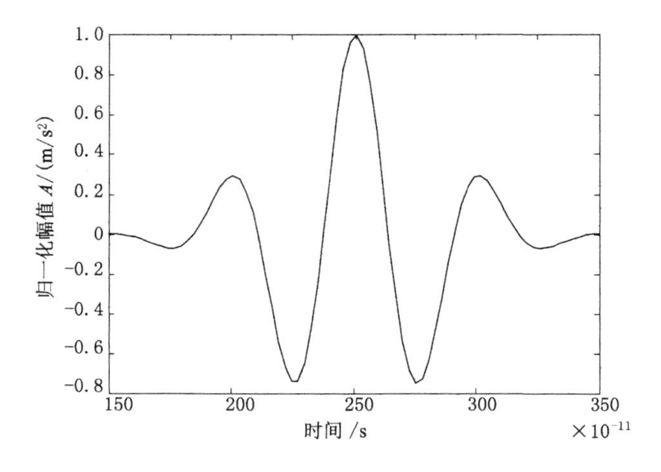

图 5-5　信号源

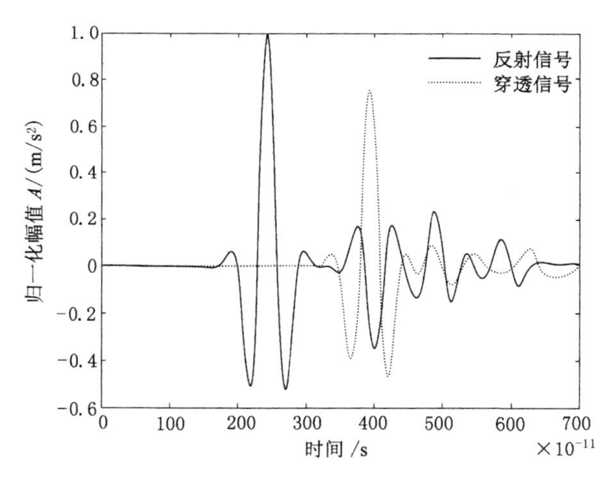

图 5-6　单层塌方体的反射和穿透信号波形

通过分析可知，在一定的信号频率和障碍物相同（媒介的介电常数，厚度、形状等）的情况下，信号穿透单层塌方体时，存在幅度衰减。信号源的振幅为 1，穿透单层塌方体后的振幅为 0.735 4，穿透双层塌方体的振幅为 0.433 6。

在实际应用中能检测到的信号为反射波。观察图 5-6、图 5-7 的反射波，可以发现，随着信号穿透塌方体的层数增加，反射波中峰值信号的振幅越小，信号波动越频繁，有用信号也越难分辨；另外，在信号的反射波中可以发现，反射波

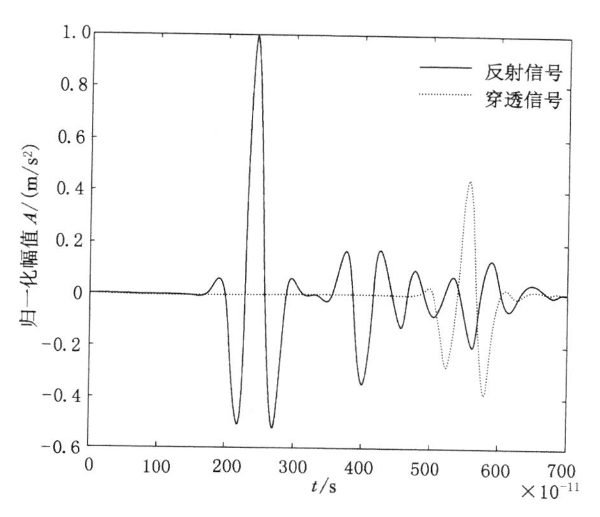

图 5-7 双层塌方体的反射和穿透信号波形

的峰值信号可以表示塌方的层数,可以反映塌方的严重程度。

在塌方时,塌方体的厚度是不均匀的。本书针对塌方体的厚度对信号的影响进行了研究,将双层塌方体的第二块墙体的厚度设置为 150 cm,进行仿真,得到图 5-8 所示图形。

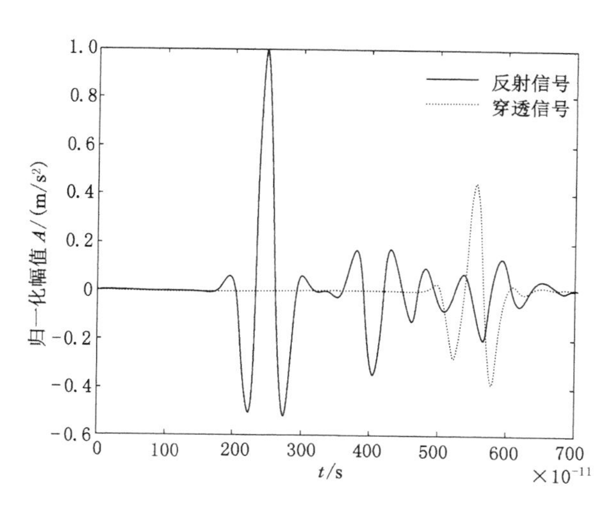

图 5-8 双层塌方体的反射和穿透信号波形

通过观察图 5-7 和图 5-8,可以发现当塌方体的厚度增加时,穿透波的幅值大小没有多大的变化,但时间延迟发生了变化,比厚度小的时延大。当信号穿透的层数越多,信号穿透的总体厚度也增加,即信号穿透的层数越多,时延越大。因此,信号在穿透塌方体时,穿透的层数越多,幅值衰减越大,时延越大。

5.4 常用方法分析

5.4.1 对消法

对消法是目前使用较多的方法。它在处理信号时,一般分为两种情况:一种是已知测量范围内没有目标物的信号波形,在测量范围内出现目标物时,可以直接将后者得到的波形和前者的相减,即可得到想要的目标信号;另一种是事先不知道或无法测出工作区域无目标时的波形,此时需要进行多次测量,将得到的含有目标信号的波形取平均值,然后将之后每次测得的回波信号与此均值信号相减即可。由于在井下发生塌方事故时,无法提前得知塌方体后方的情况,所以一般采用第二种情况。但由于第二种方法是取多个含有目标信号的回波信号的平均值,在均值波形中很可能包含目标信号的特征,因此在用后面的包含目标信号的回波信号与均值信号相减时,很可能会消除目标信号的部分特征,所以此方法不适用于去处理目标信号较微弱的信号。而塌方体后方的人体生命信号是一种微弱信号,而且携带目标信号的回波信号还需再穿透一次塌方体,回波信号中人体的生命信号是非常微弱的,所以此方法存在一定弊端。

因此,对消法在去除回波信号中的直达波时,具有速度快、原理简单、处理方便的优点,但它同时削弱了目标信号的幅度,故对消法不适合对包含人体生命特征的回波信号进行处理。

5.4.2 小波变换法

小波变换法(WT)是对短时傅立叶变换(STFT)的一种改进:它一方面具有 STFT 的局部变换思想,可以达到时间和频率的局部变换;另一方面,针对 STFT 的缺点,它实现了时频窗口随频率变化而变化,因而它能有效地从信号中提取信息。WT 一大优点就是在分析函数或信号时,它能通过变换实现局部化分析,通过使用伸缩与平移等运算功能满足分析要求,达到不同尺度的细化,从而可观察和分析问题的任意细节。这一特点解决了傅立叶变换的许多缺点,是一重大突破。

对于小波 $\varphi(x,y)$，函数 $s(x,y)$ 的二维小波变换可定义为：

$$S(b_1,b_2,a,\theta)=a^{-2}\iint_{-\infty}^{\infty} s(x,y)\varphi^*[a^{-1}r_{-\theta}(x-b_1,y-b_2)]\mathrm{d}x\mathrm{d}y \quad (5\text{-}18)$$

式中，$\varphi^*(x)$ 为 $\varphi(x)$ 的共轭；a 为尺度因子；b_1,b_2 为二维平移因子；$r_{-\theta}$ 为旋转因子，表达式如下：

$$r_{-\theta}(x,y)=(x\cos\theta+y\sin\theta,-x\sin\theta+y\cos\theta) \quad 0\leqslant\theta\leqslant 2\pi \quad (5\text{-}19)$$

对于二维 Morlet 连续有向小波变换，其定义为：

$$\varphi_{\mathrm{M}}(x)=\mathrm{e}^{\mathrm{j}k_0\cdot x}\cdot\mathrm{e}^{-\frac{1}{2}(\varepsilon^{-1}x^2+y^2)} \quad (5\text{-}20)$$

式中，k_0 表示波矢量；$\varepsilon\geqslant 1$ 表示各向异性参数。当 $k_0=(0,k_0)$ 时，其时域形式表达为：

$$\phi_{\mathrm{M}}(k)=\sqrt{\varepsilon}\,\mathrm{e}^{-\frac{1}{2}[\varepsilon k_x^2+(k_y-k_0)^2]} \quad (5\text{-}21)$$

令 $w(x,t)$ 作为回波信号，$\mathrm{sig}(x,t)$ 是目标信号，$d(x,t)$ 是直达波，式中 x 代表测线方向，t 是时间，那么回波信号可有以下表达式：

$$w(x,t)=\mathrm{sig}(x,t)+d(x,t) \quad (5\text{-}22)$$

其在频域的表达式为：

$$W(k_x,k_t)=\mathrm{SIG}(k_x,k_t)+D(k_x,k_t) \quad (5\text{-}23)$$

在时域上，直达波叠加在目标信号上。当测量表面较平缓时，在频域中，直达波能量主要集中在 $k_x=0$ 附近。如果对 $y(x,y)$ 二维有向小波变换，设定 $\theta=0°$，选取合适的各向异性参数，则可近似得到直达波。然后根据式(5-22)用回波信号数据与直达波数据相减，即可得到目标信号数据。

小波变换法有很多小波基函数可以选取，但只要确定了小波基函数后，它的特性也就确定了。因为在不同尺度上获得的逼近信号特征之间有所不同，小波变换方法难以在不同尺度上准确地逼近局部信号特征，故使用此法来去除直达波时，会把部分目标信号也给消除了，所以此方法存在一定缺陷。

5.4.3 自适应滤波法

超宽带雷达在进行人体生命探测时，回波信号中包含目标信号、直达波和由测量与系统造成的随机噪声信号。自适应滤波法在滤波时需要有一路输入信号用作其参考信号，一般选取不含目标信息的信号。

基于最小均方(LMS)算法的横向自生硬滤波器，其输入矢量为：

$$\boldsymbol{X}(n)=[d(n)\quad d(n-1)\quad \cdots\quad d(n-M+1)] \quad (5\text{-}24)$$

其中，M 是滤波器的阶数，加权矢量等于

$$\boldsymbol{H}(n)=[h_1(n)\quad h_2(n)\quad \cdots\quad h_M(n)]^{\mathrm{T}} \quad (5\text{-}25)$$

滤波器的输出为：

$$y(n) = \sum_{i=1}^{M} h_i(n) d_i(n-i+1) = \boldsymbol{H}^{\mathrm{T}}(n) \boldsymbol{X}(n) \tag{5-26}$$

此时滤波器输出相对于理想输出 $w_i(n)$的差值为：

$$e(n) = w_i(n) - \boldsymbol{H}^{\mathrm{T}}(n) \boldsymbol{X}(n) \tag{5-27}$$

采用均方误差最小作为算法迭代的停止条件，算法的流程为：

$$\boldsymbol{H}(n+1) = \boldsymbol{H}(n) + 2\mu e(n) \boldsymbol{X}(n) \tag{5-28}$$

式中，μ 为调整信号自适应的速度和稳定性的增益常数。

5.4.4 子空间投影法

子空间投影法是一种非参数化算法，一般采用主成分分析(PCA)法。首先将接收到的信号数据做中心化处理：

$$\bar{s}_{m,j} = s_{m,j} - (1/p) \sum_{i=1}^{p} s_{m,j},\ j = 1,2,\cdots,p \tag{5-29}$$

通过中心化后得到的数据 $\bar{s}_{m,j}$ 的主分量主要是目标或类目标信号，对其进行转置：

$$x = \bar{s}^{\mathrm{T}} \tag{5-30}$$

转置的主要作用是使主分量反映时域信息，特征像反映空域信息。对 x 进行 PCA 分解，选择 L 个目标或类目标主分量 y_{oi} 及其特征像 u_{oi}，式中 $i=1,2,\cdots,L$，这些信号重构得到相应的 PCA 杂波抑制输出为：

$$x_p = \sum_{i}^{L} y_{oi} u_{oi}^{\mathrm{T}} \tag{5-31}$$

子空间投影法在选择参考数值时要求较为严格，难以得到较准确的目标信号，不易实现。

5.4.5 奇异值分解法

奇异值分解法是一种正交矩阵分解法，在矩阵方法中占有非常重要的地位。它将测量的回波信号矩阵做奇异值分解处理，获得奇异值矩阵 $\boldsymbol{S}$，然后把 $\boldsymbol{S}$ 中的数根据数值的大小按顺序处理，通过观察数值的大小来判断有用的数据，当数值为零或者接近零时，就可以认为这些数值与目标数据不相关；当数值较大时(集中在 $\boldsymbol{S}$ 矩阵的左上角)，则认为这些数据携带了比较多的矩阵信息。所以将奇异值矩阵的 1 阶特征值置零，其余不变，得出第二个奇异值矩阵和两个酉矩阵，从而可以计算出包含目标信息的矩阵。但此方法的精度不够。

5.5　基于经验模态分解和小波阈值滤波相结合的方法去除直达波

5.5.1　经验模态分解法

经验模态分解(EMD)法是一种根据信号的时间尺度特征来进行数据处理的方法。就理论上而言,这种分解法可以解决各种信号类型的分解。

经验模态分解法的实质是把非平稳信号做平稳化处理,关键是把非平稳信号做经验模式分解,得到有限个时变的、平稳的单分量信号,即本征模函数(IMF)。在这些 *IMF* 分量中,因为有些含有目标信号的各个时间尺度的部分特点,所以根据目标信号的特征对这些 *IMF* 分量进行分析、舍弃、重组,去掉杂波信号,就可以获得近似于目标信号的重构信号。EMD 方法具有直观、直接、后验和自适应的特点,具有较高的信噪比。

使用 EMD 方法分解信号时,需建立以下几个假设条件:① 回波信号中至少存在两个极值,即一个极大值、一个极小值;② 极值点间的时间尺度唯一确定信号的局部时域特性;③ 当回波信号中不存在极值点而存在拐点时,可以使用一次或多次微分数据来进行处理,求得极值,再使用积分求得 EMD 的分解信号。

使用 EMD 方法处理信号时,首先需要找到原信号 $X(t)$ 中所有的极大值点,然后使用三次样条插值函数拟合,从而得到原信号的上包络线;同样,找出 $X(t)$ 中全部的极小值点,然后使用三次样条插值函数拟合,得到原信号的下包络线。求出原信号的上包络线和下包络线的平均值,记作 m,用原信号除去上下包络的均值,即可得到新的分量。

$$h_1(t)=r(t)-m(t) \tag{5-32}$$

如果 h_1 中还有负的局部极大值和正的局部极小值,那么 h_1 就还不是 *IMF* 分量,需要重复上述过程,直到满足要求。如此,便得到第一个 *IMF* 分量。

$$IMF_1(t)=h_{1k}(t) \tag{5-33}$$

将 IMF_1 从原信号 $r(t)$ 中剥离出来,如下式所示,即可获得去除 IMF_1 之后的剩余信号 $r_1(t)$。

$$r_1(t)=r(t)-IMF_1(t) \tag{5-34}$$

然后找出 $r_1(t)$ 的两个极值点,使用三次样条插值函数拟合,形成上下包络线,求出平均值。如此重复,直到 $r_n(t)$ 成为单调函数结束。此时,便得到了所有的 *IMF* 分量。

$$r_1(t)-IMF_2(t)=r_2(t)$$
$$\cdots\cdots \tag{5-35}$$
$$r_{n-1}(t)-IMF_n(t)=r_n(t)$$

$$r(t)=\sum^{n}IMF_j(t)+r_n(t) \tag{5-36}$$

5.5.2 小波阈值去噪法

小波阈值去噪是一个滤波过程，但因为其在去噪以后能够继续保持原信号的重要特点，所以可以认为小波阈值去噪其实是能够获取信号特点作用的低通滤波器。小波去噪利用有效信号和噪声的小波系数在小波域的分布特征不同来进行二者的分离，适合处理时变的平稳的单分量信号，可以很好地保留原信号中的一些特征。

小波阈值去噪的基本思路是：

(1) 输入信号 $X(t)$，对其进行小波分解，得到各个尺度系数 $W_{j,k}$；

(2) 对 $W_{j,k}$ 进行阈值处理，求得估计系数，使尺度系数和估计系数尽可能接近；

(3) 对 $W_{j,k}$ 进行小波重构，就可以得到去除噪声后的信号。

在上述基本思路中，小波基和分解层数 j 的选择、阈值 λ 的选取规则、阈值函数的设计，都是影响最终去噪效果的关键因素。

分解层数越大，目标信号和噪声的区别也就越大，对于两者的区分就越有利；但这样也会使重构后的信号失真越明显。因此，在使用此方法时要合理选择分解层数，使重构信号最优。

阈值估计太小，降噪后的信号仍有噪声；相反，如果阈值估计太大，那么一些重要的目标信号特征也可能被去除，导致重构会信号失真。

使用 EMD 方法处理原信号，无须预先选定基函数，而是根据信号自身的时间尺度特征自适应地生成合适的 IMF 分量，这些本征模态函数按照频率的高低依次分布，可以很好地反映出信号在各个时间尺度的频率特性。一般情况下，相较于目标信号，回波信号中的直达波属于高频信号，所以在进行信号重构时，可以舍弃 IMF 分量中的高频分量，仅对这些分量中的低频分量进行叠加重构即可。但由于在重构时舍弃了高频分量，所以高频分量中可能含有的目标信号的部分特征也会被丢弃，因此可以对高频信号进行小波阈值处理，将高频信号中的有用信号剥离出来，将它们和低频的 IMF 分量一起进行重构，这样重构信号就能很好地保持各个频率分量的性能，可以使重构信号尽可能地保留目标信号的特征，实现目标信号的还原。基于 EMD 和小波阈值滤波相结合的方法去除直达波的具体过程如图 5-9 所示。

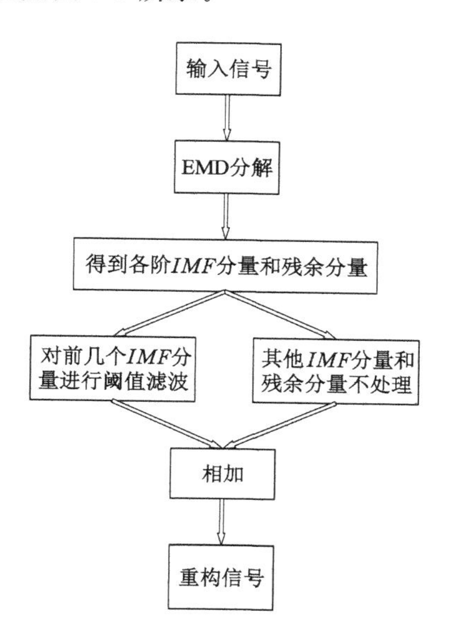

图 5-9 基于 EMD 和小波阈值滤波相结合的方法去除直达波的原理框图

5.5.3 仿真分析

矿井下超宽带回波信号是非线性、非平稳信号，所以，此次仿真使用的原信号为非线性、非平稳信号。分别采用 EMD 方法和 EMD 与小波阈值相结合的方法对此信号进行处理，通过对比来验证 EMD 与小波阈值相结合方法的有效性。

如图 5-10 所示，图(a)为原信号，图(b)为加入干扰后的信号，图(c)为使用经验模态分解法分解图(b)信号后得到的各个 *IMF* 分量，图(d)为去除 *IMF* 分量中的高频分量后，将其余的分量进行叠加重构后的信号。与图(a)相比，可以发现图(d)重构后的波形存在局部失真现象。图 5-11 为使用 EMD 与小波阈值相结合的方法处理后的波形，可以看到，此方法处理后的波形更接近于原信号。

通过分析可知，使用经验模态分解与自适应的小波阈值滤波相结合的方法，可有效地去除回波信号的直达波，充分保留信号的局部特征，极大地提高了获取目标信号的可行性和准确性，为矿井下生命检测与救援提供了理论基础。

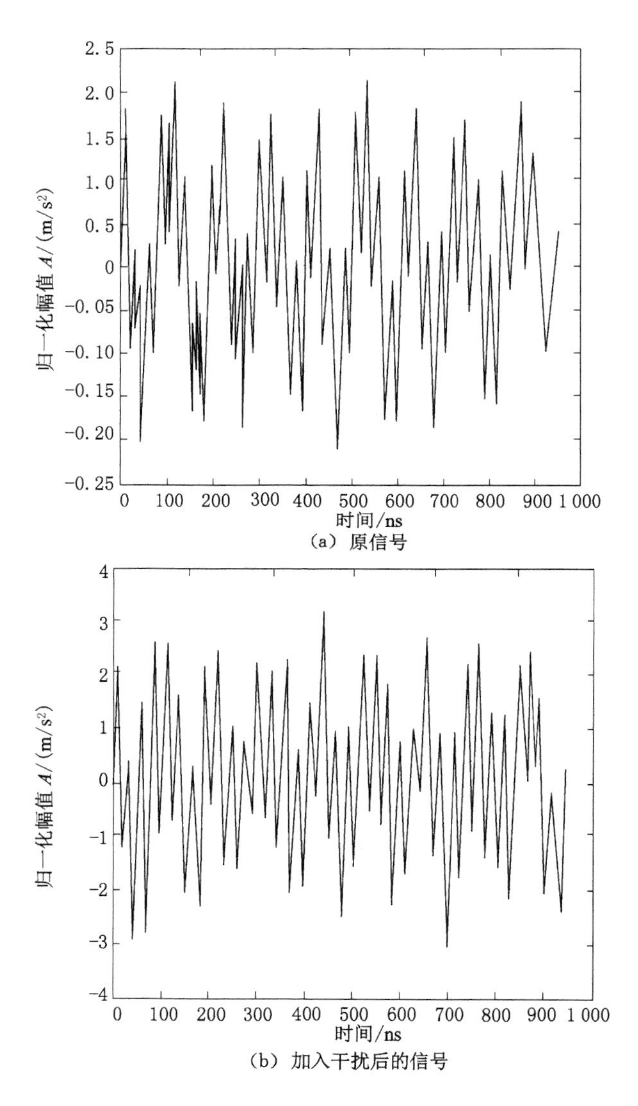

(a) 原信号

(b) 加入干扰后的信号

图 5-10　基于 EMD 去除直达波的仿真过程

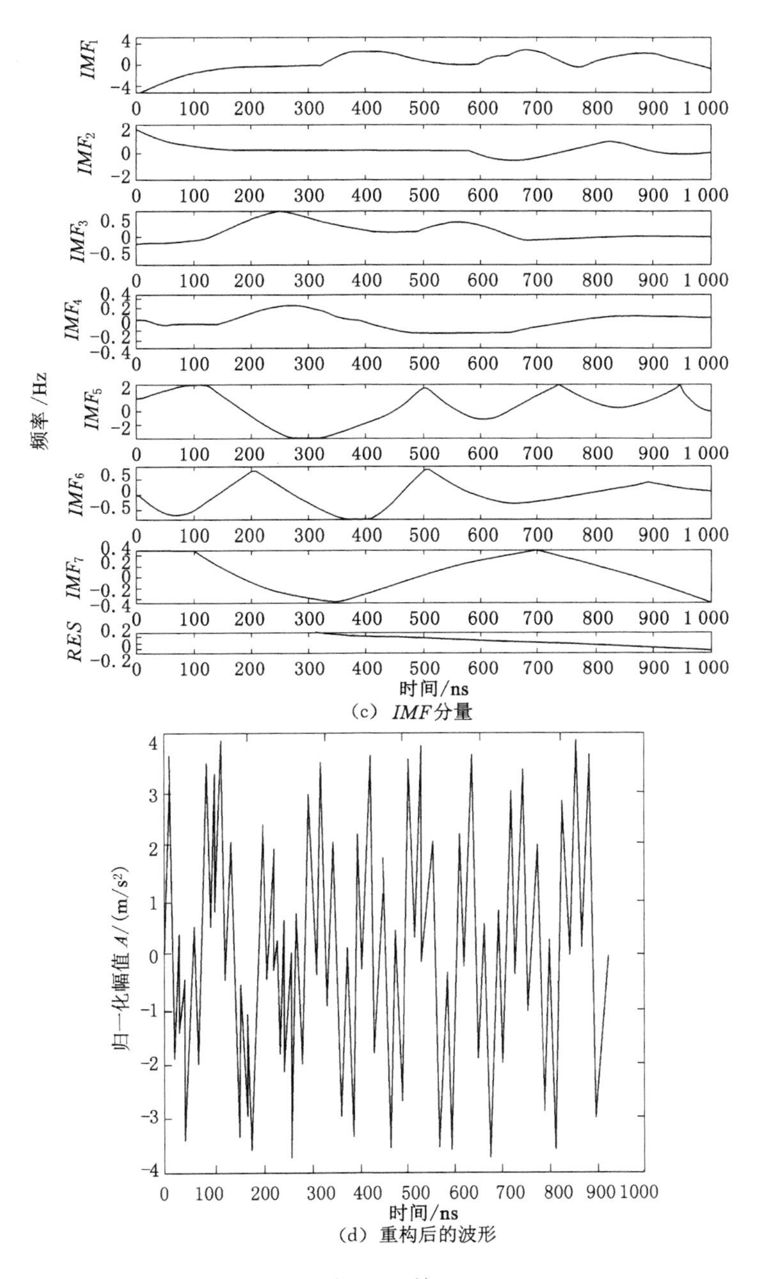

(c) *IMF*分量

(d) 重构后的波形

图 5-10（续）

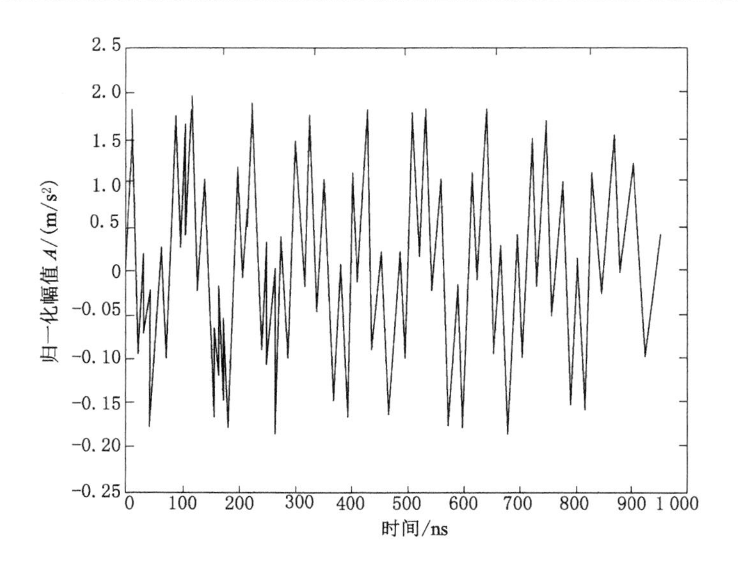

图 5-11　EMD与小波阈值相结合法

5.6　本章小结

本章在超宽带信号穿透单层塌方体的基础上，根据基本的穿透理论，使用时域有限差分法，进一步研究了超宽带信号穿透双层塌方体的衰减特性。通过仿真分析可知，超宽带信号在经过双层塌方体后，其波形的振幅会衰减。在一定的信号频率和障碍物相同(媒介的介电常数，厚度、形状等)的情况下，与单层塌方体相比，此情形下信号会衰减得更快。当塌方体厚度增加时，穿透波的时延越大。同时，通过观察，可以发现随着信号穿透塌方体的层数增加，反射波中峰值信号的振幅越小，信号波动越频繁，这加大了提取目标信号的难度。另外，在信号的反射波中可以发现，反射波的峰值信号可以表示塌方的层数和反映塌方的严重程度。验证结果对于研究多层塌方体对超宽带信号的影响具有一定的意义。同时介绍了超宽带雷达探测生命信号的原理，并通过建立信号穿透塌方体的回波信号模型分析直达波对目标信号辨识的影响。然后讨论了一些目前已有的去除直达波的方法，根据井下的复杂环境提出了一种适用于井下的经验模态分解与小波阈值滤波相结合去除直达波的方法。通过与经验模态分解法进行仿真对比，可以得出经验模态分解与自适应的小波阈值滤波相结合的方法可有效地去除回波信号的直达波，充分保留信号的局部特征，极大提高了获取目标信号的可行性和准确性，为矿井下生命检测与救援提供了理论基础。

6 矿井下超宽带信号穿透塌方体生命特征检测方法研究

目前,利用雷达目标的微多普勒信息检测呼吸、心跳和人体(或者目标)一些微动信息是医学监测、救援、反恐等生命体检测领域中的研究热点,是随着医学工程、军事和社会发展需要而新兴发展的一项新技术。本章介绍生命体微多普勒的概念及其检测方法,分析生命体微多普勒检测的难点和前人的研究成果;然后对雷达检测呼吸信号进行建模,并做生命体距离域一维成像和距离域一维成像截取的仿真实验;之后提出距离域滤波的概念,通过单人和双人呼吸检测实验验证该方法的可行性和有效性;最后针对未知场景中人体目标辨别和呼吸频率检测问题,研究一种距离域跟踪方法。

6.1 生命体微多普勒概念及检测方法

在雷达检测运动目标时,由于目标运动产生的发射源与接收端之间的相对径向运动会使接收到的信号频率发生变化,这种频率的变化称为多普勒效应。生命体的呼吸、心跳等运动相对于雷达来说发生了径向运动,但是其运动幅度较小,一般小于 2 cm,因此称这种情况为微多普勒效应。在应用生物雷达检测时,一般会采集一段时间内回波信号与发射信号之间相位的变化值,并将这些变化值做傅立叶变换来提取回波中的呼吸、心跳等生命体微多普勒信息。

生命体微多普勒信息检测的难点是在强噪声环境下提取微弱信号,其中噪声包括传感器本身的噪声、测量仪器系统的噪声、测量时被测对象的不稳定及一些随机噪声。其中被测对象的不稳定和一些随机噪声对生物雷达检测生命体生命信息的影响较大,这些噪声相当于时域中的脉冲信号,在频域中其频谱含量非常丰富,这对微弱的呼吸、心跳这种周期信号的检测是非常不利的,如何去除这些噪声是应用生物雷达准确检测生命体生命信息的重难点之一。

目前生物雷达检测生命体生命信息采用的发射信号是CW(单频连续波)信号,其信号稳定,可以获得比较高的回波信噪比。国内外研究人员针对 CW 信号检测生命体生命信号并去除噪声做了大量的研究工作,提出了 FFT 频域累积方法、基于随机共振的算法和基于高阶累积量的算法等。

6.2 矿井下超宽带检测生命信号模型

假设超宽带雷达距塌方体下目标生命体胸腔的距离为 d_0,用 $c(t)$代表因为人呼吸而造成的腹部及胸腔起伏,还有心跳造成的身体微动。出于研究方便的考虑,身体微动可理想化为简谐振动,于是,人身体表面因微动而引起的距离变化可用下式表达:

$$d(t)=d_0+c(t) \tag{6-1}$$

$$c(t)=A_r\sin(2\pi f_r t)+A_{hb}\sin(2\pi f_{hb} t+\Delta)+res(t) \tag{6-2}$$

式中,A_r 指的是呼吸微动;f_r 指的是身体呼吸引起微动的频率;A_{hb} 指的是心跳引起的身体微动。f_{hb} 指身体、心跳的微动频率;呼吸相对于心跳起点的相位差是 Δ;人身体其他微动造成的距离差用 $res(t)$ 表达。假设人身体与天线两者之间近似为自由空间,那么超宽带雷达信号的冲击响应表达为下式:

$$h(\tau,t) = a_\nu\delta[\tau-\tau_\nu(t)]+\sum_i a_i\delta(\tau-\tau_i) \tag{6-3}$$

式中,τ 表示信号传输快时间,可以表示距离向信息;t 是信号接收慢时间;$\sum_i a_i\delta(\tau-\tau_i)$ 用来表示四周相对静止的目标体;人身体的微动用 $a_\nu\delta[\tau-\tau_\nu(t)]$ 表示,其中:

$$\tau_\nu(t)=\frac{2d(t)}{\nu} \tag{6-4}$$

$$\tau_\nu(t)=\tau_0+\tau_r\sin(2\pi f_r t)+\tau_{hb}\sin(2\pi f_{hb} t+\Delta)+\tau_{res}(t) \tag{6-5}$$

式中,ν 指的是信号传播速度;$\tau_0=d_0/\nu$,$\tau_r=A_r/\nu$,$\tau_{hb}=A_{hb}/\nu$,除心跳、呼吸之外,人身体其他微动引起的时延变化用 τ_{res} 表示。假设超宽带脉冲穿墙雷达用来探测矿井下塌方体之后的生命体,其发射信号为 $p(\tau)$,超宽带雷达接收天线得到的信号为:

$$R(t,\tau)=p(\tau)*h(t,\tau) \tag{6-6}$$

$$R(t,\tau) = \sum_i a_i p(\tau-\tau_i)+a_\nu p[\tau-\tau_\nu(t)] \tag{6-7}$$

离散化 τ 和 t 之后,有:

$$\boldsymbol{R}(m,n) = \sum_i a_i p(n\delta_T-\tau_i)+a_\nu p[n\delta_T-\tau_\nu(mT_s)] \tag{6-8}$$

式中,T_s 和 δ_T 分别指的是慢时间与快时间采样间隔,那么可以从雷达回波矩阵 $\boldsymbol{R}(m,n)$中提取人身体目标相关信息。

6.3 基于 SVD 与 EMD 的生命信号重构算法

6.3.1 基于 SVD 的杂波抑制与目标回波提取

近年，除了传统的滤波法外，基于统计信号处理的一些方法也逐渐被引入超宽带杂波应用中来，并成为当前的研究热点，例如主成分分析(PCA)、奇异值分解(SVD)、因素分析(FA)和独立成分分析(ICA)等。在超宽带穿透成像中，奇异值分解由于其物理意义明确、复杂度低、计算简便而在杂波抑制中得到了广泛的应用。

SVD 方法认为接收到的二维回波数据可被分解为 3 个子空间，即杂波子空间、目标子空间和噪声子空间，且 3 个子空间是不相关的。设接收到的 B-scan 数据表示为 $\boldsymbol{Z}=[z_1,z_2,\cdots,z_M]$，则经过奇异值分解后的矩阵可以表示为：

$$\boldsymbol{Z}=\boldsymbol{USV}^{\mathrm{H}} \tag{6-9}$$

式中，$\boldsymbol{U}$ 和 $\boldsymbol{V}$ 分别是 $N\times N$ 和 $M\times M$ 的酉矩阵，N 表示的是在每一个天线位置所接收的雷达回波的离散采样点数，M 则表示的是一共有 M 个这样的天线位置。它们可分别表示为：

$$\begin{aligned}\boldsymbol{U}&=[\boldsymbol{u}_1,\boldsymbol{u}_2,\cdots,\boldsymbol{u}_N]\\ \boldsymbol{V}&=[\boldsymbol{v}_1,\boldsymbol{v}_2,\cdots,\boldsymbol{v}_M]\end{aligned} \tag{6-10}$$

式中，$\boldsymbol{u}_i$ 和 $\boldsymbol{v}_i$ 分别是左奇异矢量和右奇异矢量。矩阵 $\boldsymbol{S}$ 是一个 $N\times M$ 的对角矩阵，对角元素是从大到小非增排列好的奇异值。通过 SVD 分解，矩阵 $\boldsymbol{Z}$ 可写成：

$$\boldsymbol{Z}=\sum_{i=1}^{M}\lambda_i\boldsymbol{u}_i\boldsymbol{v}_i^{\mathrm{H}}=\lambda_1\boldsymbol{E}_1+\lambda_2\boldsymbol{E}_2+\cdots+\lambda_M\boldsymbol{E}_M \tag{6-11}$$

式中，$\boldsymbol{E}_i=\boldsymbol{u}_i\boldsymbol{v}_i^{\mathrm{H}}$ 被称为第 i 个特征像，λ_i 则是其对应的奇异值。对于一般情况，天线位置个数 M 要比采样点数 N 小得多，所以这里一共有 M 个特征像。通过对 B-scan 二维数据 SVD 分解得到的第一特征像 $\boldsymbol{E}_1$ 可表示为：

$$\boldsymbol{E}_1=[e_1,e_2,\cdots,e_M] \tag{6-12}$$

从中可以提取出杂波，即：

$$\boldsymbol{b}=\frac{\lambda_1}{M}\sum_{j=1}^{M}\boldsymbol{e}_j \tag{6-13}$$

式中，$\boldsymbol{e}_j$ 是矩阵 $\boldsymbol{E}_1$ 中的第 j 个列矢量，而 λ_1 则是第一特征像对应的奇异值。从而对每一个天线位置处所接收到的回波进行杂波抑制。提取该信号分量出的目标信号波形，即含有生命微动信号的一维时域波形。

6.3.2 基于EMD的生命信号重构

EMD方法的目的是通过对非线性、非平稳信号的分解获得一系列表征信号特征时间尺度的*IMF*。对于每个*IMF*需要满足如下两个条件：

(1) 在整个数据序列中，极值点的数量与过零点的数量相等，或最多相差不能多于一个。

(2) 在任一时间点上，信号的局部最大值和局部最小值定义的包络均值为零。对任一实信号$s(t)$进行EMD分解也称为筛选过程，这个筛选过程有两个作用，即去除叠加波和使数据更加对称。其具体步骤如下：

(1) 找出原始信号$s(t)$所有的极大值点，并将其用三次样条函数拟合出原始信号的上包络线；同理，找出信号所有极小值点，拟合出下包络线。

(2) 计算上下包络线的均值，记为$m_1(t)$，那么原信号的第一个*IMF*由下式计算：

$$h_1(t)=r(t)-m_1(t) \tag{6-14}$$

在这里，$h_1(t)$作为第一个*IMF*，却一般不具有*IMF*分量所具有的条件。可以将$h_1(t)$往复进行以上操作k次，当它符合*IMF*定义的要求之后，这时候得到了趋近于零的均值。通过上述操作就得到了第一个*IMF*分量$IMF_1(t)$，它有接收信号$r(t)$中最高的频率分量：

$$h_{1(k-1)}(t)-m_{1k}(t)=h_{1k}(t) \tag{6-15}$$

$$IMF_1(t)=h_{1k}(t) \tag{6-16}$$

把$IMF_1(t)$从接收信号$r(t)$中剥离出来，就可以获得一个滤除掉高频分量之后的差值接收信号$r_1(t)$，有：

$$r_1(t)=r(t)-IMF_1(t) \tag{6-17}$$

把$r_1(t)$当作原始的波形数据，重复得到第一个分量的操作可以得到第二个*IMF*分量$IMF_2(t)$，如此反复n次，便可以得出n个*IMF*分量了。那么：

$$\begin{aligned} &r_1(t)-IMF_2(t)=r_2(t) \\ &\cdots\cdots \\ &r_{n-1}(t)-IMF_n(t)=r_n(t) \end{aligned} \tag{6-18}$$

在$r_n(t)$成为单调函数时终止循环，于是有：

$$r(t)=\sum_{j=1}^{n} IMF_j(t)+r_n(t) \tag{6-19}$$

式中，$r_n(t)$是剩余函数，用来表示接收波形数据的均势。不同*IMF*分量分别含有接收回波信号，不同时域特性尺度大小的组分，各个*IMF*分量包含不同频率段的分量，每个频率区间含有的频率组分随着信号本身起伏变化，且各不相同。

超宽带穿墙雷达应用于矿难救援时，人身体的微动对生命信号回波时延有调制的作用，其中微动是因为心跳、呼吸而发生的，于是，塌方体下目标生命体回波中可以提取出相应的生命信息。将 EMD 分解得到按频率降序排列的 *IMF* 分量，其中，高阶分量是慢振动的情况，低阶分量指的是快振动的情况。把最先得到的高频 *IMF* 分量（代表噪声分量）置零，把带有人生命体特征的分量提取出来，处理得到呼吸、心跳波形数据。假若，用 EMD 算法把塌方体下目标生命体回波时延序列分解为 N 个 $IMF_j(t)$，其中，$j=1,2,\cdots,N$，那么，有模式索引 n_1、n_2、n_3、n_4，呼吸波形数据 $s_{\mathrm{rp}}(t)$ 以 (n_4-n_3+1) 个 *IMF* 构建得到，心跳波形数据 $s_{\mathrm{hb}}(t)$ 以 (n_2-n_1+1) 个 *IMF* 来构建得到，于是有以下两式：

$$s_{\mathrm{hb}}(t)=\sum_{j=K_1}^{K_2} IMF_j(t) \tag{6-20}$$

$$s_{\mathrm{rp}}(t)=\sum_{j=K_3}^{K_4} IMF_j(t) \tag{6-21}$$

以上两式表示的就是时域尺度滤波，是一种新型滤除杂波的方式。这种新方法的优点是，滤波处理后得到的波形数据，可以尽可能保存了原始信号既有的不平稳又不线性这一特性。

6.3.3 生命信号检测算法实现

基于以上分析，基于 SVD 与 EMD 的超宽带穿墙雷达生命信号检测算法实现如下：

（1）对雷达接收的信号进行预处理，先通过距离门去除强烈的直达波，减少因直达波抖动带来的噪声影响。

（2）对预处理后的信号矩阵采用 SVD 分解，得到各主元及主元对应的特性向量。

（3）分析结果，计算主元能量分布。假设对所有的主元进行能量分布分析，找出属于直达波的主元，计算量既大也不必要。因为 SVD 分解后，信号的能量集中在前面几个主要的奇异值中，后面的一些奇异值贡献很小，可以忽略。主元个数可以采用能量百分比准则，即：

$$\xi=\left[\sum_{i=1}^{K} D_{i,i}^2 \Big/ \sum_{i=1}^{N} D_{i,i}^2\right]\times 100\% \tag{6-22}$$

对于确定的 ξ，通过上式计算需要选取的主元数目 M，可明显减小运算量。对主元对应的特征向量分析，得到各主元对应的快时能量分布，并结合特征值可以确定杂波分量和生命回波时延。最后去除杂波分量为主的主元成分，重构生命回波信号矩阵，粗略搜索出生命回波的位置。

(4) 根据生命回波时延量所在位置,将提取的含有噪声和生命调制信息的一维信号按照式(6-17)、式(6-21)进行 EMD 分解得到一组 *IMF* 分量。

(5) 分析各 *IMF* 分量的幅度和频率,选择适当的 *IMF* 分量重构呼吸和心跳信号时域波形,并通过 FFT 变换到频域以判断生命信号的存在。

6.4 实验结果分析

下面基于此回波信号,具体仿真验证上述算法的有效性与便捷性。超宽带穿墙雷达接收得到带有生命体信息的回波 $r(t)$之后,首先要对 $r(t)$进行基于 SVD 算法的杂波滤除操作,提取出含有目标生命体信息的波形数据。之后,再次应用 EMD 算法,构建生命特性曲线,并实现呼吸、心跳生命信息的分离。

根据实测数据,仿真生成含有波动杂波超宽带穿墙雷达回波信号 $r(t)$的波形如图 6-1 所示。采用 SVD 算法抑制矿井下的起伏杂波信号,分离出目标回波中感兴趣的信息,如图 6-2 所示。

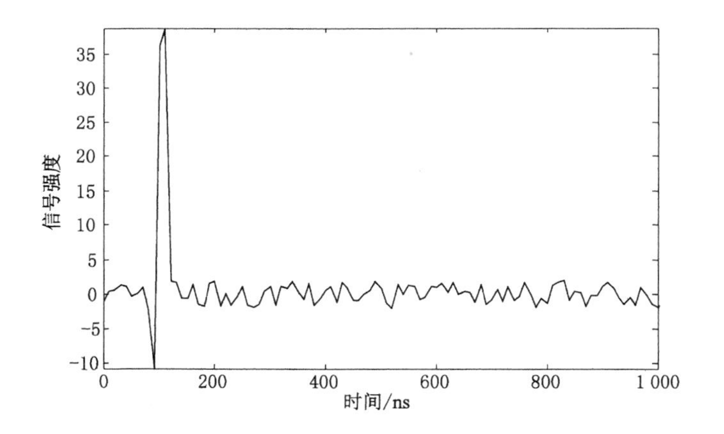

图 6-1　含有起伏杂波超宽带雷达回波信号

现在应用 EMD 算法,分解经过杂波滤除操作之后的回波信号,得到各个 *IMF* 分量,用来构建呼吸、心跳信号,进而实现塌方体下生命检测,经验模态分解得到各 *IMF* 分量,如图 6-3 所示。

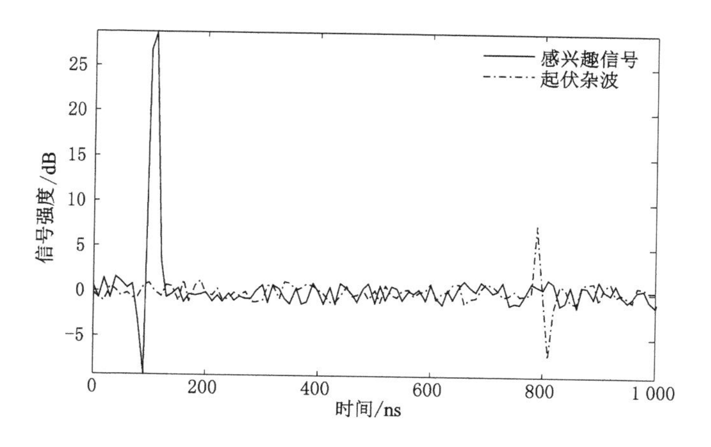

图 6-2 回波信号与分离出的感兴趣信息

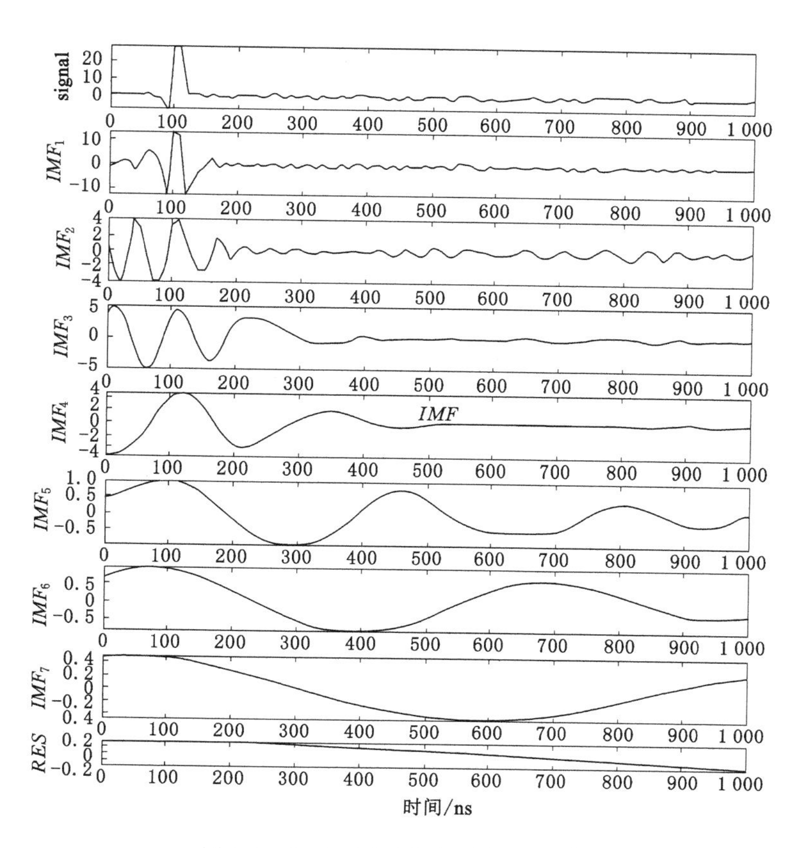

图 6-3 经验模态分解得到各 *IMF* 分量

分析 EMD 分解得到的各 IMF 分量可知，IMF_3 频率与呼吸频率接近，且能量较高，然而为了避免经验模态分解中出现的伪模态问题，并得到呼吸波形数据，把 IMF_3 与 IMF_6、IMF_7 这两个更大尺度的分量相加，即可得到呼吸与心跳回波信号数据图，如图 6-4 所示。

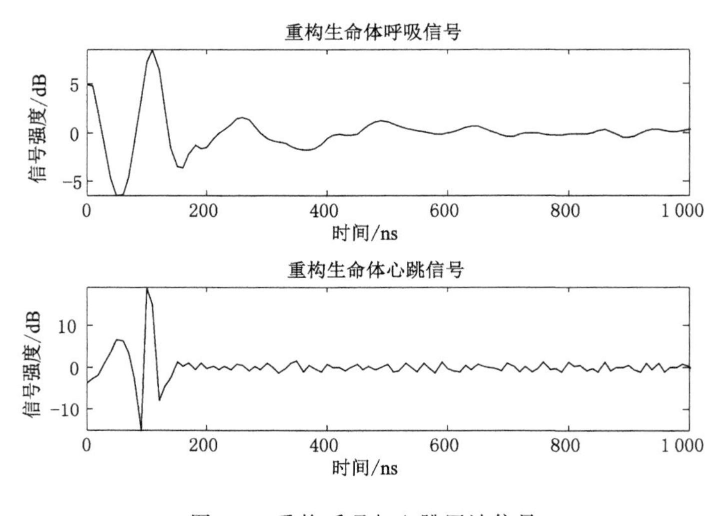

图 6-4　重构呼吸与心跳回波信号

再分析其他 IMF 分量。由于超宽带穿墙雷达本身具有较高的噪声能级，而且矿井特殊的环境下有较强的起伏杂波及直达波的干扰，虽然经过了基于 EMD 与 ICA-R 联合算法的滤波处理，可见 IMF_1 分量的频率仍然较高，属于高频噪声部分。心跳频率所在部分集中体现在 IMF_2 分量上。其中，具有最大时间尺度的 RES 分量，代表了塌方体下目标生命体的身体移动信息。根据上述分析，重构得到了目标生命体的心跳波形。

以上分析表明，ICA-R 算法与 EMD 算法结合，可以有效抑制塌方体下目标生命体回波信号中的杂波，极大提高进一步提取呼吸、心跳生命信号的可行性。应用 EMD 算法可以有效分离呼吸、心跳信号，且简便易行，为矿井塌方体下生命检测与救援提供理论支持。在回波分量中，呼吸信号谐波分量较多，这是发射信号带宽不够大造成的。通过进一步分析信号在塌方体中的传播时延，应用 SVD 分解算法还可以得到塌方体下目标生命体距超宽带雷达天线的距离信息。

6.5 本章小结

当井下发生事故时，实际的塌方主要为具有空隙的混凝土和大块的岩石，因此超宽带信号在穿透塌方体探测信号时，实际是穿透多层岩石和混凝土。超宽带信号在煤矿井下穿透传播过程中，由于受到各种不同电磁特性介质的影响，导致有用的回波信号受到谐波干扰而难以分离。针对井下超宽带信号杂波具有不平稳性的特点，采用基于 SVD 与 EMD 联合算法，建立了矿井下超宽带信号的传播过程模型。用 SVD 方法滤除杂波分量，检测塌方体下生命信号，应用经验模态分解算法将回波信号分解为若干 *IFM* 分量，并在时域上分析生命特性曲线，在信干比高的情况下分开呼吸与心跳信号。实验仿真结果表明，该算法可以估计塌方体下生命体的距离信息，同时重构目标生命体呼吸、心跳的时频波形信息，因此适用于塌方体下的非接触式生命检测。

7 矿井下超宽带信号的杂波抑制方法研究

前文工作原理中介绍了超宽带信号在煤矿井下穿透塌方体时，由于井下粉尘和湿气等复杂环境，超宽带信号的回波信号与地面环境相比会掺杂很强的各种复杂的信号，各种有用的信号会淹没在杂波信号中，再加上井下的各种噪声，造成检测有用信号比较困难。其中，影响最大的是天线之间的耦合波和塌方体的直接反射波，因为这些波的信号强度往往远大于所需探测的目标反射波。为了后续的信号处理，需要想办法去掉这些杂波信号的影响，加强目标反射信号的强度。

超宽带信号的相对带宽大于25%，它拥有极高的距离向分辨率、丰富的低频分量，良好的穿透特性和较大的作用距离。超宽带信号应用于矿井下穿透塌方体探测具有很大的优势。本书针对人体目标进行分析。人的心跳和呼吸会带动胸腹发生轻微幅度变化，这种现象可以称作微多普勒效应。而这种幅度改变又会导致回波幅度、频率、相位和时延的改变。根据这些改变对它们做相干累积，然后开始检测目标的多普勒信息，以此达到目标检测的目的。在研究超宽带信号的穿透探测过程中，针对目标人体进行检测的情况通常能够分成两种：一种是运动目标，另一种是静止目标。运动目标根据具体情形划分，有一种是巨幅运动，当目标人体在塌方体后面能够自如行动时，回波信号的幅度改变明显。根据这种情形，经常使用脉冲对消法对接收天线接收到的目标回波进行后续处理。还有一种情形是当目标人体在矿井发生塌方时失去行动能力，这种情况下，根据目标人体的心跳和呼吸的微多普勒信息，经常采用经验模态分解法提取目标信息，以此实现目标信号和杂波信号的分离。本书的出发点就是在塌方事故发生时使用超宽带信号穿透探测塌方体后的目标信息，为后续救援行动提供参考，因此本书针对的就是塌方体后丧失行动能力的人体目标。对于这种情况下的目标检测，现在常用的方法有奇异值分解（SVD）、主成分分析（PCA）和独立成分分析（ICA）等谱分析方法。但这些方法都有其局限性，用于矿井下时存在很多问题。

矿井下的工作环境限制了电气设备的使用，复杂的环境还会影响电气设备的布局，因此，将超宽带信号应用在矿井下进行穿透探测时，与地面上现在常用的穿墙探测有着很大的不同。矿井下粉尘和湿气的存在，再加上井下原先的输电电缆和监控系统产生的噪声影响，这些因素都将导致杂波呈现出快速波动的现象。这时上述几种常用方法就不适用了。而在矿井下为有效地探测塌方体后的目标，应先进行预处理，对矿井下的杂波信号必须进行抑制。

7.1 矿井下穿透杂波模型

在早期，矿井环境下的杂波往往都用 Gaussian 模型来表示。杂波幅度分布符合 Rayleigh 分布，可用下式表示：

$$p_{\mathrm{R}}(r)=\frac{r}{\sigma^2}\exp\left(-\frac{r^2}{2\sigma^2}\right)u(r) \tag{7-1}$$

式中，$r=|Z|=\sqrt{Z_{\mathrm{I}}^2+Z_{\mathrm{Q}}^2}$，$Z_I$ 和 Z_Q 分别表示 r 的方位向信号分量的大小。而现在随着精确度的要求不断提高，杂波用高斯模型来形容已经无法满足要求了。现在常用韦布尔(Weibull)模型来表示杂波。Weibull 模型可用式(7-2)来表示：

$$p_{\mathrm{Z}}(z)=\frac{c}{b}\left(\frac{z}{b}\right)^{c-1}\exp[-(z/b)^c]u(z) \tag{7-2}$$

矩分布为：

$$E\{Z^n\}=b^n\Gamma(n/c+1) \tag{7-3}$$

如图 7-1 所示，矿井下的环境会使杂波出现快起伏现象。从杂波的功率谱中能够看出在 $0.4\times fh$（fh 表示频率）处出现大幅度衰减。因此，杂波的去相关时间是$2.5/fh$。矿井的杂波起伏特性关键由 3 个因素决定：首先是相干分量，它的组成成分是杂波中那部分固定不动的量；其次是快、慢散射分量，它们的产生是由于塌方体内部介电常数的改变与四周物体的相对运动。

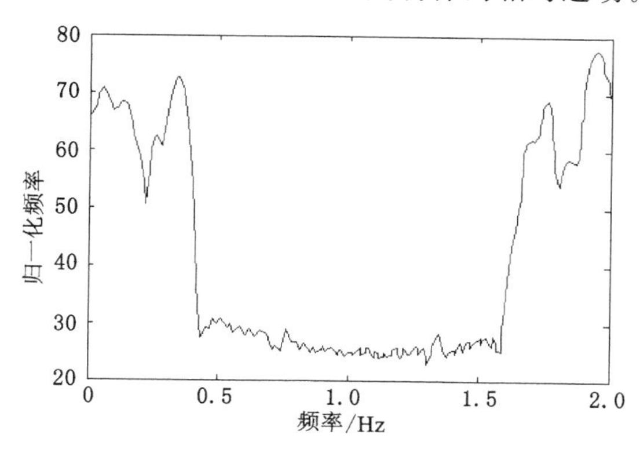

图 7-1 归一化杂波功率谱

7.2 传统杂波抑制方法的分析

针对矿井塌方情况下的目标检测，经常使用的是谱分析方法，包括 SVD、PCA 和 ICA。

7.2.1 奇异值分解法

贝尔特拉米(Beltrami)于 1873 年提出了 SVD。根据双线性函数

$$f(x,y)\in \boldsymbol{x}^{\mathrm{T}}\boldsymbol{A}\boldsymbol{y},\ \boldsymbol{A}\in \mathbf{R}^{n\times n} \tag{7-4}$$

然后对它进行线性变换：

$$\boldsymbol{x}=\boldsymbol{U}\boldsymbol{\varepsilon},\ \boldsymbol{y}=\boldsymbol{V}\boldsymbol{\eta}$$

式(7-4)变为：

$$f(x,y)=\boldsymbol{\varepsilon}^{\mathrm{T}}\boldsymbol{S}\boldsymbol{\eta} \tag{7-5}$$

式中，$\boldsymbol{S}=\boldsymbol{U}^{\mathrm{T}}\boldsymbol{A}\boldsymbol{V}$。

可以看出，若约束 $\boldsymbol{U}$ 和 $\boldsymbol{V}$ 都是正交矩阵，那么它们具有 n^2-n 个自由度。根据它们的自由度使矩阵 $\boldsymbol{S}$ 除对角线之外的数据都归零。也就是说矩阵 $\boldsymbol{S}$ 是对角矩阵：

$$\boldsymbol{S}=\boldsymbol{\Sigma}=\mathrm{diag}(\sigma_1,\sigma_2,\cdots,\sigma_n) \tag{7-6}$$

将 $\boldsymbol{U}$ 和 $\boldsymbol{V}^{\mathrm{T}}$ 分别进行左乘和右乘。然后根据 $\boldsymbol{U}$ 和 $\boldsymbol{V}$ 的正交性，可以推出：

$$\boldsymbol{A}=\boldsymbol{U}\boldsymbol{\Sigma}\boldsymbol{V}^{\mathrm{T}} \tag{7-7}$$

上式就是 Beltrami 提出的奇异值分解法。之后，又将这个方法进行了推广，得到：

如果矩阵 $\boldsymbol{A}\in \mathbf{R}^{m\times n}$，那么有正交矩阵 $\boldsymbol{U}=[\boldsymbol{u}_1,\boldsymbol{u}_2,\cdots,\boldsymbol{u}_m]\in \mathbf{R}^{m\times n}$，$\boldsymbol{V}=[\boldsymbol{v}_1,\boldsymbol{v}_2,\cdots,\boldsymbol{v}_m]\in \mathbf{R}^{n\times n}$，可以得到 $\boldsymbol{U}^{\mathrm{T}}\boldsymbol{A}\boldsymbol{V}=\mathrm{diag}(\sigma_1,\sigma_2,\cdots,\sigma_p)=\boldsymbol{\Sigma}$，$p=\min(m,n)$，也就是

$$\boldsymbol{A}=\boldsymbol{U}\boldsymbol{\Sigma}\boldsymbol{V}^{\mathrm{T}} \tag{7-8}$$

式(7-8)就是 $\boldsymbol{A}$ 奇异值分解。式中，$\sigma_1\geqslant\sigma_2\geqslant\cdots\geqslant\sigma_p\geqslant 0$，$\sigma_i(i=1,2,\cdots,p)$为 $\boldsymbol{A}$ 的奇异值，也是 λ_i 的平方根，即 $\sigma_i=\lambda_i^{1/2}$，λ_i 为 $\boldsymbol{A}\boldsymbol{A}^{\mathrm{T}}$ 或 $\boldsymbol{A}^{\mathrm{T}}\boldsymbol{A}$ 的特征值。

7.2.2 主成分分析法

主成分分析法(PCA)可以实现降维处理，即将高维空间的问题通过处理，转换成低维空间进行处理，这样能够使问题简单化。PCA 方法不仅能够降低维度，还能简化数字特征。PCA 方法的核心是 K-L 变换。采用 PCA 方法的过程如下：

已知一个 n 维空间的随机向量为 $\boldsymbol{\varphi}(\boldsymbol{\varphi}\in\mathbf{R}^n)$，那么将 $\boldsymbol{\varphi}$ 零均值化处理。$\boldsymbol{x}=\boldsymbol{\varphi}-E(\boldsymbol{\varphi})$，那么 $E(\boldsymbol{x})=0$。若是对 $\boldsymbol{x}$ 根据一组正交基 $\boldsymbol{u}_j, j=1,2,\cdots,n$ 进行展开，那么：

$$\boldsymbol{x}=\sum_{j=1}^{n}\boldsymbol{\alpha}_j\boldsymbol{u}_j \tag{7-9}$$

如果选取前 k 项进行重构，那么：

$$\boldsymbol{x}_{\text{rec}}=\sum_{j=1}^{k}\boldsymbol{\alpha}_j\boldsymbol{u}_j \tag{7-10}$$

它的均方误差是：

$$\boldsymbol{\xi}=E[(\boldsymbol{x}-\boldsymbol{x}_{\text{rec}})^{\mathrm{T}}(\boldsymbol{x}-\boldsymbol{x}_{\text{rec}})] \tag{7-11}$$

因为

$$\boldsymbol{u}_i^{\mathrm{T}}\boldsymbol{u}_j=\begin{cases}1 & j=i\\ 0 & j\neq i\end{cases}\quad 且\ \boldsymbol{\alpha}_j=\boldsymbol{u}_j^{\mathrm{T}}\boldsymbol{x} \tag{7-12}$$

所以

$$\boldsymbol{\xi}=E\Big[\sum_{j=k+1}^{n}\boldsymbol{u}_j^{\mathrm{T}}\boldsymbol{x}\boldsymbol{x}^{\mathrm{T}}\boldsymbol{u}_j\Big]=\sum_{j=k+1}^{n}\boldsymbol{u}_j^{\mathrm{T}}\boldsymbol{C}\boldsymbol{u}_j \tag{7-13}$$

式中，$\boldsymbol{C}=E[\boldsymbol{x}\boldsymbol{x}^{\mathrm{T}}]=E\{[\boldsymbol{\varphi}-E(\boldsymbol{\varphi})][\boldsymbol{\varphi}-E(\boldsymbol{\varphi})]^{\mathrm{T}}\}$为 $\boldsymbol{x}$ 和 $\boldsymbol{\varphi}$ 的总体协方差矩阵。

为了满足正交条件式(7-12)的约束，使用拉格朗日乘子法，把函数

$$J(\boldsymbol{u}_j)=\sum_{j=k+1}^{n}\boldsymbol{u}_j^{\mathrm{T}}\boldsymbol{C}\boldsymbol{u}_j-\sum_{j=k+1}^{n}\lambda_j(\boldsymbol{u}_j^{\mathrm{T}}\boldsymbol{u}_j-1) \tag{7-14}$$

对 $u_j(j=k+1,\cdots,n)$求导，得：

$$(\boldsymbol{C}-\lambda_j\boldsymbol{I})\boldsymbol{u}_j=0,\ j=k+1,\cdots,n \tag{7-15}$$

使 $k=1$，$\boldsymbol{u}_1,\boldsymbol{u}_2,\cdots,\boldsymbol{u}_n$ 是属于总体协方差矩阵 $\boldsymbol{C}$ 的本征向量，$\lambda_1,\lambda_2,\cdots,\lambda_n$ 则分别对应它们的本征值。把本征向量 $\boldsymbol{u}_1,\boldsymbol{u}_2,\cdots,\boldsymbol{u}_n$ 依据各自的本征值实行降序的排列 $\lambda_1\geqslant\lambda_2\geqslant\cdots\geqslant\lambda_n$，可以推出：

针对某个随机向量 $\boldsymbol{x}$，若选取属于矩阵 $\boldsymbol{C}$ 排在前面的 k 个更大的非零本征值相对的本征向量，然后把它们当作坐标轴依次展开，则能够得到最小截断均方误差 $\xi_{\min}$：

$$\xi_{\min}=\sum_{j=k+1}^{n}\lambda_j \tag{7-16}$$

7.2.3 独立成分分析法

独立成分分析法(ICA)拥有很好的信号分离能力，而且这种方法的一个优势就是它对先验信息的要求很低。

假设根据源信号 $\boldsymbol{S}$ 生成的数据 $\boldsymbol{X}$ 能够用式 $\boldsymbol{X}=\boldsymbol{AS}$ 形容。其中，$\boldsymbol{S}$ 及混合矩阵 $\boldsymbol{A}$ 均属于未知的。

ICA 方法假定每个 x_i 是 $\boldsymbol{S}_i$ 的线性组合：

$$x_i = \sum_{j=1}^{N} a_{ij} s_j \tag{7-17}$$

矩阵形式为：

$$\boldsymbol{X}=\boldsymbol{AS} \tag{7-18}$$

式中，$\boldsymbol{S}$ 属于独立的信号源，行秩是 $\boldsymbol{N}$。结合满秩的分离矩阵 $\boldsymbol{W}$，能够表示为 $\boldsymbol{Y}=\boldsymbol{WX}$。据此可以推出估计的信号源

$$\hat{s}_j = y_j = \sum_{t=1}^{N} \omega_{ji} x_i \tag{7-19}$$

矩阵形式为

$$\hat{\boldsymbol{S}}=\boldsymbol{Y}=\boldsymbol{WX} \tag{7-20}$$

式中，$\boldsymbol{W}$ 是 $M\times N$ 的矩阵。由矩阵 $\boldsymbol{W}$ 提取出独立成分。

SVD 和 PCA 把数据分解为不相关的分量，将数据集映射到低维空间，而矿井环境复杂，要涉及高阶统计量，因此 SVD 和 PCA 不能有效地反映信号的具体情况。ICA 将数据分离为统计独立的分量，虽然在高阶统计量方面具有优势，但是其分离信号的随机性导致不能确定分离出信号的源点，在杂波起伏的情况下会造成杂波分离的统计特性不符合 ICA 方法的使用条件。

7.3 EMD 与 ICA-R 的杂波抑制

障碍物对目标回波具有低通特性，所以需要先对信号进行预处理。在接收天线接收到的信号中，散射体的信息存在于其低频分量上，把它当作参考信号，用改进的 ICA-R 算法分离目标回波和杂波，再从之后接收的回波中将与参考信号相匹配的分量作为目标信号，以此达到杂波抑制的目的。根据实测数据，仿真生成含有起伏杂波信号的原始信号，如图 7-2 所示。图 7-3 的汉明窗能够降低边界影响，滤掉不必要的信号，其窗宽是发射脉冲宽度的一半。

7.3.1 经验模态分解

受矿井下环境的影响，接收到的回波信号会发生非线性失真，需要先对回波数据进行预处理，此处运用 EMD 对其分解。EMD 时频分析理论能够自适应地把非平稳、非线性信号分解为一系列零均值的 AM/FM 信号的总和。图 7-4 是 EMD 的原理图。

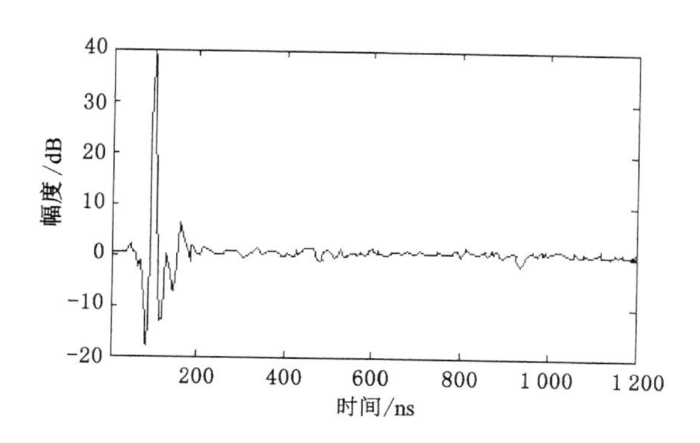

图 7-2 含有起伏杂波信号的原始信号

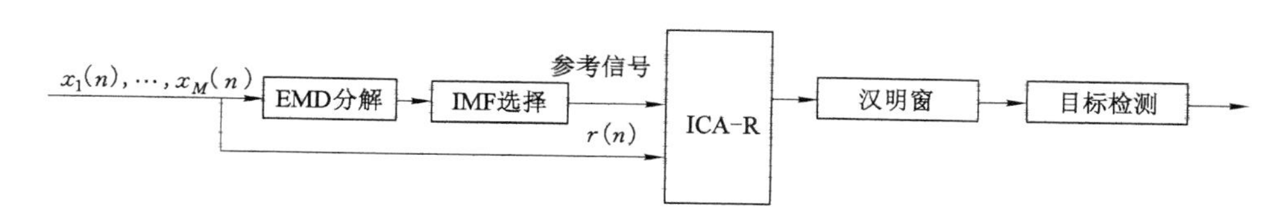

图 7-3 ICA-R 方法的杂波抑制算法

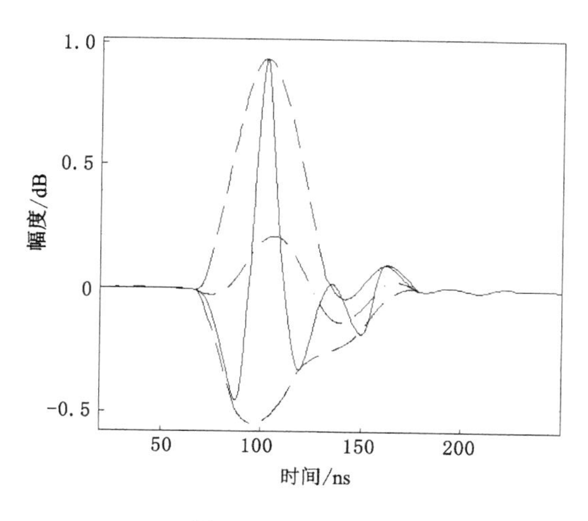

图 7-4 EMD 原理

EMD 算法如下：

(1) 首先将信号中的极大值和极小值拟合成该信号的上下包络线。平均包络线 $m_1(t)$是上下包络线的均值。

(2) 将信号 $x(t)$减去 $m_1(t)$,得到已经去掉低频的新数据序列 $h_1(t)$,即:

$$h_1(t)=x(t)-m_1(t) \tag{7-21}$$

再将 $h_1(t)$作为待处理的信号 $x(t)$,循环步骤(1)、步骤(2),直至满足判定条件:

$$SD=\sum_{t=0}^{T}\left[\frac{|h_{1(k-1)}(t)-h_{1k}(t)|^2}{h_{1(k-1)}^2(t)}\right] \tag{7-22}$$

SD 的区间范围是[0.2,0.3],它是指两次迭代结果的标准偏差。第一个 IMF 分量 $c_1(t)=h_{1k}(t)$,k 表示满足条件时迭代的次数。

(3) 将 $x(t)$减去 $c_1(t)$后得到 $r_1(t)$,其表示滤除了高频分量的数列:

$$r_1(t)=x(t)-c_1(t) \tag{7-23}$$

(4) 将 $r_1(t)$进行上面的步骤,可以获得 $c_2(t)$,循环执行,直至残余项 $r_n(t)$为单调函数。最后,原始数据序列就可以通过 IMF 分量和 $r_n(t)$来表示:

$$x(t)=\sum_{j=1}^{n}c_j(t)+r_n(t) \tag{7-24}$$

将图 7-2 的原始信号进行 EMD 分解,得到各 IMF 分量如图 7-5 所示,按频率的递减从上到下排列。

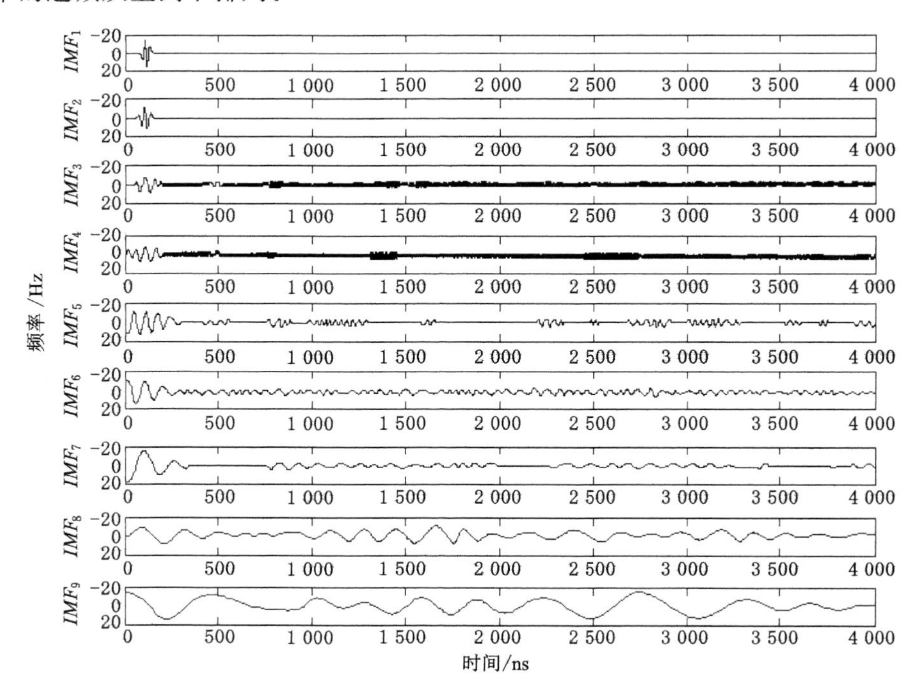

图 7-5 仿真回波的 IMF 分量

基于 *IMF* 积的超宽带信号检测方法，通过 EMD 分解，各种信号成分分散于各个 *IMF* 分量上。为了增加相同成分之间的相关性，能够检测到相同成分的回波，将有需要提取信号的不同瞬时频率分量进行乘积处理。*IMF* 域滤波是经过 EMD 分解后，相邻的 $c_j(i)$ 归一化后的信号相乘得到的。即：

$$r(i)=\prod_{i=1}^{n}\{c_j(i)/[\max(c_j(i))-\min(c_j(i))]\}\cdot\{c_j(i)/[\max(c_{j+1}(i))]\},\quad j=1,\cdots,J \tag{7-25}$$

其中，J 是 *IMF* 个数；$c_j(i)$ 是第 j 个 *IMF* 分量第 i 个点的值。

7.3.2　ICA-R 算法

为了解决 ICA 算法收敛方向不确定的问题，ICA-R 在传统 ICA 算法的基础上增加了约束条件，以此来限制算法的收敛方向。它的模型为：

目标函数：

$$J(\boldsymbol{w})\approx\rho\{\boldsymbol{E}[G(\boldsymbol{w}^{\mathrm{T}}z)]-E[\boldsymbol{G}(v)]\}^2 \tag{7-26}$$

约束条件：

$$g(\boldsymbol{w})=\varepsilon(y,r)-\xi\leqslant 0,\ h(\boldsymbol{w})=\boldsymbol{E}\{y^2\}-1=0 \tag{7-27}$$

ICA-R 算法原理框图如图 7-6 所示，其中，$x_1(t),\cdots,x_N(t)$ 表示 N 个观测信号。$y(t)$ 表示估计的输出信号；$r(t)$ 表示带有期望源信号 $s^*(t)$ 先验信息的参考信号。

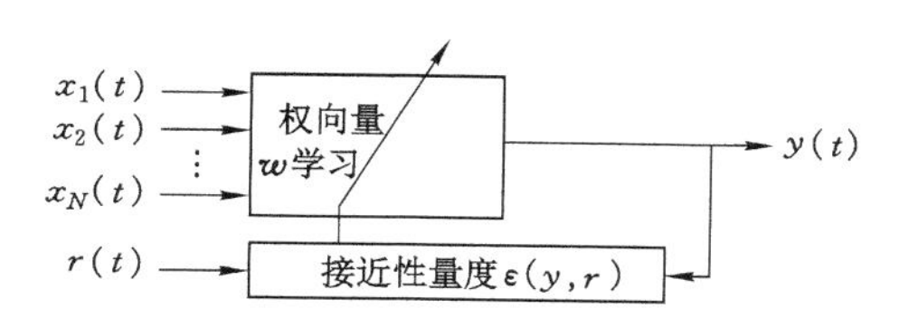

图 7-6　ICA-R 原理

把 $y(t)$ 与 $r(t)$ 的接近量度 $\varepsilon(y,r)$ 当成先验约束条件导入 ICA 的函数中，通过学习、调整获得一个最优权向量 $\boldsymbol{w}^*$，从而 $y(t)=\boldsymbol{w}^{*\mathrm{T}}x(t)$。注：为简化公式，下面公式忽略时间 t。

将零均值输出 y 峭度的绝对值作为一单元 ICA-R 算法的对比函数：

$$\boldsymbol{K}(y)=\{\mathrm{kurt}(y)\}=|\boldsymbol{E}(y^4)-3[\boldsymbol{E}(y^2)]^2| \tag{7-28}$$

假设 $\boldsymbol{K}(y)$ 的最优解为 $w_i,i=1,2,\cdots,M$，则 $\varepsilon(y,r)$ 当且仅当 $y(t)=\boldsymbol{w}^{*\mathrm{T}}x$ 是期望源信号时取得最小值，即：

$$\varepsilon(\boldsymbol{w}^{*\mathrm{T}}x,r)<\varepsilon(\boldsymbol{w}_1^{\mathrm{T}}x,r)\leqslant\cdots\leqslant\varepsilon(\boldsymbol{w}_{M-1}^{\mathrm{T}}x,r) \tag{7-29}$$

所以存在阈值 $\xi \in [\varepsilon(\boldsymbol{w}^{*\mathrm{T}}x,r),\varepsilon(\boldsymbol{w}_1^{\mathrm{T}}x,r)]$，使 $g(\boldsymbol{w})=\varepsilon(y,r)-\xi \leqslant 0$ 当且仅当 $y(t)=\boldsymbol{w}^{*\mathrm{T}}x$ 时成立。将 $g(\boldsymbol{w})\leqslant 0$ 作为 $\boldsymbol{K}(y)$ 的约束，则最大化：

$$\boldsymbol{K}(y)=|\mathrm{kurt}(y)|=|\boldsymbol{E}(y^4)-3[\boldsymbol{E}(y^2)]^2| \tag{7-30}$$

约束 $g(\boldsymbol{w})\leqslant 0, h(\boldsymbol{w})=\boldsymbol{E}\{y^2\}-1=0$。

对 x 进行白化后得到 $\tilde{x}$，然后对 w 每次更新后都要归一化，得到：

$$\boldsymbol{E}(y^2)=E\{\boldsymbol{w}^{\mathrm{T}}\tilde{x}\tilde{x}^{\mathrm{T}}\boldsymbol{w}\}=\boldsymbol{w}^{\mathrm{T}}\boldsymbol{R}_{\tilde{x}\tilde{x}}{}^{\mathrm{T}}\boldsymbol{w}=\|\boldsymbol{w}\|^2=1 \tag{7-31}$$

$\boldsymbol{R}_{\tilde{x}\tilde{x}}$ 表示 $\tilde{x}$ 的协方差矩阵。式(7-31)保证式 $h(\boldsymbol{w})=\boldsymbol{E}\{y^2\}-1=0$ 恒成立，式(7-30)可简化为：

$$\boldsymbol{K}(y)=|\mathrm{kurt}(y)|=|\boldsymbol{E}(y^4)-3| \tag{7-32}$$

约束 $g(\boldsymbol{w})\leqslant 0$。

利用单元 ICA 方法处理，最终可得到对比函数：

$$\boldsymbol{L}(\boldsymbol{w},\mu)=\boldsymbol{K}(y)-|\max{}^2\{\mu+\gamma g(\boldsymbol{w}),0\}-\mu^2|/2\gamma \tag{7-33}$$

其中，μ 表示拉格朗日乘子；γ 表示引入的正惩罚因子。

利用牛顿方法极大化式(7-33)，得到相应的牛顿快速学习算法：

$$\boldsymbol{w}_{k+1}=\boldsymbol{w}_k-\alpha\boldsymbol{L}'_{\boldsymbol{w}_k}/\sigma(\boldsymbol{w}_k) \tag{7-34}$$

式中，k 表示迭代下标；α 表示学习速率；$\boldsymbol{L}'_{\boldsymbol{w}_k}$ 是 $\boldsymbol{L}(\boldsymbol{w},\mu)$ 对 $\boldsymbol{w}$ 的一阶导数：

$$\boldsymbol{L}'_{\boldsymbol{w}_k}=4\mathrm{sign}[\mathrm{kurt}(y)]\boldsymbol{E}(\tilde{x}y^3)-0.5\mu\boldsymbol{E}[\tilde{x}g_y(\boldsymbol{w}_k)] \tag{7-35}$$

标量 $\sigma(\boldsymbol{w}_k)=12\mathrm{sign}[\mathrm{kurt}(y)]-0.5\mu E[g''_y(\boldsymbol{w}_k)]$，$\mu$ 通过梯度上升学习算法：

$$\mu_{k+1}=\max\{\mu_k+\gamma g(\boldsymbol{w}_k),0\} \tag{7-36}$$

7.3.3 ICA-R 算法的改进

矿井下杂波起伏较大，可能造成不等式的约束条件失效，而且存在矩阵的逆运算，该算法复杂度较高，所以需要对该方法进行改进。

利用梯度方法极大化式(7-33)，得到随机梯度算法：

$$\boldsymbol{w}_{k+1}=\boldsymbol{w}_k+\alpha L'_{w_k} \tag{7-37}$$

因为约束 $\|w\|=1$，在梯度算法其中一个收敛点 w 处，梯度肯定与 w 有相同的指向，所以算法在此处收敛，即：

$$\boldsymbol{w}=\theta L'_{w_k} \tag{7-38}$$

每次进行迭代后，对 w 进行归一化的步骤都在去掉常量因子 θ 的影响。由此推出固定迭代算法：

$$w = L'_{w_k} \tag{7-39}$$

则加权向量 w 可以根据下式进行更新：

$$w_{k+1} \leftarrow 4\text{sign}[\text{kurt}(y)]E(\tilde{x}y^3) - 0.5\mu E[\tilde{x}g_y(w_k)] \tag{7-40}$$

直到 $|w_k^T w_{k+1}|$ 无限逼近 1 时算法收敛，式中 $g(w) = \varepsilon(y,r) - \xi$，期望通过 $\tilde{x}$ 和 y 的全部样本点估计。

式(7-40)调整为：

$$L'_{w_k} = 4\text{sign}[\text{kurt}(y)]E(\tilde{x}y^3) - \mu E[x(y-r)] \tag{7-41}$$

该算法相对于式(7-35)，首先减少了计算量，其次提高了收敛速度，降低了矿井下杂波起伏的影响。

7.3.4　仿真及分析

目标信号通过塌方体时脉宽会变宽，主要频率集中于低频。散射体目标的信息存在于尺度小的 *IMF* 分量上，而杂波信号存在于较大的分量上，所以，把低频的 *IMF* 分量选出相乘，这样不仅能抑制杂波分量，而且可以用同一信号成分间的相关性来提高信号分量。通过理论分析，得出图 7-5 中分量 6、7、8 之间的相关性非常强，所以，当选取它们的乘积作参考信号时，能够增加目标回波能量，有效地分离目标回波 s_m 和杂波数据 s_z，从而达到杂波抑制的目的。仿真结果如图 7-7 所示。

图 7-7(a)和图 7-7(b)分别为采用 SVD 和 PCA 算法时的杂波抑制情况，可以看出，这两种方法只能获得随机的一些数据，波形并没有规律，不能有效地从回波数据中分离出目标数据和杂波数据，不宜用于矿井下杂波起伏的情况。图 7-7(c)为采取 ICA 算法时的杂波抑制情况，从图中可以看出，ICA 算法相对 SVD 和 PCA 来说已经有一点杂波抑制的效果，只是回波幅度较小，效果较差。图 7-7(d)为采用 ICA-R 算法时的杂波抑制情况，分离出的目标回波能量略有上升，可以明显地看出有目标信号分离的效果，但是塌方体杂波区域的起伏信号"串扰"不能消除。图 7-7(e)为采取改进的 ICA-R 算法时的杂波抑制情况，可明显看出目标回波幅度提高，分离效果明显，回波幅度增大，并且消除了杂波区域中起伏信号的影响。

综上，改进的 ICA-R 算法有效地分离出了目标回波和杂波数据，从而达到了杂波抑制的目的。提取的有效目标回波数据能为后期的穿透特性成像提供可靠的回波信号源。

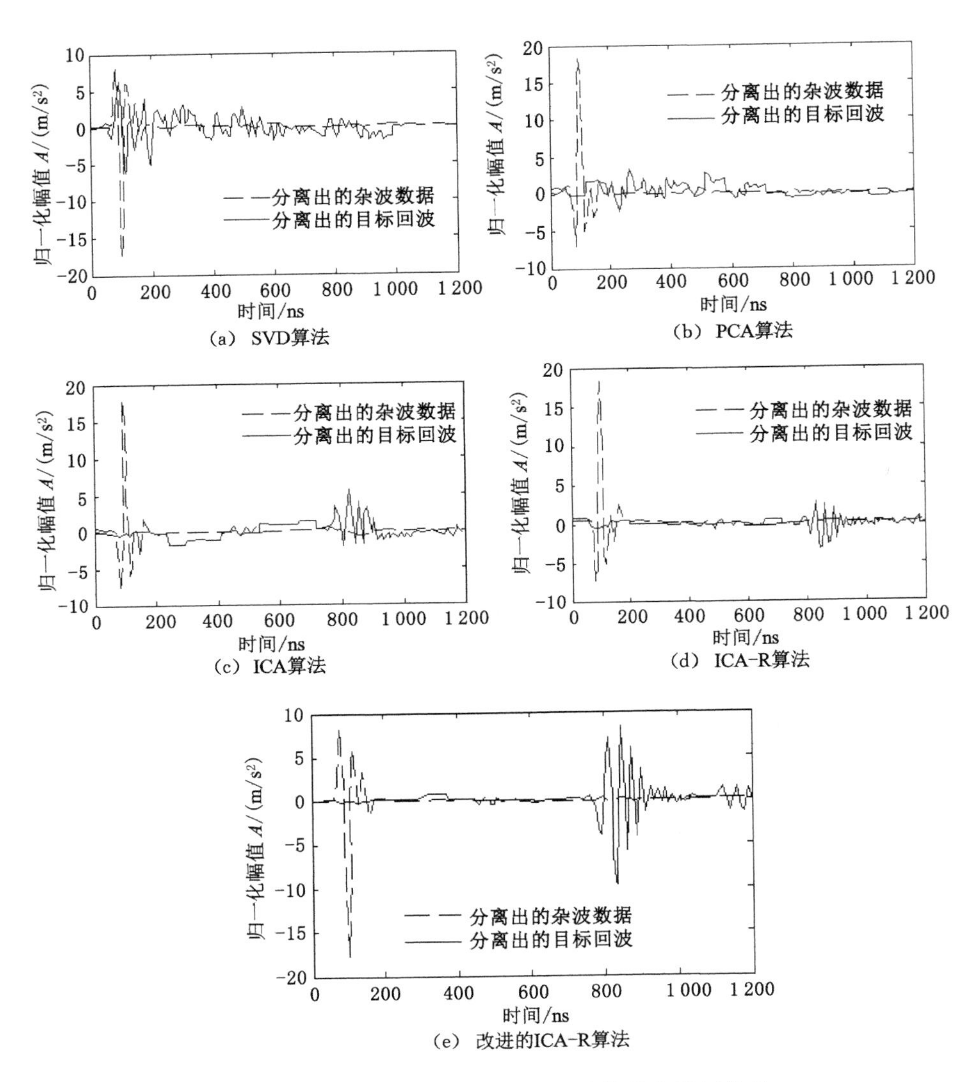

(a) SVD算法
(b) PCA算法
(c) ICA算法
(d) ICA-R算法
(e) 改进的ICA-R算法

图 7-7 从起伏回波中提取的杂波信号和目标信号

7.4 PCA 和 SaS 结合的杂波抑制算法研究

一般来讲,超宽带探测成像系统为了采集到尽可能多的能量强的回波信号,放置的位置会尽量选择离塌方体障碍物近的地方,在这种成像背景下产生较大幅值的回波信号，进而导致接收系统采样前端产生饱和问题。在超宽带信号传播的过程中，不同介质成分组合的塌方体成为阻碍超宽带信号正常传播的主要介质，回波信号穿透塌方体返回到接收机的过程中发生了不同的物理现象（反射、折射和散射效应），由此产生了两种不同杂波信号：塌方体表面引起的反射回波和塌方体内部穿透不同介质后的多次反射回波。由于不同介质的电磁特性不同，因此这些回波分量具有不同的时延，进而导致杂波与目标回波在时间和空间上产生重叠现象。同时，塌方体回波在传播时长和幅值分布上远远大于目标回波，所以在穿透过程中塌方体杂波常常会严重地覆盖有效的目标信号。因此，在最后接收的总回波中携带了许多无效的干扰杂波，进而严重阻碍了成像的准确性。

7.4.1 塌方体杂波特性分析

在井下超宽带穿透成像中，基于脉冲波的回波信号数学模型用下式表达：

$$z(m,t)=b(m,t)+\sum_{p=1}^{P}\sigma_p s(t-2\tau_{mp})+n(m,t) \tag{7-42}$$

式中，$s(t)$为超宽带脉冲信号；$b(m,t)$代表了塌方体杂波信号；σ_p为采样位置p处目标散射场信息；τ_{mp}为采样位置m处的回波信号的单程时延；$n(m,t)$为回波信号中的其他噪声信号。在井下实际情况中，噪声信号的分量是极小的，基本不会影响成像性能，因此本书没有对其深入考虑。

从式(7-42)可以看到，塌方体杂波$b(m,t)$是一个时空二维信号，在实际情况中，由于其一维线阵平行于塌方体回波信号，因此空间领域上的回波信号具有渐变或者近似不变的特性。利用塌方体杂波信号的该特性可以对其进行抑制和处理。如图7-8所示，从二维数据层面可以看出，由于塌方体杂波具有在空间平移时信号保持不变的特性，因此在塌方体杂波不同分量所在的时延位置处，通过对回波信号在空域上进行切片处理的数据，在时间轴上变化得非常缓慢，甚至可以近似认为是相同的；因此，基于自由空间条件假设，不同时延位置的目标回波信号τ_{mp}可用下式表达：

$$\tau_{mp}=\frac{\sqrt{(x_p-x_m)^2+(y_p-y_m)^2}}{c}\approx\frac{\sqrt{(x_p-x_m)^2+y_p^2}}{c} \tag{7-43}$$

由式(7-43)可以看出，目标的回波信号在二维成像数据形式上呈现出近似双曲线的形状，因此在空间领域切片上的回波数据是随着空间位置变化的。

因此，可以在空间领域上采用均值滤波或中值滤波算法简单地抑制塌方体杂波，即认为杂波可以表达为：

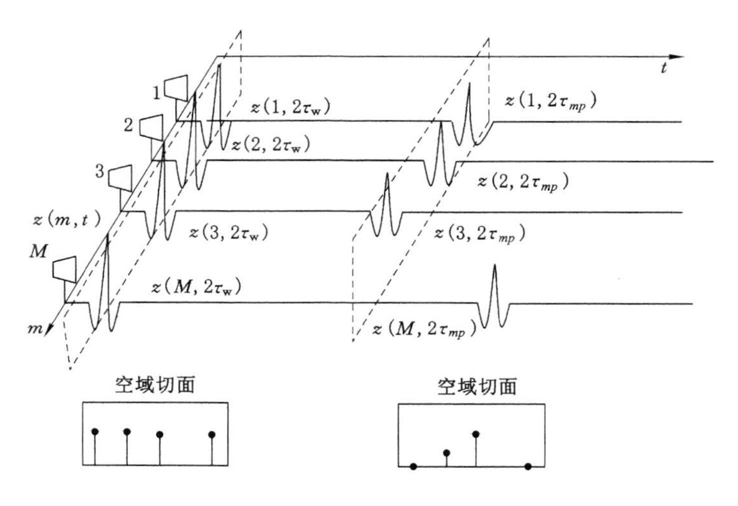

图 7-8　塌方体杂波的回波域分布

$$b_{\text{mean}}(t) = \frac{1}{M}\sum_{m=1}^{M} z(m,t) \tag{7-44}$$

或者

$$b_{\text{med}}(t) = \underset{m}{\text{median}}\, b(m,t) \tag{7-45}$$

将式(7-44)或式(7-45)与接收到的总回波信号相减可得目标信号,即:

$$\tilde{z}(m,t) = z(m,t) - b_{\text{mean}}(t) \tag{7-46}$$

或者

$$\tilde{z}(m,t) = z(m,t) - b_{\text{med}}(t) \tag{7-47}$$

在井下实际的接收信号扫描过程中,塌方体杂波会随着天线阵列的缓慢移动而发生变化,因此若直接将接收系统上接收到的全部回波信息作为算法的参考杂波,则最后得到的目标信号必然会产生很大的误差。对于可能存在的误差,可以考虑采用一些滤波算法进行处理,例如滑动均值滤波方法。该算法的原理就是从部分和整体对塌方体杂波进行区分,认为可以不用考虑杂波在小范围内的变化,因此每个位置处的参考杂波可从对应接收天线附近区域里的其他天线接收到的回波信号里提取得到,故塌方体在采样位置 m 处的杂波信号可由下式表达:

$$b(m,t) = \frac{1}{2L+1}\sum_{m-L}^{m+L} z(m,t) \quad \text{或者} \quad b(m,t) = \underset{i\in[m-L,m+L]}{\text{median}} z(i,t) \tag{7-48}$$

式(7-48)中 L 代表了自定义的局部滤波的数据长度。最后通过式(7-46)或式(7-47)与式(7-48)相减得到每一个对应位置处的有效目标信号,同时式

(7-48)中往往会将部分有用的目标信号看作杂波进而被算法当作杂波的一部分从总回波信号中剔除,为了保证有用目标信号不受较大的影响,在式(7-48)中添加一个保护窗,即:

$$\begin{aligned} b(m,t) &= \frac{1}{2(L-K)}\left[\sum_{m-L}^{m-K-1} z(m,t) + \sum_{m+K+1}^{m+L} z(m,t)\right], \text{ or} \\ b(m,t) &= \underset{i\in[m-L,m+L],i\notin[m-K,m+K]}{\text{median}},\ z(i,t) \end{aligned} \tag{7-49}$$

式中,K 为保护窗的长度。

塌方体杂波的特性表现为在空间中缓变的传播,而目标的回波信号则是随着空间位置的变化而变化的,因此如果在空间领域信号数学模型中对总的回波数据做傅立叶变换,则对不同频段而言,在高频段的主要频谱为目标回波信号,而塌方体杂波信息则集中在低频段。根据杂波和回波的这种空间域变化特性,为了对障碍物杂波进行抑制和处理,研究并设计了一种针对成像过程的空域低阻滤波器,该滤波器的原理在某种程度也可适用于井下成像环境。

7.4.2　SaS 杂波抑制算法

SaS 技术的基本思想是,将穿透障碍物后接收到的回波信号中的每一个杂波分量视为某一个特定参考杂波经过位移和尺度变换后的表达式,接着对每一个接收天线在不同采样处接收到的回波信号,计算出其相对应的参考杂波的位移量和尺度变换系数,最后从接收到的总回波信号中剔除杂波信号。SaS 技术常常被用于探地雷达系统中消除和抑制地表直接回波的研究,同时,此算法同样适用于井下环境中,在超宽带系统穿透成像的过程中达到消除塌方体杂波的目的。设超宽带井下穿透成像接收系统在第 m 个位置处接收到的回波信号的矢量形式为:

$$\boldsymbol{z}_m = [z(m,0), z(m,1), \cdots, z(m,N-1)]^{\mathrm{T}} \tag{7-50}$$

而参考杂波表示为:

$$\boldsymbol{b} = [b(0), b(1), \cdots, b(N-1)]^{\mathrm{T}} \tag{7-51}$$

那么,它的时移形式可以写成:

$$q^k\boldsymbol{b} = [b(k), b(k+1), \cdots, b(N-1), 0, \cdots, 0]^{\mathrm{T}} \tag{7-52}$$

式(7-52)中,q 代表时移算子,当 k 为负值时,时移后矢量的空余部分及前部都以 0 补齐。接收信号与参考杂波之间的差值大小通过部分时移和幅值加权运算处理后,可由下式表达:

$$\varepsilon^2 = \| \boldsymbol{z} - c \cdot q^{-k}\boldsymbol{b} \|^2 = (\boldsymbol{z} - c \cdot q^{-k}\boldsymbol{b})^{\mathrm{H}}(\boldsymbol{z} - c \cdot q^{-k}\boldsymbol{b}) \tag{7-53}$$

令 $\boldsymbol{b}_k = q^{-k}\boldsymbol{b}$,则通过最小化式(7-53)运算后可以得到:

$$\hat{c}=(\boldsymbol{b}_k^{\mathrm{H}}\boldsymbol{b}_k)^{-1}\boldsymbol{b}_k^{\mathrm{H}}\boldsymbol{z} \tag{7-54}$$

接着，将式(7-54)代入式(7-53)中，对式(7-53)进行最大化运算，得到 k 的值，即：

$$\hat{k}=\arg\max_k\frac{(\boldsymbol{z}^{\mathrm{H}}\boldsymbol{b}_k)^2}{\boldsymbol{b}_k^{\mathrm{H}}\boldsymbol{b}_k} \tag{7-55}$$

通过上述两式运算后可以得到 k 和 c 的最优解。最后由 $\boldsymbol{z}_m-c_m\cdot q^{-k_m}\boldsymbol{b}$，将第 m 个位置处的总回波信号与杂波信号相减，从而实现对塌方体杂波抑制的效果。

基于 SaS 技术的杂波抑制算法过程，其关键在于选取一个最佳参考杂波 $\boldsymbol{b}$ 值，该值大小影响着算法对杂波的抑制性能强弱。同时，该算法的数据处理量较少，计算过程简单，软件也相对容易实现，因此本书选取该算法对基于主元成分分析处理后的杂波信号分量进行最后的杂波抑制。

7.4.3 PCA 与 SaS 结合的抑制算法

针对井下超宽带回波信号模型，在综合分析和对比现有几种杂波抑制算法的优缺点后，本节提出一种将 PCA 技术与 SaS 结合的杂波抑制算法。该算法的实现过程为，首先使用 PCA 技术对回波信号进行建模，将回波向量投影到建立的特征空间 U 中，计算重建误差 e，根据回波信号的重建误差 e 给予信号分量相应的权值，目的是去除与原特征空间重复的回波信息，留下有效信息；然后对重建误差 e 进行第二阶段的 PCA 分解，将分解得到的特征空间中具有最大特征值的特征向量添加到原来的特征空间 U 中，再按照能量权重关系进一步筛选、滤除，分解得到一个大小近似等价于实际塌方体杂波的参考杂波 $\boldsymbol{b}$；最后将该参考杂波输入 SaS 算法中，通过总回波信号与杂波信号的相减消除杂波信号，实现最终的塌方体杂波抑制。图 7-9 为基于 PCA 技术的参考杂波提取过程。

由图 7-9 处理后，可由下式计算出回波信号的第一特征分量 $\boldsymbol{E}_i$：

$$\boldsymbol{E}_i=[\boldsymbol{e}_1,\boldsymbol{e}_2,\cdots,\boldsymbol{e}_M] \tag{7-56}$$

因此，基于式(7-44)，推导出塌方体参考杂波的计算公式为：

$$\boldsymbol{b}=\frac{\lambda_1}{M}\sum_{j=1}^{M}\boldsymbol{e}_j \tag{7-57}$$

在式(7-57)中，$\boldsymbol{e}_j$ 为第一特征分量 $\boldsymbol{E}_i$ 的第 j 个列矢量；λ_1 代表了特征分量的奇异值。当回波信号经过 PCA 二次分解后得到参考杂波 $\boldsymbol{b}$，将该参考杂波送入 SaS 算法中，经过 SaS 算法消除了总回波信号中的杂波分量，最终实现对天线阵列采样到的每一个超宽带回波信号进行塌方体杂波抑制。经过 SaS 处理

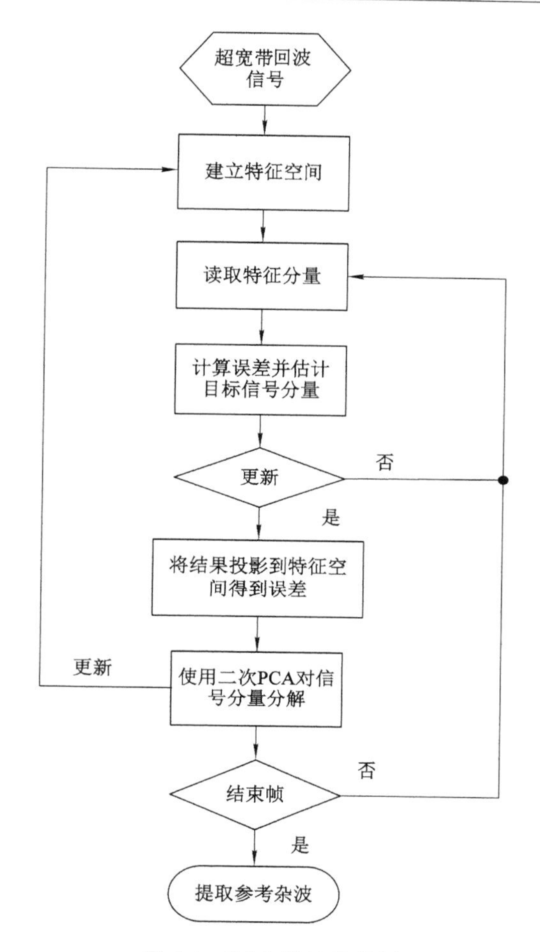

图 7-9 PCA 算法流程图

后的回波信号中的目标信号得到增强，因此下一步可将该信号输入成像算法中进行成像。

该算法的具体流程图如图 7-10 所示。

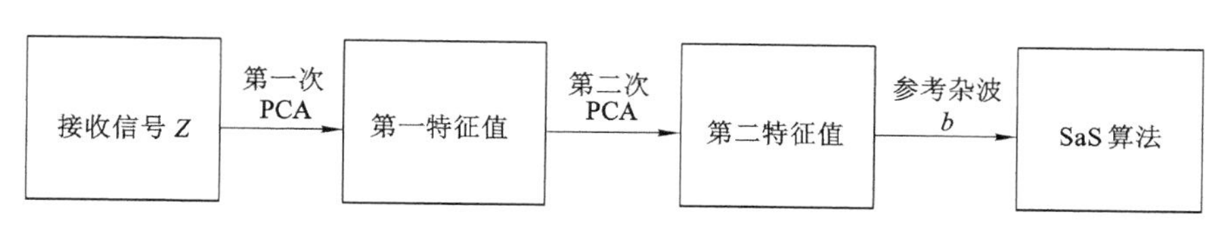

图 7-10 PCA 与 SaS 结合的杂波抑制算法流程

7.4.4 仿真与实验结果

本次仿真实验设定天线阵列数为 $MI=2$、$MO=11$，天线工作模式为收发同置，放置在塌方体一侧，各天线阵元间距为 2.5 m。仿真场景设计如图 7-11(d)所示，天线阵列距离等效塌方体 30 m，T_1、T_2 为发射天线，$R_1, R_2, \cdots, R_{11}$ 为接收天线，等效塌方体的厚度设为 2 m，相对介电常数为 4.2，塌方体另一侧的成像目标设为 4 个介电常数相同大小一致的点目标。仿真中的发射信号形式为步进变频信号，频率范围为 1～2 GHz，为超宽带信号，采样间隔为 2 MHz。成像时发射天线发射超宽带信号，接收天线顺序接收回波信号。

图 7-11(b)为未经杂波算法抑制的回波三维数据显示，从图中可以清晰地看出，由于塌方体引起的杂波严重地影响了目标回波信号的显示，塌方体杂波能量远远超出了目标回波能量；图 7-11(c)为经过杂波抑制算法处理后的回波三维数据显示，对比两图可以清晰地看出，塌方体杂波在经过抑制处理后基本已经没有任何影响，此时的回波信号主要为目标回波，因此，经过处理后的回波信号中塌方体杂波得到有效抑制，且大大增强了目标的回波信号。另外，图 7-12也较详细地显示了算法处理过程中各个信号分量的变化情况，可以看出随着算法的处理，回波信号后期中的塌方体信号分量逐渐减弱而目标信号分量

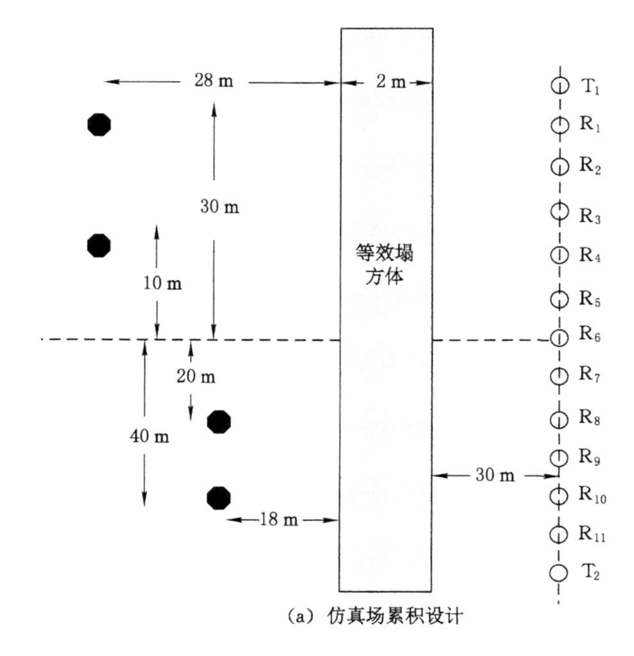

(a) 仿真场累积设计

图 7-11　仿真场景与回波三维网格显示

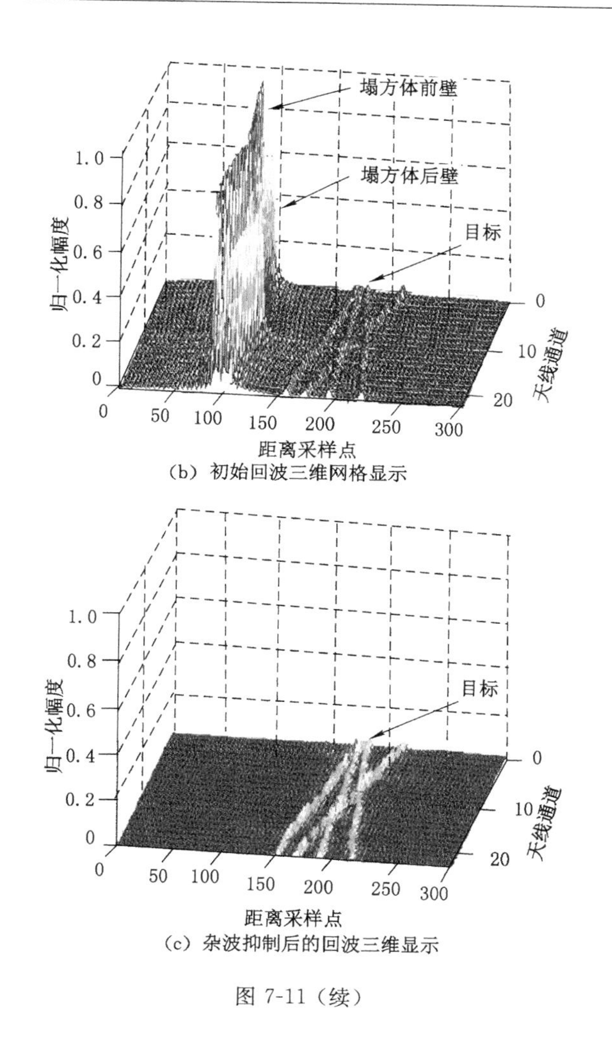

(b) 初始回波三维网格显示

(c) 杂波抑制后的回波三维显示

图 7-11(续)

逐渐增强。这也进一步验证了算法对于塌方体杂波的抑制效果及对目标回波增强的有效性。

对于上述算法处理后的目标回波信号,继续采用 GprMax2D/3D 仿真软件进行成像性能验证,这里选取了经典的 BP 算法进行成像,得到成像结果如图 7-13 所示。其中,图 7-13(a)为未进行杂波抑制处理的回波成像结果,图 7-13(b)为经过算法处理后回波的成像结果。对比两个结果可以清晰地看出,未进行杂波抑制的成像中,存在能量强大的塌方体回波数据,而在它的影响下,4 个点目标的成像能量非常弱,基本无法探测其物理信息;而经过本书所提算法杂波处理后的成像结果中,可以清晰地分辨出成像的 4 个点目标物理信息,塌方体杂波也被消除,从而大大地提高了成像的准确性。

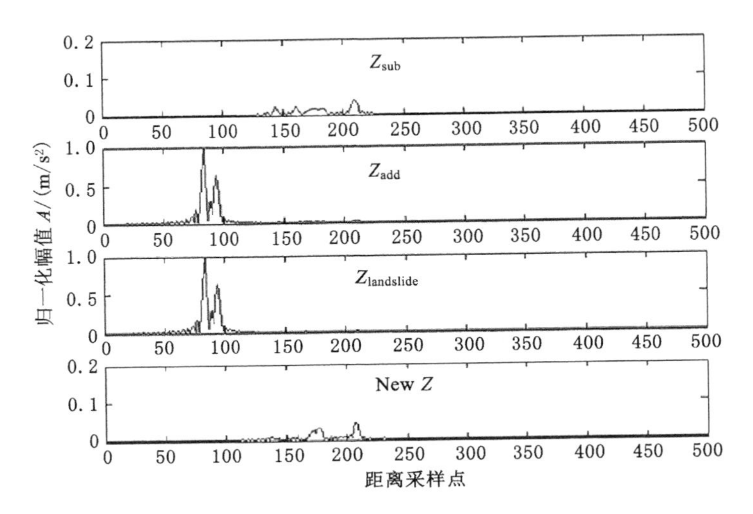

图 7-12 算法处理时各中间变量

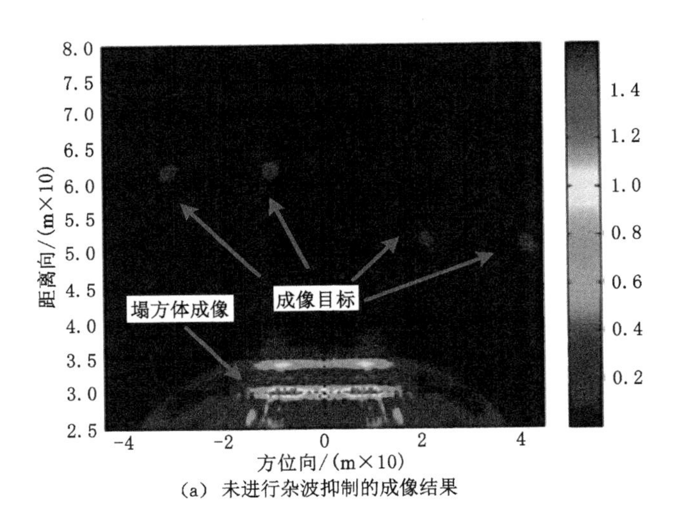

图 7-13 本书算法杂波抑制前后的点目标成像结果

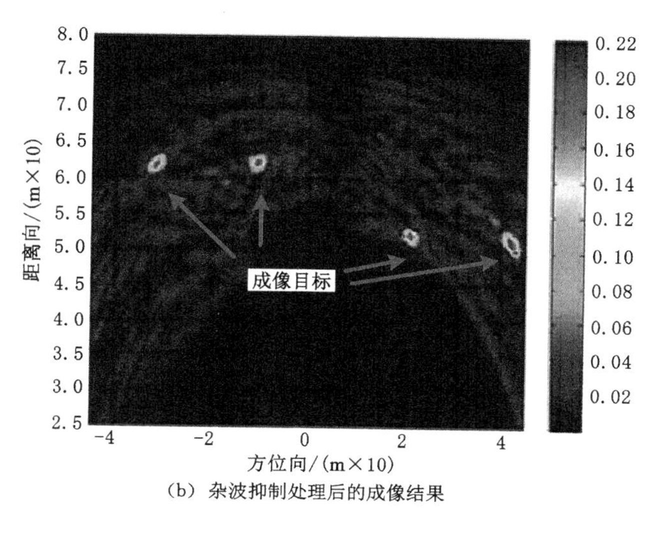

(b) 杂波抑制处理后的成像结果

图 7-13（续）

7.5　本章小结

本章从矿井下塌方环境出发，分析了矿井下杂波出现的原因。然后结合矿井下杂波起伏剧烈的情况，分析几种传统谱分析方法的优缺点。结合这些优缺点，提出基于 EMD 及 ICA-R 的方法，并对 ICA-R 方法进行改进，改进的方法解决了井下因杂波起伏剧烈导致目标信号分离困难的问题。仿真结果显示，改进后的方法能够有效地抑制杂波，提高目标回波能量，为超宽带信号穿透性成像的研究提供可靠的回波信号源。同时，超宽带信号在井下穿透塌方体成像过程中发生的多种物理效应，使得接收天线接收的回波信号中包含其他许多无效的杂波信号。而其中对成像性能影响最大的就是塌方体引起的反射回波，塌方体介质成分复杂面积大，塌方体杂波信号的时延较长且幅值大，进而严重地覆盖了目标回波的能量。从回波信号的数学模型出发，分析了超宽带回波信号中的塌方体杂波在井下穿透传播过程中具有变化缓慢及目标信号变化较大的特点，据此，提出了一种 PCA 与 SaS 结合的杂波抑制算法。该算法首先通过 PCA 技术对回波信号二位数据进行一次分解，提取初次塌方体杂波信号；接着进行二次 PCA 分解，进一步提取塌方体杂波信号；最后，作为 SaS 算法的参考杂波与总回波信号相减，得到有效目标回波信号。为了验证所提算法对塌方体杂波的抑制效果，分别进行了点目标和人体目标成像的两组实验，实验结果都表明本书所提算法对塌方体杂波的抑制效果良好，提高了成像性能。

8 矿井下超宽带穿透塌方体成像算法研究

煤矿井下超宽带穿透成像算法需要解决的关键问题是,在障碍物(塌方体)介质参数未知的背景环境下,对障碍物(塌方体)另一侧的探测目标进行成像,实现目标信息的反馈。在传统的地面超宽带成像算法中,所考虑的穿透对象都是墙体或者简单的单介质背景,然而井下环境并非如地面上情况一样,井下存在各种复杂介质和恶劣环境,不同背景介质的电磁特性往往会引起入射信号电磁波的探测线路发生变化,影响成像性能,因此,无法进一步准确地判断和分析超宽带信号在井下探测成像系统的性能。

8.1 井下超宽带雷达系统概述

与传统地面上的雷达成像系统相似,基于超宽带信号的雷达系统在井下穿透塌方体成像的基本构成和工作原理如图 8-1 所示。发射机发射超宽带信号穿透塌方体,入射信号在进入塌方体内部后遇到各种不同参数的障碍物(如沙土、岩石、空气等),而这些介质将会对超宽带信号的正常传播产生干扰,导致入射信号的电磁阻抗发生变化,进而引起入射电磁波发生反射、散射等物理效应,超宽带回波信号经历塌方体的阻碍后将电磁波再次反射到雷达系统的接收机部分,接收天线将按照某个设定好的间隔数进行方位向移动,采集回波信号信息,最后对天线采样的总回波信号进行相关数据处理——目标信号与杂波信号的分离及目标的成像算法选取等。成像算法需要解决的关键问题是提取回波信号中携带的目标信号,这些信号中携带了井下目标的具体位置、形状及电磁参数等重要的物理信息,经过合理的成像算法处理后可实现超宽带信号对塌方体隐蔽目标的探测、成像等功能。

由雷达成像原理可知,要实现二维平面上的目标定位成像,天线阵列数最低不能少于两组。井下多采用如图 8-2 所示的共享式多发多收天线 MIMO 结构,其中 ε_0 表示天线所在空间的介质参数,$\varepsilon_r\varepsilon_0$ 表示塌方体介质混合参数,收发天线携带超宽带信号穿透塌方体障碍物进入目标体所在空间内,对其进行信息采集,由于其增强信号的收发能力,其可更好地实现塌方体下目标的三维成像。

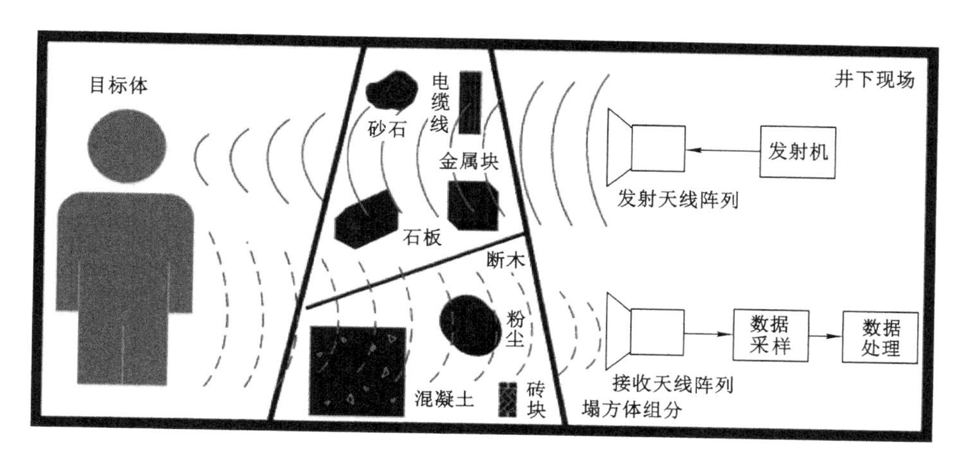

图 8-1 井下脉冲超宽带雷达成像系统

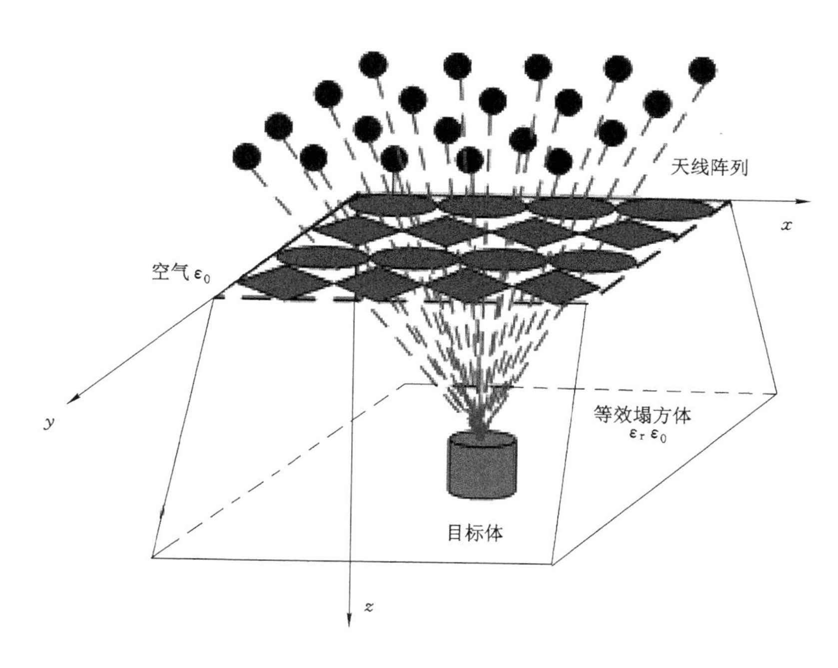

图 8-2 井下超宽带三维成像天线阵列

天线体制分为多发多收和单发单收两种形式，在矿井超宽带成像系统中大部分情况采用 MIMO 形式。其中集中式 MIMO 由于在固定的空间分置了许多阵元单位，导致目标回波信号接收过于紧凑，因此产生多通道空间采样之间呈现部分相关性的问题，进而限制了成像系统分辨力的性能。不同的天线阵列方式会影响算法的成像性能，对于井下的目标探测成像系统而言，其特殊的背景环境决定了目标成像的问题为半空间的电磁散射问题。通常针对超宽带信号在穿透障碍物传播过程的分析方法主要包括以下几种方式：① 时域有限差分方法(FDTD)，这类方法主要针对障碍物介质为有限大小的复杂损耗结构；② 伪谱时域法(PSTD)，这类算法计算速度较慢；③ 时域射线追踪法(TD-Ray)；④ 以上3种方法组合的混合方式。在实际的成像算法研究中，选取合适的超宽带信号传播过程分析方法时，主要考虑的因素为既要满足工程精度的高效计算问题，也要满足计算精度和稳定性问题。

井下超宽带雷达系统与地面常用的雷达系统并无太大差别，遵循雷达系统的一般设计原则，主要由天线阵列、发射机、接收机、信号处理机及最后的上位机等几部分组成。下文对超宽带在井下穿透成像算法的研究都是基于图8-1的成像系统。因为此处没有涉及硬件，所以对超宽带井下穿透成像雷达成像系统的硬件部分叙述较少。这一小节的介绍主要是为了本章后面几部分对成像算法的研究搭建一个硬件实现的平台和框架，方便深入理解井下成像原理，而本章其他几节针对超宽带在井下的穿透成像的基本原理和问题进行研究和分析。

8.2 基于TD-Ray技术的穿透传播模型

8.2.1 射线追踪技术

基于频域的射线追踪(Ray-tracing)算法是为了在针对大尺寸目标时，能够规避空间网格的划分，从而降低资源成本。在超宽带技术解锁以来，人们提出建立了很多关于超宽带信号的传输模型。这些模型大都采用Ray-tracing方法。尤其是随着几何光学(GO)法和一致绕射(UTD)理论等理论的逐渐成熟，Ray-tracing模型得以进一步完善。

本书针对目前常用的Ray-tracing方式，基于矿井环境作出改进，使改进后的方法能够适用于矿井环境，提高计算精度。这种方式在射线开始追踪之前先作出初始射线，并给出射线方向角(r,ϕ,θ)。其中，ϕ是以$\Delta\phi=\Delta\theta/\sin\theta$作为间隔，$0<\phi<\pi/2$；而$\theta$则是以常数$\Delta\theta$作为间隔，$-\pi/2<\theta<\pi/2$。

在第一步生成了初始射线之后，就可以开始进行射线追踪了。关键的步骤如下：

(1) 首先计算每条射线和全部塌方体分界面的交点。把其中离源点最近的交点和源点之间的距离表示为 l_r。如果射线与塌方体信号没有交点，那么把这种情况看作交点处于无穷远。得到接收点到射线的垂线之后，计算出垂足与接收点之间的距离，用 d_r 表示，而垂足到源点的距离则用 l_d 表示。如果垂足不能作在射线上，那么相当于 d_r 和 l_d 是无穷大。接着由射线和分界面法线的方向来计算射线的入射面旋转角度 φ。

(2) 若 $l_r<l_d\leqslant\infty$，或者 $l_r<\infty$ 和 l_d 超过接收天线半径，那么射线出现折反射。当反射射线的强度超过了门限值，可以对它作压栈处理。然后再对折射射线强度进行判断，如果它超过门限值，那么直接回到步骤(1)；如果低于门限值，那么直接跳到步骤(4)。当折射点处在塌方体的外缘，此时要判断它和接收天线之间是否有绕射路径，如果有，那么计算绕射射线强度；不然直接跳到步骤(4)。

(3) 要是存在射线 d_r 比接收天线半径还小，那么这条射线能够被天线接收到。接着计算射线被接收时的强度及时延信息。要是 d_r 超过天线半径，那么可以判定这条射线已经不在仿真区域了。

(4) 要是栈非空，那么就从栈顶取射线，然后对这条射线跳转到步骤(1)。若是栈空，那么就意味着结束了，把全部的接收波形加起来就可以获得目标波形。结束。

8.2.2 时域模型系数的计算

由前面的分析可以知道，矿井下塌方体的主要构成为混凝土和石块，信号穿透塌方体时，与地面的穿墙存在明显区别。

在矿井下穿透探测时，首先，发射信号会出现空间扩散，遇巷道内障碍物和地面时发生反射与透射，在穿透障碍物内部时发生损耗，经过井下设施与障碍物时发生绕射。针对某条射线路径 i，它的频域接收形式可以表示为：

$$E_i(\omega)=E_0(\omega)L(d)\left\{\prod_j R_j(\omega)\prod_l T_l(\omega)\prod_p \Gamma_p(\omega)\prod_k D_k(\omega)\right\}\mathrm{e}^{-\mathrm{j}\frac{\omega}{c}d_{\text{free}}} \tag{8-1}$$

式中，$L(d)\cdot\mathrm{e}^{-\mathrm{j}\frac{\omega}{c}d_{\text{free}}}$ 表示路径损耗因子，它表示超宽带信号在空气中传播产生的扩散效应。根据 GO 法及 Ray-tracing 算法，依据每条射线路径遇到的包括反射、透射在内的传播情况，能够从时域提取出接收波形。这里令入射波是 $e_0(t)$，那么第 i 条路径接收到的信号能够表达为：

$$e_i^+(t)=e_0(t)\otimes e_A(t)\otimes[e_r^+(t)\otimes e_l^+(t)\otimes e_r^+(t)\otimes e_d^+(t)] \tag{8-2}$$

式中，$e_A(t)$ 是空间扩散效应，形容超宽带信号在自由空间的能量扩散；$e_r^+(t)=\prod\otimes r_j(t)$，是形容超宽带信号在塌方体和地面之间的反射作用，$\prod\otimes(\cdot)$ 则形容多次卷积，$r_j(t)$ 形容信号第 j 次的时域透射系数；$e_t^+(t)=\prod_l \otimes t_l(t)$ 形容超宽带信号的障碍物透射作用；$t_l(t)$ 形容信号第 l 次的时域透射系数；$e_r^+(t)$ 形容塌方体内部传输系数；$e_d^+(t)$ 形容绕射作用。它能够对超宽带信号在塌方体边缘传播进行建模。

超宽带信号在矿井下传播，每条路径的接收波形可以从式(8-2)得出，叠加每个接收波形可得到完整的接收波形。接收波形是由超宽带信号与各条路径上所发生的传播现象的时域模型决定的。但是，时域模型受到信号的入射角、介质电导率等因素影响。

(1) 空间扩散因子的计算

空间扩散因子表示超宽带信号在空间传播时发生的能量扩散。由时域物理光学法得：

$$e_A(t)=E(\bar{r}_0)\,|A(s_i)|\,\delta\left(t-\frac{s_i}{c}\right) \tag{8-3}$$

式中，$E(\bar{r}_0)$表示参考点 $\bar{r}_0$ 处的场值；$s_i=|\bar{r}_1-\bar{r}_0|$；$|A(s_i)|$用射线束截面积比值的平方根来表示：

$$|A(s_i)|=\frac{\sqrt{A_0}}{\sqrt{A_1}}=\sqrt{\frac{\rho_1\rho_2}{(\rho_1+s_i)(\rho_2+s_i)}} \tag{8-4}$$

式中，A_0、A_1 分别代表两个射线束的横截面面积；ρ_1、ρ_2 表示参考点到射线管截面为 0 处的距离，如图 8-3 所示。

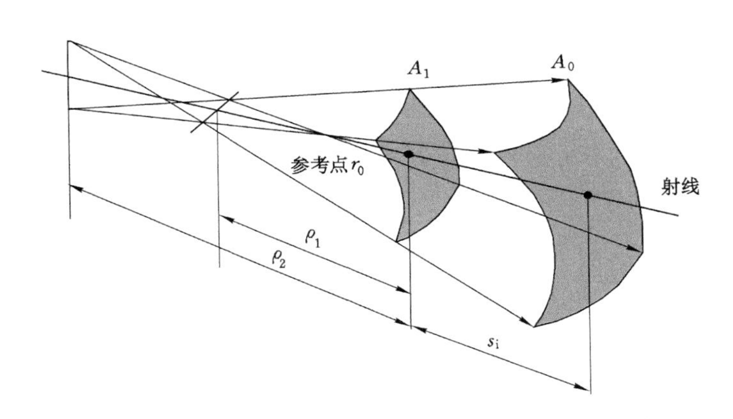

图 8-3　射线管横截面示意图

① 时域反射系数的计算

超宽带信号遇到塌方体会发生反射。由多层介质引起的多次反射被形容为多径现象。由 GO 法可得，信号的发射场可以用下式形容：

$$e_{\mathrm{r}}^{+}(t)=E_0\,|A_{\mathrm{r}}(d)|\,r(\tau_{\mathrm{r}}) \tag{8-5}$$

式中，$\tau_{\mathrm{r}}=t-d_{\mathrm{i}}/c-d^{\mathrm{r}}/c$；$A_{\mathrm{r}}(d)$表示空间扩散因子；$d_{\mathrm{i}}$ 是入射光线传播距离；d_{r} 是反射光线的传播距离。

两种介质的介电常数分别是 ε_1 和 ε_2，磁导率分别是 μ_1 和 μ_2。根据斯内尔(Snell)定理，能够得到水平极化与垂直极化的反射和透射系数，如式(8-8)所示。式中，h_{p} 是水平极化，v_{p} 则是垂直极化。如图 8-4 所示，Ⅱ表示塌方体介质，Ⅰ表示空气介质，E_{i} 表示入射波。复介电常数 $\varepsilon=\varepsilon_0\varepsilon_{\mathrm{r}}+\sigma/\mathrm{j}\omega$，根据 $(\mu_0/\varepsilon_0)^{1/2}=120\pi$ 和 $c=[1/(\varepsilon_0\mu_0)]^{1/2}$ 能够推出：

$$\varepsilon=\varepsilon_0\varepsilon_{\mathrm{r}}+\frac{\sigma}{\mathrm{j}\omega}=\varepsilon_0\left(\varepsilon_{\mathrm{r}}+\frac{\sigma}{\mathrm{j}\omega}\sqrt{\frac{\mu_0}{\varepsilon_0}}\sqrt{\frac{1}{\varepsilon_0\mu_0}}\right)=\varepsilon_0\left(\varepsilon_{\mathrm{r}}+\frac{\sigma}{\mathrm{j}\omega}120\pi c\right) \tag{8-6}$$

令 $\sigma_{\mathrm{g}}=120\pi\sigma c$，那么式(8-6)能够改写成：

$$\varepsilon=\varepsilon_0\left(\varepsilon_{\mathrm{r}}+\frac{\sigma_{\mathrm{g}}}{\mathrm{j}\omega}\right) \tag{8-7}$$

从空气中入射到塌方体中，时域反射系数 $r_1(\tau_{\mathrm{r}})$能够表示为：

$$r_1(\tau_{\mathrm{r}})=\pm\left[K\delta(\tau_{\mathrm{r}})+\frac{4K}{1-K^2}\,\frac{\mathrm{e}^{-\alpha\tau_{\mathrm{r}}}}{\tau_{\mathrm{r}}}\sum_{n=1}^{\infty}(-1)^{n+1}K^n\cdot n\cdot I_n(\alpha\tau_{\mathrm{r}})\right]+,v_p;-,h_p; \tag{8-8}$$

对于 v_{p}，$K=\dfrac{1-k}{1+k}$，$\alpha=\dfrac{\sigma_{\mathrm{g}}}{2\varepsilon_{\mathrm{r}}}$，$k=\dfrac{\sqrt{\varepsilon_{\mathrm{r}}-\cos^2\phi}}{\varepsilon_{\mathrm{r}}\sin\phi}$，取“+”；而对于 H_{p}，$\alpha=\dfrac{\sigma_{\mathrm{g}}}{2\varepsilon_{\mathrm{r}}(1-\cos^2\phi/\varepsilon_{\mathrm{r}})}$，$k=\dfrac{\sin\phi}{\sqrt{\varepsilon_{\mathrm{r}}-\cos^2\phi}}$，取“−”。

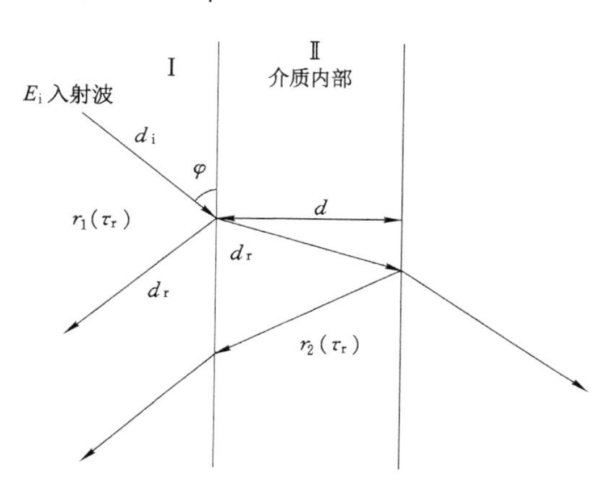

图 8-4　入射波在介质分界面上传播二次脉冲及频谱

此处要构建矿井下穿透塌方体传播的 TD-ray 模型。这里时域反射系数 $r_2(\tau_r)$ 是指由介质Ⅱ反向穿透到介质Ⅰ上：

$$r_2(\tau_r)=\pm\left[K\delta(\tau_r)+\frac{4K}{1-K^2}\frac{e^{-\alpha\tau_r}}{\tau_r}\sum_{n=1}^{\infty}(-1)^{n+1}K^n\cdot n\cdot I_n(\alpha\tau_r)\right] \tag{8-9}$$

式中，对于 v_p，取"+"；对于 h_p，取"—"。下文中其他公式"+""—"选取同理。

如果在当中一条路径上传播的过程中会发生 M 次反射，那么这条路径的反射系数就能够形容为 $e^M(t)=r^1(t)\otimes r^2(t)\otimes\cdots\otimes r^m(t)\cdots=\prod_{m=1}^{M}\otimes r^m(t)$。式中，"$\otimes$"表示卷积。"$\prod_{m=1}^{M}\otimes$"是连卷积；$r^m(t)$ 可以通过式(8-8)或式(8-9)计算获得。

② 时域透射系数的计算

超宽带信号在穿透塌方体的时候除了会产生反射以外还会产生透射。它的透射场能够用式(8-10)来形容：

$$e_t^+(t)=E_0\,|A_t(d)|\,t(\tau_t) \tag{8-10}$$

式中，$\tau_t=t-\frac{d_t}{c}-\frac{d_t}{c}$；$|A_t(d)|$ 是空间扩散因子；d_t 是透射光线的传播距离。

根据 $t(\tau)=\delta(\tau)+r(\tau)$，从空气入射到塌方体中的时域透射系数为：

$$t_1(\tau)=\left[(1\pm K)\delta(\tau)\pm\frac{4K}{1-K^2}\frac{e^{-\alpha\tau_r}}{\tau}\sum_{n=1}^{\infty}(-1)^{n+1}K^n\cdot n\cdot I_n(\alpha\tau)\right] \tag{8-11}$$

而从塌方体入射到空气时的时域透射系数为：

$$t_2(\tau)=\left[(1\pm K)\delta(\tau)\pm\frac{4K}{1-K^2}\frac{e^{-\alpha\tau_r}}{\tau}\sum_{n=1}^{\infty}(-1)^{n+1}K^n\cdot n\cdot I_n(\alpha\tau)\right] \tag{8-12}$$

式中，水平极化波 $\alpha=\frac{\sigma_g}{2\varepsilon_r(1-\cos^2\phi/\varepsilon_r)}$，$k=\frac{\sin\phi}{\sqrt{\varepsilon_r-\cos^2\phi}}$；垂直极化波 $K=\frac{1-k}{1+k}$，$\alpha=\frac{\sigma_g}{2\varepsilon_r}$，$k=\frac{\sqrt{\varepsilon_r-\cos^2\phi}}{\varepsilon_r\sin\phi}$。

③ 塌方体内部时域传输系数的计算

超宽带信号在塌方体内部传播的过程中，由于其频率不同，信号波速的变化亦不同。信号在此过程中出现色散。塌方体介质内部的复传播常数用 $\gamma=j\omega[\mu_0\varepsilon_0(\varepsilon_r-j\sigma_g/\omega)]^{1/2}$ 来形容。矿井下的塌方体和其他障碍物一般都是弱损介质，即 $\sigma_g\ll\omega\varepsilon_r$。根据 Taylor 公式展开得出：

$$\gamma = \mathrm{j}\omega\sqrt{\mu_0\varepsilon_0\left(\varepsilon_r - \mathrm{j}\frac{\sigma_g}{\omega}\right)} \cong \mathrm{j}\omega\sqrt{\mu_0\varepsilon_0}\sqrt{\varepsilon_r}\left(1-\frac{1}{2}\mathrm{j}\frac{\sigma_g}{\omega\varepsilon_r}\right) \tag{8-13}$$

塌方体内部传输系数 $\Gamma \approx \exp(-\gamma d_\Gamma)$，$d_\Gamma \cong d/(1-\cos\phi/\varepsilon_r)^{1/2} = d/[\varepsilon_r/(\varepsilon_r-\cos^2\phi)]^{1/2}$，$d$ 表示塌方体厚度。由于混凝土介质的电导率不算大，因此在计算过程中经常将 d_Γ 中的虚部忽略。由 $s=-\mathrm{j}\omega$，得

$$\Gamma = \mathrm{e}^{-s\frac{\varepsilon_r}{\sqrt{\varepsilon_r-\cos^2\phi}}\frac{d}{c}-\frac{1}{2}\sigma_g\frac{1}{\sqrt{\varepsilon_r-\cos^2\phi}}\frac{d}{c}} \tag{8-14}$$

对式(8-14)作单边拉普拉斯(Laplace)逆变换后得到：

$$e_r^+(t) = \mathrm{e}^{-\frac{\sigma_g d}{2c\sqrt{\varepsilon_r-\cos^2\phi}}}\delta\left(t-\frac{\varepsilon_r d}{c\sqrt{\varepsilon_r-\cos^2\phi}}\right) \tag{8-15}$$

由式(8-15)可见，塌方体介质的损耗关键取决于电导率，信号时延则取决于相对介电常数。

④ 时域绕射系数的计算

若信号在矿井下碰到别的障碍物而绕射时，绕射场能够从下式得出：

$$e_d^+(t) = E_0\,|A_d(d)|\,d(\tau_d) \tag{8-16}$$

式中，$|A_d(d)|$ 是绕射扩散因子；$\tau_d = t - s_i/c - s_d/c$；$s_d$ 是入射光线传播距离；s_d 是绕射光线传播距离。

时域绕射系数能够表示为：

$$d_{hp,vp}(t) = d_1(t) + d_2(t) + r_{hp,vp}(t)\cdot[d_3(t)+d_4(t)] \tag{8-17}$$

式中，$d_1(t)$、$d_2(t)$、$d_3(t)$、$d_4(t)$分别为：

$$d_1(t) = \frac{-1}{2n\sqrt{2\pi}\sin\beta_0}\cot\left[\frac{\pi+(\phi-\phi')}{2n}\right]f^+[Lk^+(\phi-\phi')]$$

$$d_2(t) = \frac{-1}{2n\sqrt{2\pi}\sin\beta_0}\cot\left[\frac{\pi-(\phi-\phi')}{2n}\right]f^+[Lk^-(\phi-\phi')]$$

$$d_3(t) = \frac{-1}{2n\sqrt{2\pi}\sin\beta_0}\cot\left[\frac{\pi+(\phi+\phi')}{2n}\right]f^+[Lk^+(\phi+\phi')]$$

$$d_4(t) = \frac{-1}{2n\sqrt{2\pi}\sin\beta_0}\cot\left[\frac{\pi+(\phi-\phi')}{2n}\right]f^+[Lk^-(\phi+\phi')]$$

$$f^+[Lk^\pm(\phi\pm\phi'),t] = \frac{\sqrt{c}Lk^\pm(\phi\pm\phi')}{\sqrt{\pi t}[ct+Lk^\pm(\phi\pm\phi')]}$$

$$k^\pm(\phi\pm\phi') = 2\cos^2\left[\frac{2\pi N^\pm-(\phi\pm\phi')}{2}\right]$$

式中，$N^\pm$ 表示 $2\pi nN^\pm-(\phi\pm\phi')=\pm\pi$ 的最小整数解。式中的 $N^\pm$ 是与余切符号一致的。

如果入射波是球面波，则 $L=ss'\sin^2\beta_0/(s+s')$。式中，$s$ 表示绕射点到接收天线的距离；而 s' 则表示绕射点到发射天线之间的距离；β_0 表示入射波和塌方体棱的立体角。

8.3 基于 SVM 的塌方体后目标识别算法

8.3.1 SVM 基本原理

支持向量机(SVM)是由苏联学者 Vapnik 和 Lerner 提出的一种机器学习方法，其本质上是一个二分类的分类模型(或分类器)。它分类的思想是，给定一个包含正例和反例的样本集合，SVM 的目的就是寻找一个超平面来对样本根据正例和反例进行分割。由于该算法具有上述优点，因此它在解决小样本、非线性及高维模式识别问题中可以很好地发挥作用。在应用到超宽带信号成像应用的问题中时，由于 SVM 中的超参数具有正则化作用，因此可以防止成像过程中杂波信号对目标信号的过拟合，以及其对解空间的约束可以降低运算量，在较短时间获得最优解。

因此，给定一个集合 $\{(x_i,y_i),i=1,2,\cdots,l\}$ 为训练的样本信息，其中，l 为训练样本数，$x_i\in\mathbf{R}^n$ 为输入的数据信息，$y_i\in\{-1,1\}$ 为输出的目标信息。通常情况就是将所有的目标信息根据训练后分为两种类别不同的集合，因此该问题的决策函数，即分类标签可由下式表达：

$$label=y=\mathrm{sgn}(g(x)) \tag{8-18}$$

通过式(8-18)可以对任意一个输入信息 x，通过分类器判断出对应的目标信息类别 y。因此，该算法的核心就是对分类器的建立问题，只有寻找到一个最优分类器才能对不同目标的类别进行成功分类。

基于 SVM 的二分类问题一般分为 3 种情况，即线性可分、近似可分和非线性不可分，这 3 种问题的求解都是通过最大间隔法求解分类器的最优超平面。利用正方形和圆形示意两种不同类别信息，图 8-5 即为 3 种不同案例的数据模型。线性可分的问题中分类器的训练是相对简单的，而对于线性不可分情况，则需要将这类问题通过某种变化转变为线性可分的问题。首先在样本空间 $\mathbf{R}^n$ 中，通过 H 变换映射到高维希尔伯特(Hilbert)空间，接着对这些样本数据采用最大间隔法进行区分。

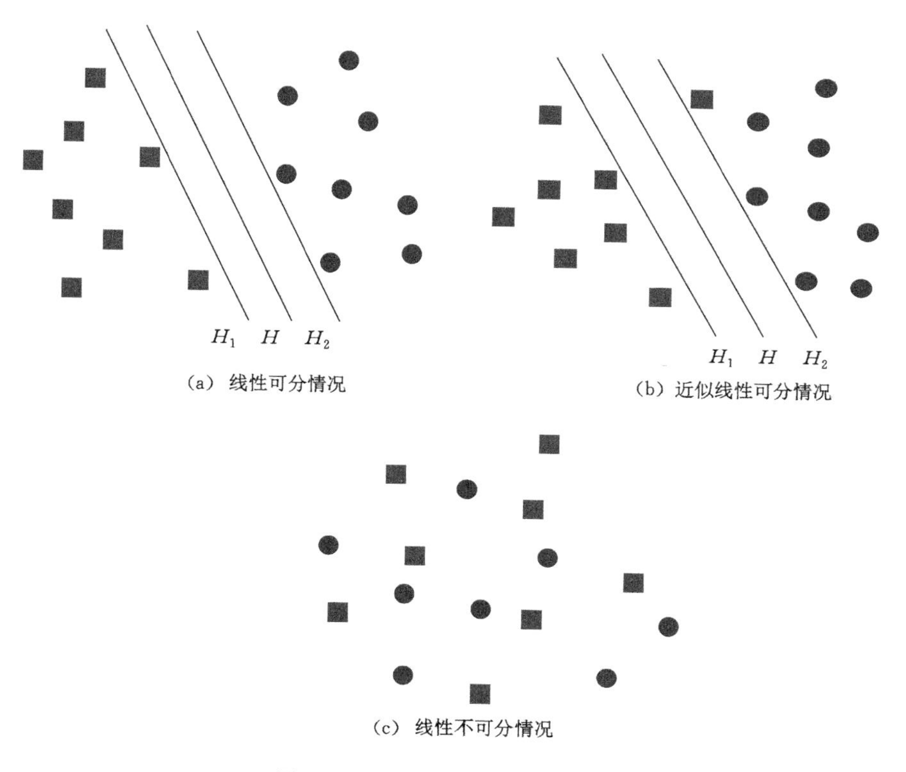

(a) 线性可分情况

(b) 近似线性可分情况

(c) 线性不可分情况

图 8-5 二分类问题的 3 种类型

H 变换是：$\Phi: X \subset \mathbf{R}^n \rightarrow X' \subset H$。表达式中的 Φ 代表了在空间信息上从低维到高维 Hilbert 的输入映射情况。

同时将容错性考虑在内，进而推导出非线性情况的 SVM 训练模型，其对应的最优化问题通过下式表达，其中 ξ_i 为松弛变量因子：

$$\min_{w,b,\xi}\left(\frac{1}{2}||\boldsymbol{w}||^2 + C\sum_{i=1}^{l}\xi_i\right) \tag{8-19}$$

基于式(8-19)，SVM 的约束条件则由下式表达：

$$\begin{aligned} & y_i[(w \cdot x_i)+b] \geqslant 1-\xi_i, \quad i=1,2,\cdots,l \\ & \xi_i \geqslant 0 \end{aligned} \tag{8-20}$$

式中，C 为惩罚参数大小，$C\sum_{i=1}^{l}\xi_i$ 代表损失函数；$\boldsymbol{w}$ 为决策函数的权重向量；(·)代表内积运算；b 为和运算的偏置。

为了将上述约束最优化问题求解转为对其对偶问题的求解，可以采用拉格

朗日(Lagrange)方法实现,即:

$$\max_{\alpha}\left(\frac{1}{2}\sum_{i=1}^{l}\sum_{j=1}^{l}y_i y_j \alpha_i \alpha_j (\Phi(x)\cdot\Phi(x_i)) - \sum_{j=1}^{l}\alpha_j\right) \tag{8-21}$$

约束条件为:

$$\sum_{i=1}^{l} y_i \alpha_i = 0, \quad 0 \leqslant \alpha_i \leqslant C \quad i = 1,2,\cdots,l \tag{8-22}$$

式中,α_i 为拉格朗日(Lagrange) 系数。计算可得出上述问题的最优解为 $\boldsymbol{\alpha}^* = (\alpha_1^*,\cdots,\alpha_l^*)^{\mathrm{T}}$。令某个最优解分量 α_j^* 满足 $0 < \alpha_j^* < C$,并通过该式 $b^* = y_j - \sum_{i=1}^{l} y_i \alpha_i^* (x'_i \cdot x')$ 计算出其对应的阈值。此时对应的决策函数为:

$$label = \mathrm{sgn}\left(\sum_{i=1}^{l}\alpha_i y_i (x'_i \cdot x') + b^*\right) \tag{8-23}$$

式中,x_i',x' 为经过 H 转换后的高维空间向量。

针对井下穿透成像问题,塌方体引起的多种物理效应使得接收的回波信号与目标回波信号之间为非线性关系,因此属于线性不可分的情况。由上述分析可以知道,这类问题的解决需要通过式(8-23)在高维空间求出一个内积值,进而求解最优超平面。在这里转换的过程是通过一个满足默瑟(Mercer)条件的核函数实现的,进一步其向量内积值的求解可由下式计算:

$$K(x_i,x) = (x_i' \cdot x') \tag{8-24}$$

接着求解出该问题下的决策函数,由下式可得:

$$label = \mathrm{sgn}\left(\sum_{i=1}^{l}\alpha_i y_i K(x_i,x) + b\right) \tag{8-25}$$

因此,将式(8-25)中任意输入一个采样天线的回波信号值 x,通过运算处理后可以得到一个对应的符号值,该符号值可以显示出 SVM 对不同输入信号 x 的不同分类值。

8.3.2 井下目标信号特征提取

超宽带信号在井下穿透塌方体对隐藏目标进行探测成像过程中,入射信号会产生空间扩散,导致塌方体和巷道壁及存在的各种背景介质产生反射、绕射、透射和衍射现象,利用射线追踪技术对超宽带信号在巷道塌方体传播过程进行模拟,各种物理效应以射线路径作为反映,如图 8-6 所示。

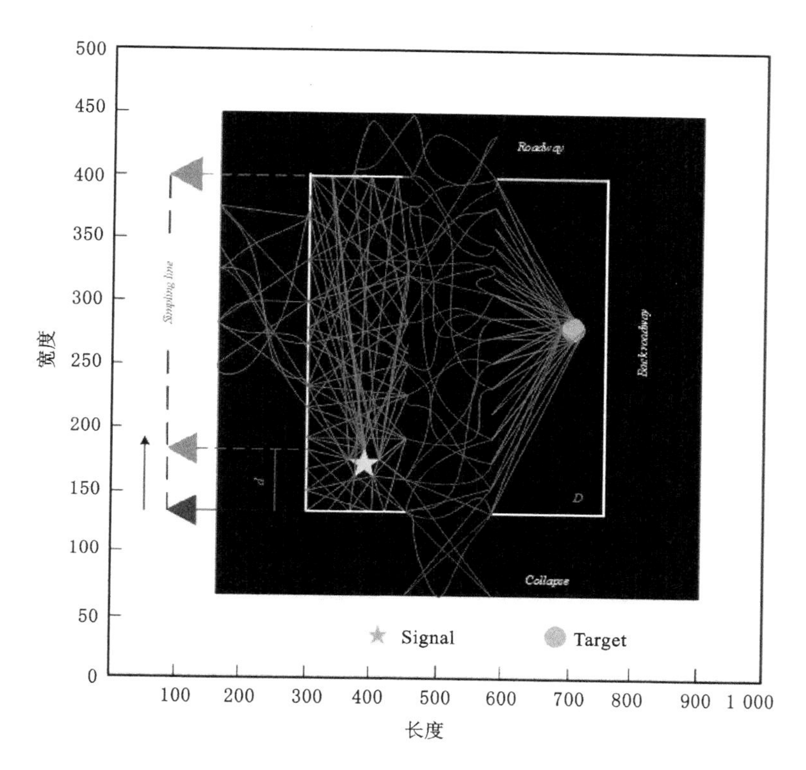

图 8-6　射线追踪技术模拟穿透过程

射线追踪算法流程如图 8-7 所示。

在图 8-7 的基础上，需要建立观测区域的相对坐标系，将超宽带入射信号的射线追踪点位置以坐标形式存储。在对信号的穿透过程进行射线追踪之前，首先需要将成像区域进行网格化划分，进而对整个成像大背景的回波信号追踪转化到各个网格中进行路径计算，而这种划分的前提必须是基于塌方体介质离散化为均匀介质下进行。如图 8-8 所示，由 m 行构成的 y 轴和 n 列构成的 x 轴组成坐标图，用于获取目标位置数据以作为 SVM 分类的样本训练集：

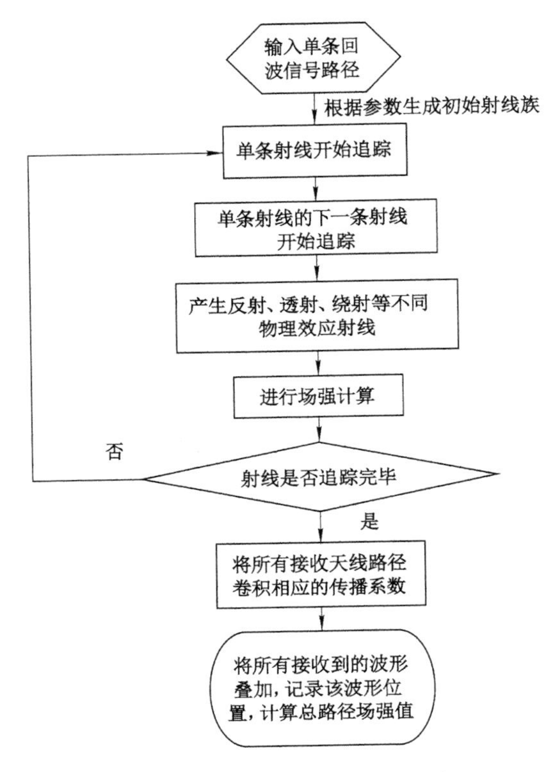

图 8-7　射线追踪算法流程图

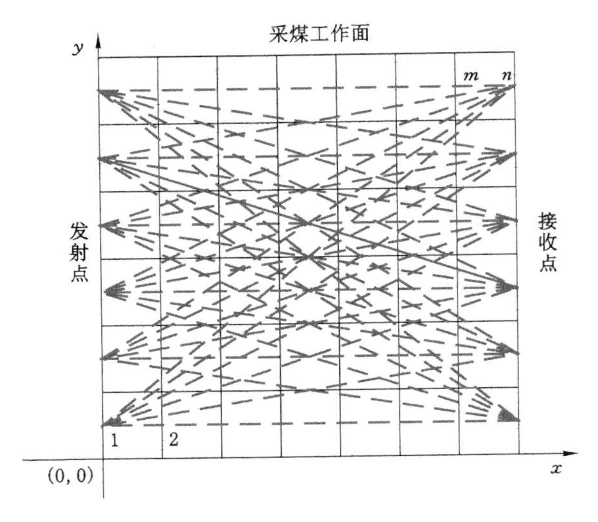

图 8-8　观测区域坐标图

由上述可以推导出基于 SVM 的射线追踪技术井下穿透塌方体成像算法流程，如表 8-1 所列。

表 8-1　基于 SVM 的 Ray-tracing 井下目标识别算法流程

算法：基于 SVM 的 Ray-tracing 井下目标识别算法步骤
① 计算出超宽带信号在井下传播时每一条路径的接收波形；
② 将所有回波信号路径的接收波形叠加即可得到总的接收波形；
③ 由背景相减法得到目标的散射回波 E_S；
④ 利用 SVM 对(E_S,ζ)进行训练，训练完成后得到关于目标回波的分类器；
⑤ 对于任意给定的一个输入 $e_0(t)$，根据分类器计算可以得到对应位置的类别标签。根据此输出标签携带信息，可以判断出井下目标的位置、数目等具体情况，实现井下隐蔽目标的穿透成像

8.4　仿真结果分析

8.4.1　算法的有效性验证

为验证本书所提成像算法在超宽带信号井下应用中的有效性，基于上述分析，本次实验采用的脉冲发射信号设为：

$$E_i(t)=\frac{t-t_0}{\tau}\exp\left[-\frac{4\pi(t-t_0)^2}{\tau^2}\right] \tag{8-26}$$

式中，$t_0=1.596$ ns，$\tau=532$ ps，百分比带宽为 58.9%，属于超宽带信号。高斯微分二次脉冲及频谱如图 8-9 所示。

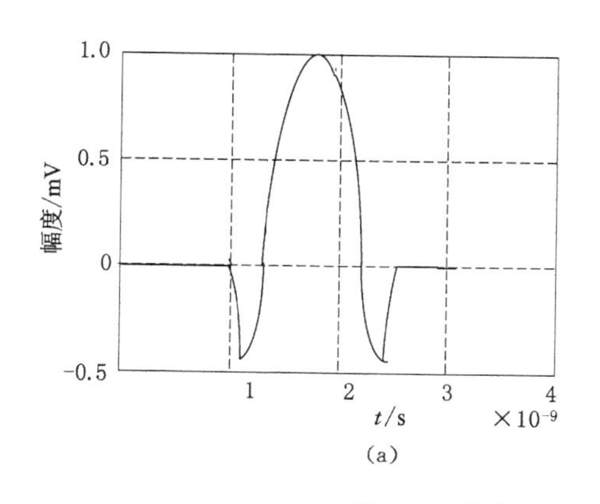

(a)

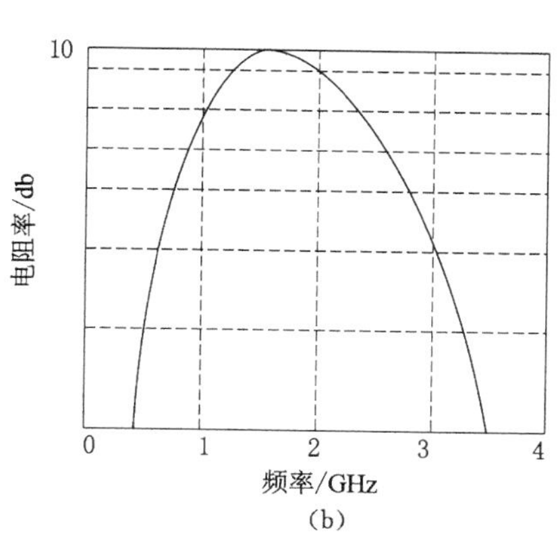

(b)

图 8-9　高斯微分二次脉冲及频谱

塌方体整体厚 3 m，介电常数为 $\varepsilon_r=6$，$\sigma=0.1$，巷道内各介质模型位置如图 8-1 所示，这里巷道内的井壁和塌方体模型均为理想化形状。接收天线距离井壁 0.05 m，采样射线数 $N=1\ 000$，其间距 $d=0.2$ m，发射天线位于(0,0)、距离塌方介质 0.06 m 处。

设塌方体下埋藏目标的中心坐标为(x,y)，在训练样本中，目标的位置轨迹变化如下式所示：

$$\begin{aligned} x_n &= -1.13+n\Delta x,\ n=0,1,\cdots \\ y_n &= 0.2+n\Delta y,n=0.1,\cdots \end{aligned} \tag{8-27}$$

在测试样本中，目标的位置轨迹改变方式如下式所示：

$$\begin{aligned} x_n &= -1.1+n\Delta x,\ n=0,1,\cdots \\ y_n &= 0.25+n\Delta y,n=0,1,\cdots \end{aligned} \tag{8-28}$$

其中，$\Delta x=0.1$ m，$\Delta y=0.1$ m。采用高斯核函数作为 SVM 分类器的核函数，即：

$$K(X_i,X_j)=\exp(-\gamma\parallel X_i-X_j\parallel^2) \tag{8-29}$$

式中，γ 为参数。

利用 Ray-tracing 方法仿真获取井下穿透塌方体回波信号样本数据，采用本书所提基于 SVM 的分类器对样本数据进行训练分类，接收信号波形如图 8-10 所示。

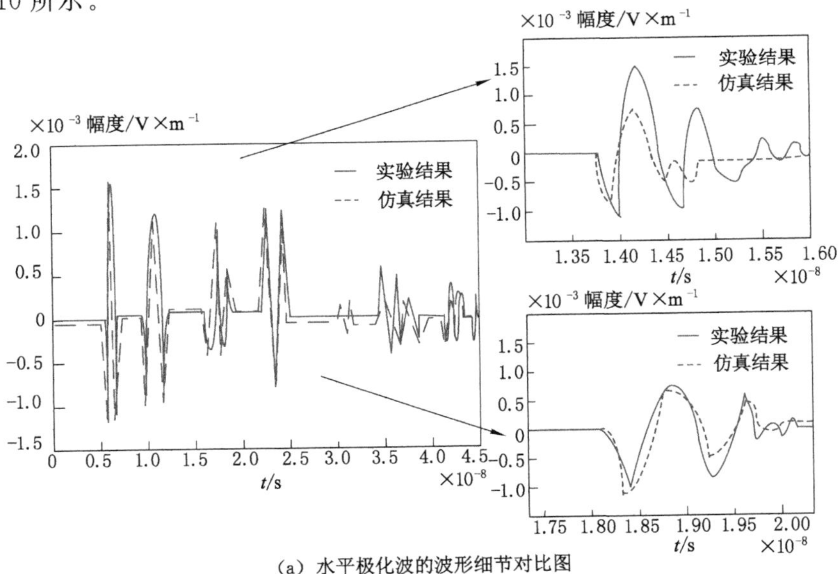

(a) 水平极化波的波形细节对比图

图 8-10 接收信号波形图

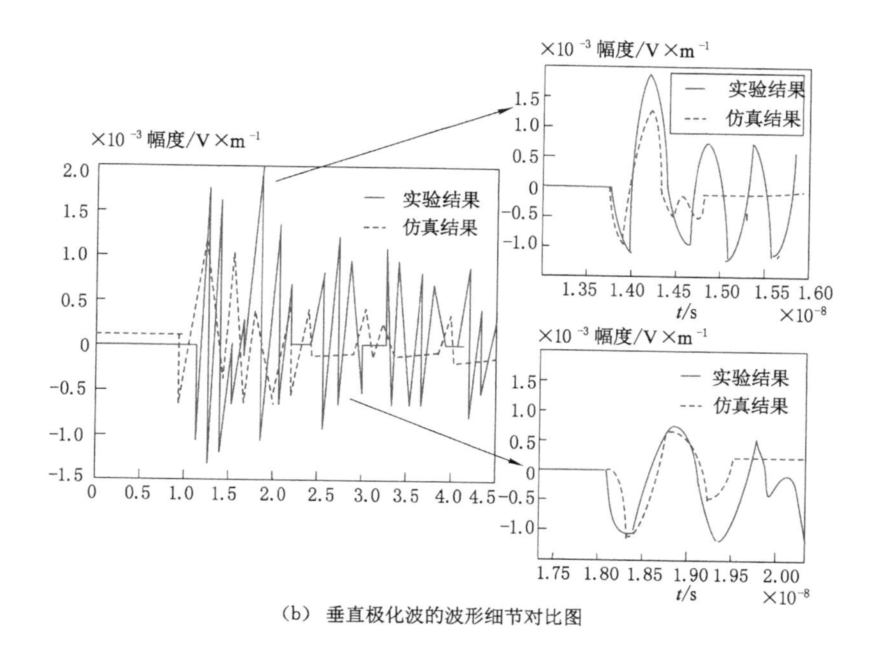

(b) 垂直极化波的波形细节对比图

图 8-10（续）

对比图 8-10(a)与图 8-10(b)可以清晰地看出，经过算法处理后的波形与原始回波波形差别不大，不管是在水平极化方式还是垂直极化方式下的仿真结果都近似于实验结果。因此，利用射线追踪技术与 SVM 方法结合的方法对于目标的信号的预测分类是可行的。同时，该算法完成预测的时间极短，可以为井下探测提供实时性信息反馈，这在井下救援过程中是极其重要的。

8.4.2 不同形状目标物的预测分析

在井下穿透成像环境中，塌方体的种类千变万化，将塌方体的介质简化为长方形的木板、圆形的石头和正方形的石砖等，有时事故现场也存在多个受灾目标。因此需对塌方体下各种不同的目标物进行测试，本节选择了几种相对较为简单的形状和目标进行分类。基于井下超宽带成像基本模型，对塌方体下埋藏目标形状、数量和位置作出假设，利用本书构造的超宽带算法进行预测，选取以下两种成像目标进行实验仿真：① 场景一，单个圆形成像目标，其圆心坐标为(10 m，9.5 m)，半径为 1.5 m；② 场景二，单个正方形目标，中心位置为(18.5 m，20.5 m)，边长为 1.0 m。成像结果如图 8-11 所示。

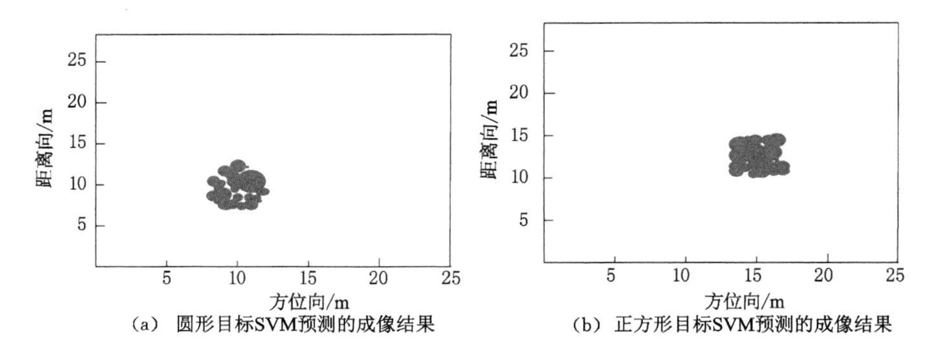

(a) 圆形目标SVM预测的成像结果　(b) 正方形目标SVM预测的成像结果

图 8-11　目标物成像结果

从上述两个不同形状目标的成像结果可以看出，利用基于 Ray-tracing 所得数据训练得到的 SVM 分类器，可以很好地在距离向和方位向上获取成像目标的基本物理信息。但由于本次试验目标的距离向信息不如方位向上信息充足，因此对于圆形目标而言，其方位向上的分辨率比距离向分辨率更高一些如图 8-12 所示。在实际的井下环境中，接收天线采集到的回波信号中经常含有其他杂波信号，同时杂波信号的强大能量会覆盖有效目标的回波信号，因此回波信号中的部分信息是缺乏的，进而影响了成像结果在距离向的分辨率。

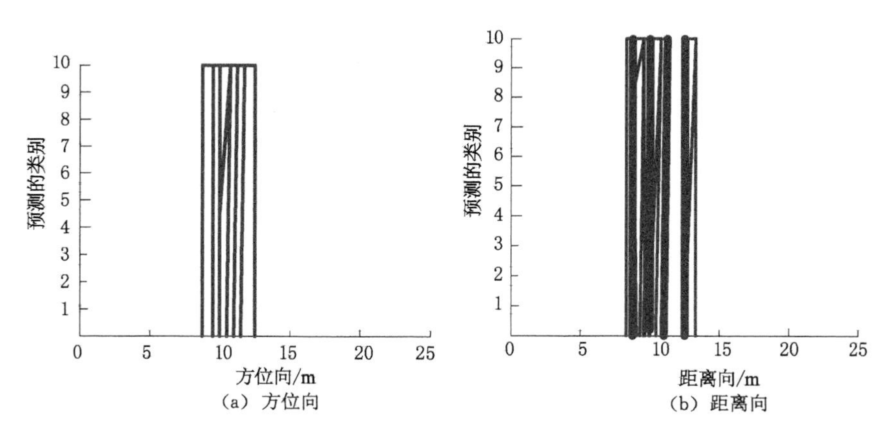

(a) 方位向　(b) 距离向

图 8-12　圆形目标的分辨率

从图 8-12(a)可以看出，算法预测的目标物理信息与真实目标的信息基本一致，表明方位向具有很高的分辨率。而在图 8-12(b)中，虽然显示了距离向上较高的分辨率，但却出现了一些间断的信息，不利于对隐藏目标位置、形状等信息的准确判断。

8.4.3 加入高斯白噪声

上述实验是在理想情况下进行的，但通常井下在进行施工或者救援过程中必然存在各种白噪声污染，如鼓风机和人声等。由于这些背景介质的电磁参数相对较弱，超宽带信号在穿透成像后的回波信号主要还是目标的散射信号，因此影响相对较小，本书在考虑井下可能存在的各种信号干扰情况下，对所提算法可靠性进行验证。在加入不同背景介质信噪比后，利用基于 SVM 训练所得的适用于井下环境的分类器对回波信号进行预测分类，成像所得的分类准确率如表 8-2 所列。

表 8-2　加入噪声信号后的分类准确率

目标形状		信噪比/dB			理想情况
		5	30	50	
正方形	成像区域	99.87%	99.87%	99.87%	99.87%
	B 类	99.91%	99.91%	99.91%	99.91%
	A 类	77.70%	78.62%	79.32%	79.32%
长方形	成像区域	99.46%	99.50%	99.48%	99.50%
	B 类	99.57%	99.52%	99.60%	99.58%
	A 类	85.43%	85.15%	85.16%	85.15%
圆形	成像区域	99.46%	99.50%	99.48%	99.50%
	B 类	99.57%	99.57%	99.60%	99.58%
	A 类	85.43%	85.15%	85.16%	85.15%
两目标	成像区域	99.65%	99.61%	99.59%	99.59%
	B 类	99.71%	99.72%	99.71%	99.71%
	A 类	78.10%	77.07%	77.11%	77.09%

从表 8-2 可以看出，在信噪比值逐渐增大的过程中，4 种不同形状的目标的成像准确率依然保持极小的变化，验证了本书算法的可靠性。由于在井下测试成像环境中，输入的 A 类目标物的数量少于 B 类，因此对于不同形状的目标识别中，A 类目标的成像准确率要低于 B 类。本书所构造的超宽带训练模型对各种环境都具有适应性，有无噪声干扰的背景环境下成像性能基本无差别，即该算法具有鲁棒性。

8.5 基于CS的井下超宽带回波信号的补偿算法研究

在基于超宽带信号的井下探测成像系统中，根据奈奎斯特(Nyquist)采样定理，提高发射信号的带宽以获取高分辨率将导致大量的采样数据产生，过大的采样率将会在成像系统的硬件实现上带来很大困难。此外，在实际成像过程中，成像数据的完整性决定了最后成像结果的准确性，但不可避免的误差和噪声影响，以及塌方体阻碍下目标的隐蔽性等因素都将使得成像目标的回波数据无法满足成像要求，因此在对目标回波进行成像处理之前，必须对回波数据进行处理，通过相关算法使回波数据满足理想的成像模型，最后聚焦方位向回波信息得到目标成像结果。为了提高穿透塌方体遮蔽目标成像的分辨率，对穿透塌方体后的回波数据进行补偿是一个必须解决的问题。

基于上述分析，本章研究内容主要为针对超宽带信号穿透塌方体成像得到回波数据方位向不足的问题，通过对传统的压缩感知成像算法进行分析介绍，结合井下具体成像环境，提出了一种基于相位误差估计的CS成像算法对回波数据进行补偿。该算法的核心思想就是通过对回波数据计算得到相位误差，首先对回波信号的稀疏性进行验证，接着构建目标信号的测量矩阵，在CS算法对回波数据进行重构的同时对数据进行补偿，通过反复迭代误差估计，逐渐提高回波数据量和成像质量。最后通过几组不同场景的仿真实验，验证了本书所提算法在回波数据补偿问题上的有效性。

8.5.1 井下超宽带压缩感知成像应用

图8-13为井下超宽带信号穿透塌方体的二维成像模型。在该模型中，分别形成了天线阵列和成像区域两个不同的区域。从图中可以看出，成像区域在网格化后被划分为$K\times L$个均匀的小网格，在稀疏性标准下，要求每一个成像目标回波的网格对应一个像素点。假设成像过程中的采样数为M，f_0到f_{N-1}为采样周期内的频率变换范围，成像区域的目标点数为P，发射天线的扫描频点合计为N个，因此，对超宽带回波信号在$m=1,\cdots,M$不同位置处进行连续采样，接收天线得到的回波信号如下式所示：

$$S_m(f_n)=\sum_{p=1}^{P}\rho_p \mathrm{e}^{-\mathrm{j}2\pi f_n \tau_{p,m}} \tag{8-30}$$

式中，ρ_p为第p采样位置处点目标的反射系数；$\tau_{p,m}$为超宽带回波信号与第p采样位置处点目标在第m个天线采样处的双程传输时延。

假设井下成像区域的二维反射率分布为$r(K,L)$，为了利用压缩感知理论

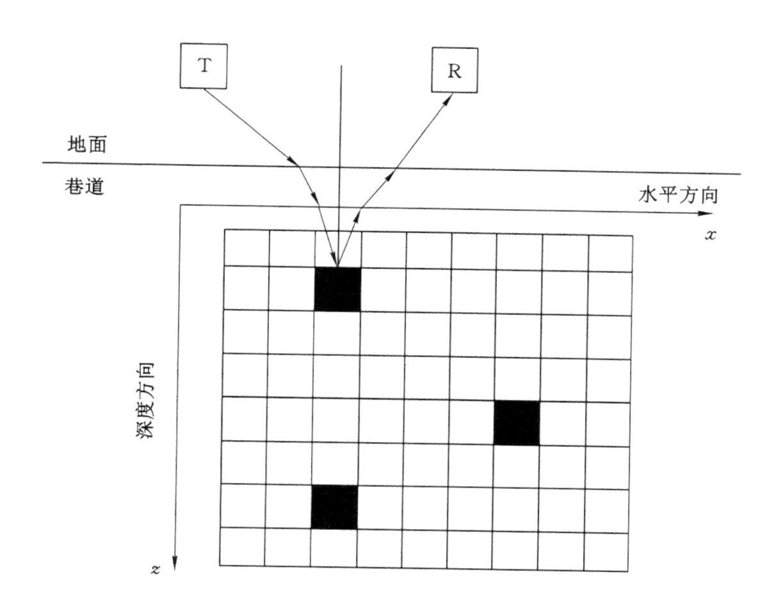

图 8-13 井下超宽带雷达二维成像模型

求解出该分布值，需要构建成像背景稀疏化的参数模型，此参数模型的构造需要通过一个 $KL\times 1$ 维的向量 $\boldsymbol{w}_x$ 实现。该向量转换的过程是利用列堆叠的方式将 $r(K,L)$ 转换得到，图 8-14 即为转换结果 $\boldsymbol{w}_x$。

因此可以用一个基矩阵 $\boldsymbol{B}_m$ 和反射系数向量 $\boldsymbol{w}_x$ 相乘的形式表示第 m 个采样点处接收的回波信号，如下式所示：

$$\boldsymbol{S}_m=\boldsymbol{B}_m\boldsymbol{w}_x \tag{8-31}$$

式中，$\boldsymbol{S}_m$ 为回波信号的频域值，且 $\boldsymbol{S}_m=[s_0(f_0),\cdots,s_m(f_{N-1})]^{\mathrm{T}}$。因此，当天线阵元的工作频率为 f_n 时，采样位置 m 处的回波信号可由 $\boldsymbol{S}_m(f_n)$ 表示。$N\times KL$ 的基矩阵 $\boldsymbol{B}_m$ 的第 j 列向量可用下式表达：

$$[\boldsymbol{B}_m]_j=[\mathrm{e}^{-\mathrm{j}2\pi f_0\tau_{m,j}},\cdots,\mathrm{e}^{-\mathrm{j}2\pi f_{N-1}\tau_{m,j}}]^{\mathrm{T}} \tag{8-32}$$

式中，$\tau_{m,j}$ 为第 j 个网格目标在第 m 个收发天线采样处产生的双程时延。假设井下超宽带成像系统分别对 M 个不同位置回波信号进行采集，则用一个 $NM\times 1$ 维的列向量以代表总采样的回波数据，即 $\boldsymbol{S}_x=[\boldsymbol{S}_1^{\mathrm{T}},\boldsymbol{S}_2^{\mathrm{T}},\cdots,\boldsymbol{S}_M^{\mathrm{T}}]^{\mathrm{T}}$，同时，总回波矩阵对应的

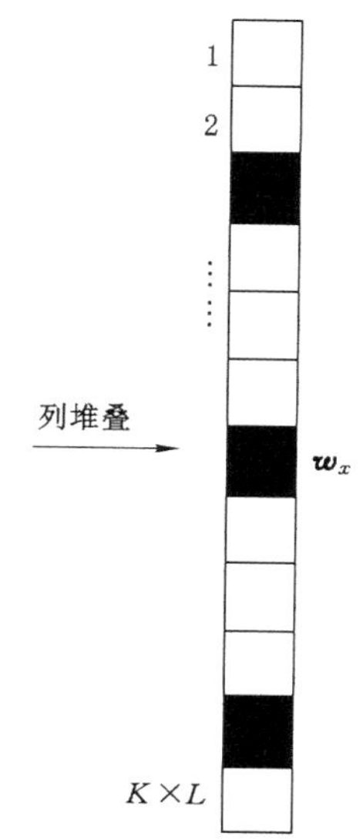

图 8-14 网格划分示意图

基矩阵可表示为 $\boldsymbol{B}_x=[\boldsymbol{B}_1^{\mathrm{T}},\boldsymbol{B}_2^{\mathrm{T}},\cdots,\boldsymbol{B}_M^{\mathrm{T}}]^{\mathrm{T}}$。因此，将总回波信号的基矩阵 $\boldsymbol{B}_x$ 与目标反射系数向量 $\boldsymbol{w}_x$ 相乘，即得到接收天线采样的总回波数据 $\boldsymbol{S}_x$，由下式表示：

$$\boldsymbol{S}_x=\boldsymbol{B}_x\boldsymbol{w}_x \tag{8-33}$$

在超宽带信号穿透塌方体成像的过程中，目标回波信号相较于多电磁特性的成像背景而言，是具有系数特性的，对于井下环境来说，其回波信号的反射系数向量 $\boldsymbol{w}_x$ 满足 CS 理论对信号的稀疏性要求。在这个前提下，为了构建一个合适的测量矩阵，其实现方式首先是从总回波信号数据 M 中任意选取 Q_1 个回波数据，接着再从这 Q_1 个回波数据中再次任意选取 Q_2 个回波数据，经过这样两轮对回波数据的随机挑选，进而形成了一个 $Q_1Q_2\times KL$ 大小的测量矩阵 $\boldsymbol{\Psi}$，且 $Q_1Q_2\ll NM$，最后将该测量矩阵 $\boldsymbol{\Psi}$ 与回波总数据 $\boldsymbol{S}_x$ 进行投影运算，即为下式：

$$\boldsymbol{t}_x=\boldsymbol{\Psi}\boldsymbol{S}_x=\boldsymbol{\Psi}\boldsymbol{B}_x\boldsymbol{w}_x=\boldsymbol{\Phi}_x\boldsymbol{w}_x \tag{8-34}$$

式中，$\boldsymbol{\Phi}_x=\boldsymbol{\Psi}\boldsymbol{B}_x$ 为一个 $Q_1Q_2\times KL$ 大小的关于回波信号的投影矩阵。

8.5.2 目标二维像重构

为了满足井下安全生产的要求，采用超宽带脉冲信号作为井下雷达成像的发射信号，表示如下：

$$s_T(t)=\mathrm{rect}\left(\frac{1}{T}\right)\mathrm{e}^{\mathrm{j}2\pi(f_c t+1/2\gamma t^2)} \tag{8-35}$$

式中，$\mathrm{rect}\left(\frac{1}{Tp}\right)=\begin{cases}1, & \left|\frac{1}{Tp}\right|\leqslant\frac{1}{2}\\ 0, & \left|\frac{1}{Tp}\right|>\frac{1}{2}\end{cases}$；$f_{\mathrm{c}}$ 为超宽带脉冲信号的中心频率；γ 为调频斜率；t 为回波信号的时延。

对于散射点 $P(x,y)$，经 CS 技术对脉冲回波信号进行压缩处理后，其第 m 个脉冲的回波数据由下式计算可得：

$$G(m,n)=\sum_{m=1}^{M}\beta_{mn}\,\mathrm{e}^{\mathrm{j}\phi_t(m)}\,\mathrm{e}^{\mathrm{j}2\pi mn/M}\,\mathrm{e}^{\mathrm{j}\phi_{\mathrm{e}}} \tag{8-36}$$

式中，$\mathrm{e}^{\mathrm{j}2\pi mn/M}$表示入射信号直接由塌方体反射产生的有效目标分量；$\mathrm{e}^{\mathrm{j}\phi_t(m)}$ 为塌方体引起反射回波分量；$\mathrm{e}^{\mathrm{j}\phi_{\mathrm{e}}}$ 为成像过程产生的噪声及其他干扰误差。在实际成像过程中，$\mathrm{e}^{\mathrm{j}\phi_t(m)}$ 与 $\mathrm{e}^{\mathrm{j}\phi_{\mathrm{e}}}$ 这两部分信号分量数据都是无法直接获取的，同时这部分能量的存在也导致回波数据在方位向成像时不足的问题，因此必须对回波信号中目标分量进行数据补偿。综上所述，超宽带信号在井下目标成像的目标回波求解可以转化为对下列联合代价函数求解优化的过程：

$$T(\boldsymbol{P},\Theta)=\lambda\,\|\boldsymbol{Y}-\boldsymbol{\Phi}\Theta\boldsymbol{\Psi}\boldsymbol{P}\|_2+\beta\,\|\boldsymbol{P}\|_1+\eta E(\boldsymbol{P}) \tag{8-37}$$

式中，$E(\boldsymbol{P})$代表对成像结果性能的评估，并利用图像熵方法，对成像结果进行评估。在本书中对目标回波信号的稀疏重构过程由下式计算可得：

$$\boldsymbol{P}=\arg\min_{P}\{T(\boldsymbol{P},\Theta)\} \quad \text{s.t.} \quad \boldsymbol{Y}=\boldsymbol{\Phi}\Theta\boldsymbol{\Psi}\boldsymbol{P} \tag{8-38}$$

利用回波数据的相位误差估计对稀疏回波进行补偿后，基于式(8-38)，重构原始信号的方位向信号可由下式计算可得：

$$P_{l+1}=\arg\min_{P}\{\lambda\|\boldsymbol{Y}-\boldsymbol{M}_1\boldsymbol{P}\|_2+\beta\|\boldsymbol{P}\|_1\} \tag{8-39}$$

8.5.3 相位误差估计

针对基于CS的原始回波数据重构算法中存在的方位向误差问题，提出将此相位误差问题等价为图像最优化问题，即相位补偿的过程是通过图像熵算法进行优化的过程，由相关文献可以推导出图像熵的计算公式为：

$$E(P)=-\sum_{n=1}^{N}\sum_{m=1}^{M}D(m,n)\ln[D(m,n)] \tag{8-40}$$

式中，$D(m,n)$为目标成像散射点的散射密度：

$$D(m,n)=\frac{|P(m,n)|^2}{s(P)} \tag{8-41}$$

式中，$s(P)=\sum_{n=1}^{N}\sum_{m=1}^{M}|P(m,n)|^2$为图像的总能量。

进一步，为了提高成像时的聚焦效果，必须降低回波信号能量集中的图像熵值。在这里用$Y(m)$表示第m次回波信号中矩阵大小，$\theta(m)$为该回波信号的初相误差，则对回波的相位补偿转换为图像熵最小化计算，由下式可得：

$$Y'(m)=Y(m)\cdot e^{-j\theta(m)} \tag{8-42}$$

基于式(8-42)，参考最小熵相位补偿方法的推导过程，可以通过下式的计算，得到最小化目标信号图像熵的相位误差为：

$$e^{je(m)}=\frac{\omega^*(m)}{\|\omega(m)\|_2} \tag{8-43}$$

由式(8-43)可得：

$$\omega(m)=\sum_{n=1}^{N}Y(n,m)\sum_{q=1}^{L}\{\ln(\|P(n,q)\|_2)P^*(n,q)e^{-j2\pi(k-1)(q-1)/L}\} \tag{8-44}$$

上述计算过程完成了算法中对当前相位误差的估计，然后将计算所得的当前误差估计结果代入下一次迭代运算，将此迭代过程反复更新计算，直到计算所得误差结果符合迭代终止条件，迭代过程即可终止，进而实现补偿作用，其中迭代终止门限δ_{T}根据实际目标信号的相位误差估计设定。算法流程如表8-3

所列。

表 8-3 相位补偿成像算法流程框架

算法：基于相位补偿的压缩感知相位自聚焦算法框架
已知：稀疏回波矩阵 $\boldsymbol{Y}$，稀疏字典矩阵 $\boldsymbol{\Psi}$ Step 1：设置初始迭代次数 $l=1$，初始相位误向量 $\theta_1=0$，根据随机回波序列构造随机观测矩阵 $\boldsymbol{\Phi}$，设定迭代终止门限 δ_T； Step 2：利用当前相位误差补偿更新测量矩阵 $\boldsymbol{M}_l=\boldsymbol{\Phi}\Theta_1\boldsymbol{\Psi}$，其中 $\Theta_1=\mathrm{diag}\ \mathrm{e}^{-j\theta_1}$，并利用压缩感知方法求解： $\boldsymbol{P}_{l+1}=\arg\min\limits_{P}\{\lambda\ \Vert \boldsymbol{Y}-\boldsymbol{M}_1\boldsymbol{P}\Vert_2+\boldsymbol{\beta}\Vert P\Vert_1\}$ 重构得到目标的二维像 $\boldsymbol{P}_{l+1}$； Step 3：如果 $l>1$，计算与上一次迭代得到二维像结果的相对误差； $\delta=\Vert \boldsymbol{P}_{l+1}-\boldsymbol{P}_l\Vert_2^2/\Vert \boldsymbol{P}_l\Vert_2^2$ 如果小于迭代终止门限，即满足 $\delta\leqslant\delta_T$ 则迭代停止，否则继续； Step 4：求 $\theta_{l+1}=\arg\min\limits_{\theta}\{E(\boldsymbol{P}_{l+1})\}$ Step 5：令 $l=l+1$，并返回 Step 2

由表 8-3 可知，基于 CS 算法的回波数据补偿是将相位误差和目标信号重构过程结合在一起，在反复的迭代计算中，基于当前相位误差对重构图像进行更新，直至满足成像回波数据的要求。

8.6 仿真实验与分析

8.6.1 算法性能分析

在以下仿真场景中，假定收发天线为一对平行于 x 轴的理想线源天线，二者均距地面 0.2 m，采用 GprMar2D/3D 软件进行仿真合成井下成像模型散射数据，再利用 MATLAB 处理散射数据获取成像图形，仿真雷达参数如表 8-4 所列。

表 8-4 仿真雷达参数

参数	载频	脉宽	采样频率	幅度	脉冲重复频率
模拟值	14 GHz	50 μs	600 MHz	1.0 A	700 Hz

场景一：试验场景一如图 8-15(a)所示，井下成像区域为$[x,y]=(2.5\ \mathrm{m},5.0\ \mathrm{m})$，假设成像区域中有一圆柱体目标，其圆心坐标为(1.25 m，2.25 m)，半

径为 0.55 m。图 8-15(b)为原始回波信号成像结果图，图 8-15(c)为经过 CS 算法处理后的成像结果，图 8-15(d)为经过相位补偿的 CS 算法成像结果。

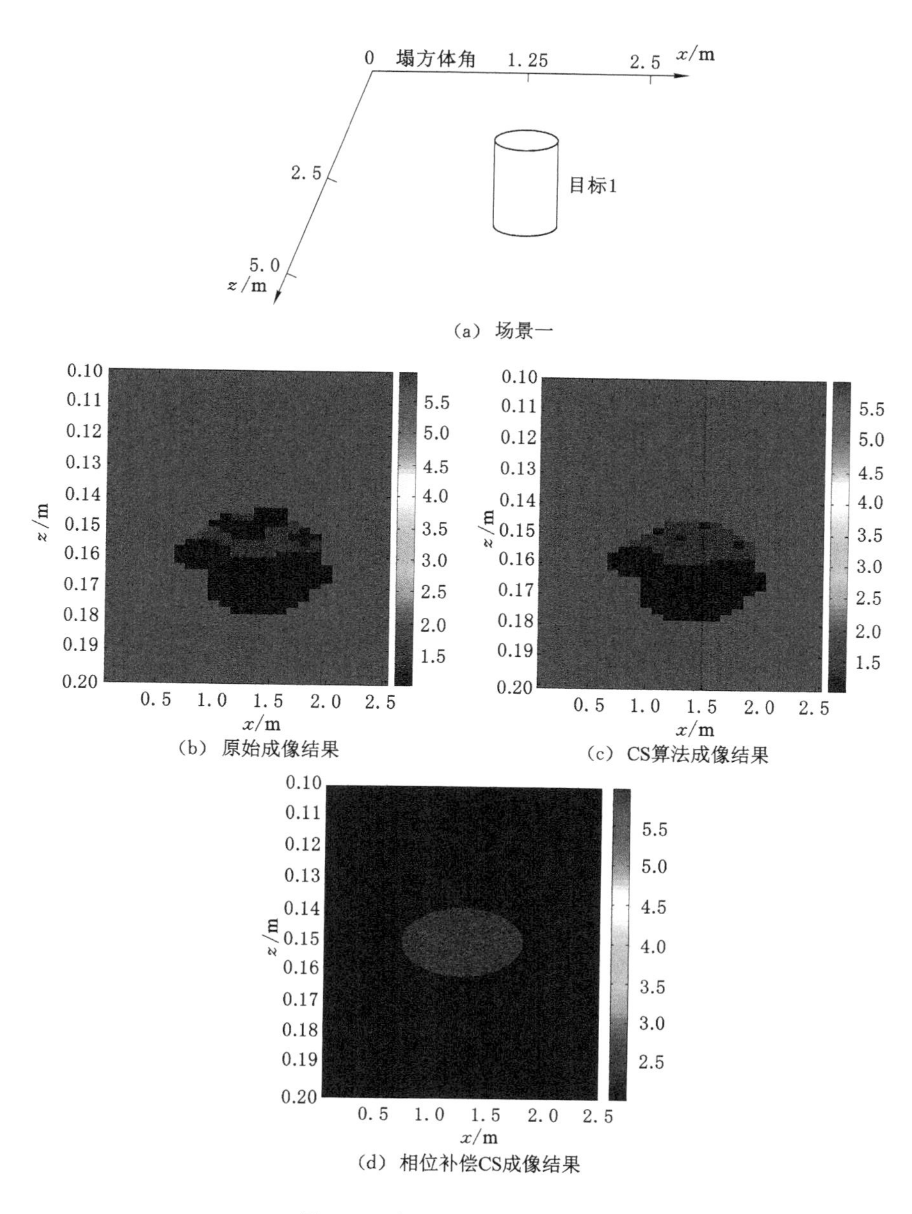

图 8-15 场景一及其仿真结果

对比3种成像结果可以清晰地看出：未经处理的原始算法成像中出现了严重的散焦，同时由于复杂背景介质的影响带来了虚假像；而经过相位补偿的数据处理后，算法基本抑制了多成分介质的影响，定位准确且目标像聚焦程度高，因此本书算法成像性能要优于原始算法。

场景二：试验场景二如图 8-16(a)所示，成像区域参数同场景一，成像目标为单个长方形与单个圆形目标的组合体。图中长方体目标左下角坐标为(0.55 m，1.05 m)，右上角坐标为(1.06 m，3.65 m)，圆柱形目标体的中心位置位于(1.75 m，2.5 m)，半径为 0.05 m。图 8-16(b)为原始回波信号成像结果图，图 8-16(c)为经过 CS 算法处理后的成像结果，图 8-16(d)为经过相位补偿的 CS 算法成像结果。

从两图可以看出，原始成像算法下目标 2 真实像被其他背景介质的虚像掩盖且二者的多径虚像发生重叠。而在经过本书算法处理后的成像中，抑制了多径现象带来的虚像，很好地重构了两个目标体的真实像。

8.6.2 噪声分析

基于场景二的模型参数，在对数值模拟的回波信号中加入不同程度的高斯白噪声干扰后进行成像。经过本书所构架的算法处理结果如图 8-17 所示。图 8-17(a)为理想情况下无噪声干扰的场景，从图中可以看出，经过相位补偿处理后的探测区域灰度图像和回波信号数据恢复情况较好。而图 8-17(b)、图 8-17(c)分别为加入 10%、50%噪声干扰后的结果，可以看出经过相位补偿后的探测区域灰度图像及数据恢复情况相对较差。成像结果表明：在无噪声的成像背景下，测量误差很小，本书算法基本能准确重建目标的物理信息；在加入10%、50%噪声干扰后，算法的有效性仍然存在，只不过加大了计算的复杂度及时长，且无法保证实时性，导致最后的成像性能变差。

在实际应用中，由于在矿井下发生塌方事故后，所有电气设备均处于停电状态，井下噪声干扰基本不存在，因此本书算法在井下实际救援应用中具有可行性。

8.6.3 数值分析

为定量评价所提算法对图像重建性能的效果，选取图像相对误差(RE)和相关系数(CC)作为成像质量的评价指标，将所提算法与现有的压缩感知重构算法，如 OMP、平滑 l_0 范数(Smooth l_0)和贝叶斯(Bayesian)压缩感知算法进行成像效果比较，其表达式如下：

$$RE=\frac{\| g^{*}-g \|_{2}}{\| g \|_{2}} \tag{8-45}$$

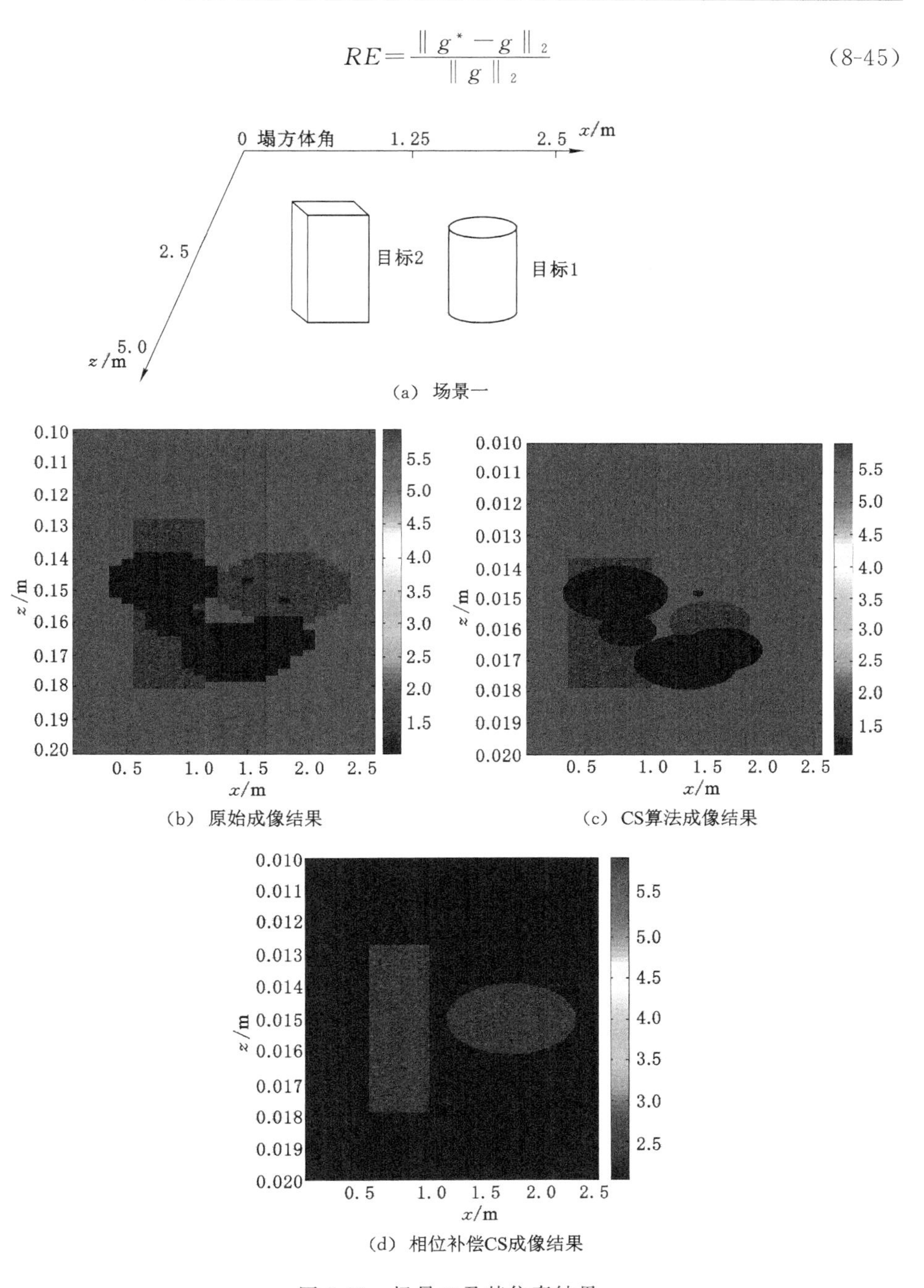

图 8-16 场景二及其仿真结果

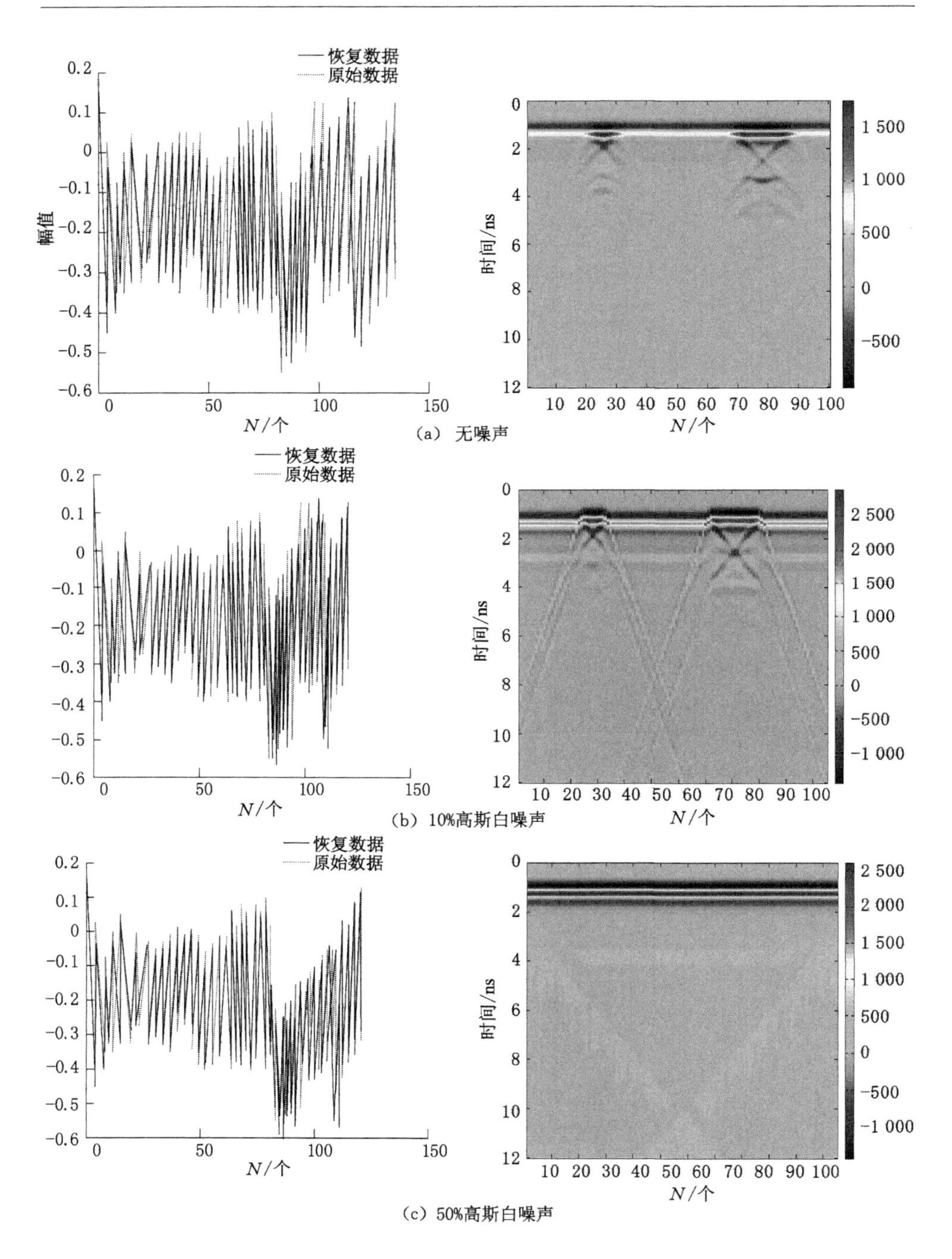

图 8-17　不同噪声干扰下的成像及数据恢复情况

$$CC=\frac{\sum_{i=1}^{N}(g^{*}-\overline{g^{*}})\cdot(g-\overline{g})}{\sqrt{\sum_{i=1}^{N}(g^{*}-\overline{g^{*}})^{2}\cdot\sum_{i=1}^{N}(g-\overline{g})^{2}}} \tag{8-46}$$

式中，g 及 g^{*} 分别为重建介电常数分布及真实介电常数分布；$\overline{g}$ 及 $\overline{g^{*}}$ 分别为 g 及 g^{*} 的均值；N 为图像像素数目，$N=812$。

分别选取天线阵列数为 15 个、45 个，采用上文 3 个不同场景进行预测。获取采样数为 115 个。从表 8-5～表 8-8 可以看出，基于相位补偿 CS 算法的图像重建质量并没有因为天线阵列数的增加而改变。同时也可以看出，本书所提算法成像的相对误差小于前面 3 种成像算法，而相关系数大于其他 3 种成像算法，这说明经过相位补偿处理的 CS 算法成像图与真实状态更加接近，因此成像性能更具优势。

表 8-5　*MIMO*=15 时成像相对误差(RE)

场景	算法			
	OMP 重构算法	l_0 重构算法	贝叶斯 CS 算法	相位补 CS 偿算法
场景 1	1.132 3	0.709 5	0.765 9	0.527 6
场景 2	1.135 2	1.089 9	0.728 9	0.540 1
场景 3	1.127 7	1.122 2	0.653 5	0.620 8

表 8-6　*MIMO*=15 时成像相关系数(CC)

场景	算法			
	OMP 重构算法	l_0 重构算法	贝叶斯 CS 算法	相位补 CS 偿算法
场景 1	0.610 2	0.838 0	0.758 9	0.844 5
场景 2	0.616 3	0.698 5	0.772 0	0.828 4
场景 3	0.523 2	0.651 8	0.745 2	0.788 8

表 8-7　*MIMO*=45 时成像相对误差(RE)

场景	算法			
	OMP 重构算法	l_0 重构算法	贝叶斯 CS 算法	相位补 CS 偿算法
场景 1	0.825 9	0.711 4	0.588 3	0.325 2
场景 2	0.921 4	0.917 8	0.621 4	0.444 9
场景 3	1.099 3	1.102 5	0.665 7	0.625 5

表 8-8 *MIMO*=45 时成像相关系数(CC)

场景	算法			
	OMP 重构算法	l_0 重构算法	贝叶斯 CS 算法	相位补 CS 偿算法
场景 1	0.700 2	0.846 7	0.798 4	0.941 7
场景 2	0.606 9	0.745 8	0.808 7	0.839 4
场景 3	0.581 1	0.666 8	0.779 3	0.785 2

因此,基于相位补偿的 CS 成像算法能够较理想地克服多径效应产生的塌方体中心区域虚像较多而灵敏度较低的问题,同时在超宽带较少的回波数据下重构出较高质量的图像,故本书所提目标像重构算法具有高效性。

8.7 超宽带穿透矿井塌方体的逆散射成像算法

超宽带信号经发射天线发出后,穿透塌方体对井下目标进行成像,在穿透过程中,遇到不同组分的介质发生反射效应,导致回波信号中掺杂了各种散射的杂波信号,无法准确成像。为了获取到塌方体后目标物的电磁特性参数,提出了一种基于伯恩(Born)近似的逆散射成像算法。在该算法下,井下成像区域的塌方体介质电磁特性情况可以通过对目标物外部的电磁场进行反演得到,再将获取的电磁场参数进行 Born 近似化处理,从而推断出井下目标物的位置和形状等信息。仿真实验表明,在塌方体背景介质电导率极小时,该算法可以较准确地重建目标物相关信息;当塌方体介质电导率较大时,可以判断目标存在性问题,因此该算法具有可行性。

8.7.1 井下超宽带成像模型

如图 8-18 所示,超宽带发射天线发射电磁波进入巷道内,鉴于塌方体由各种不同成分的介质组成,各成分媒介的电磁参数的变化会导致电磁波的传播特性发生改变,所以当井下塌方体介质的电磁特性发生变化时,对应引起电磁波的物理效应(反射、衍射和散射等现象)。接收天线从井下接收产生的一系列回波信号,最后进入接收机进行采样,再通过数据处理技术提取与井下目标的位置、形状及电参数相关的信息,从而可以通过超宽带信号穿透传播特性对井下目标物的相关信息进行重建。

煤矿井下环境恶劣,一般而言,在发生塌方事故后岩体倒塌堆积形成塌方体,从而堵塞在巷道内,井下设备全部停电,从而造成通信阻断。在应用超宽带进行穿透成像时,必须了解塌方事故之前巷道内的基本情况,分析可能存在的

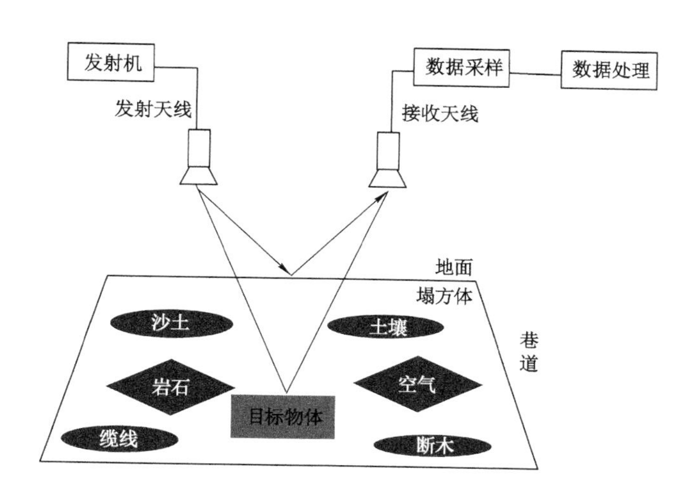

图 8-18　井下超宽带信号基本框图

塌方体介质，为超宽带信号穿透分析准备理论数据。表 8-9 为井下相关背景介质的电磁参数汇总。

表 8-9　塌方体典型介质的介电特征参数表

介质名称	空气	沥青	混凝土	土壤（干沙质）	土壤（湿沙质）	黏土	沙	砂岩
电导率/(S/m)	0	$10^{-3}\sim10^{-2}$	$10^{-3}\sim10^{-2}$	$10^{-4}\sim10^{-2}$	$10^{-2}\sim10^{-1}$	$10^{-3}\sim10^{-1}$	$10^{-4}\sim10^{-2}$	$10^{-6}\sim10^{-5}$
相对介电常数/(F/m)	1	2～4	4～10	4～6	15～30	2～6	10～30	5～10

由于井下塌方体是由上述多种不同成分的物质构成，不利于计算整体背景环境的介电参数，因此本书将塌方体各种复杂介质等效为一种四成分模型，即将塌方体整体表示为由空气、土壤、沙土和岩石四种基本物质组成的介电混合体，计算公式如下：

$$\varepsilon_s=\begin{cases}m_v\varepsilon_x+(p-m_v)\varepsilon_a+(1-p)\varepsilon_r, & \text{当 } m_v\leqslant m_i\\ m_i\varepsilon_x+(m_v-m_t)\varepsilon_w+(p-m_v)\varepsilon_a+(1-p)\varepsilon_r, & \text{当 } m_v>m_i\end{cases}\tag{8-47}$$

式中，m_v 为土壤中总的体积含水量；m_i 为土壤的临界体湿度；p 为土壤的积孔率；ε_a 为空气的介电常数；ε_r 为岩石的介电常数；ε_w 为工作频率下纯水的介电常数，且

$$\varepsilon_x=\begin{cases}\varepsilon_i+(\varepsilon_w-\varepsilon_i)\dfrac{m_v}{m_i}\beta, & \text{当 } m_v\leqslant m_i\\ \varepsilon_i+(\varepsilon_w-\varepsilon_i)\beta, & \text{当 } m_v>m_i\end{cases}\tag{8-48}$$

8.7.2 逆散射成像算法

由图 8-18 可知，井下空间是由电磁特性不同的两个板块组成的，第一板块为地面背景部分，其介电常数和磁导率分别为 ε_0 和 μ_0，第二板块为等效塌方体背景部分，其介电常数和电导率分别为 ε_s 和 σ_s，磁导率为 μ_0。假设定位于井下的收发天线都为理想偶极子，坐标分别为 $r_t=(x_t,y_t,z_t)$ 和 $r_r=(x_r,y_r,z_r)$，且 $r_r=r_t+r_\Delta$，$r_\Delta=(\Delta_x,\Delta_y,\Delta_z)$ 在各自方向上保持常数。其中，接收天线的信号方向与单位矢量 $\hat{p}_t$ 的电场方向一致，电流频谱为 ω 且该部分电场可以表示为：

$$\hat{p}_r\cdot E(r_r,\omega)=\hat{p}_r\cdot E_b(r_r,\omega)+k_s^2\int_V\hat{p}_r\cdot G(r_r,r',\omega)\cdot E(r',\omega)x(r')\mathrm{d}V'\tag{8-49}$$

式中，$E_b(r_r,\omega)$ 为塌方体不存在目标物时接收到的电场值。等式第二部分为目标物的散射场值，记为：

$$\hat{p}_r\cdot E_\varepsilon(r_r,\omega)=k_s^2\int_V\hat{p}_r\cdot G(r_r,r',\omega)\cdot E(r',\omega)x(r')\mathrm{d}V'\tag{8-50}$$

式中，k_s 为超宽带信号在塌方体介质中的传播常数；$x(r')$ 为目标函数；$G(r_r,r',\omega)$ 为从巷道到地面上的并矢格林函数；$E(r',\omega)$ 为所要重建巷道区域 V' 内的电场。下面具体给出这些函数的表达式：

$$k_s=\sqrt{\omega^2\mu_0\varepsilon_s+\mathrm{i}\omega\eta_0\sigma_s}\tag{8-51}$$

当 σ_s 较小时，$k_s\approx\omega\sqrt{\mu_0\varepsilon_s}$。并矢格林函数的平面波级数展开形式如下：

$$G(r_r,r',\omega)=\frac{\mathrm{i}}{8\pi^2}\int_{-\infty}^{+\infty}\int_{-\infty}^{+\infty}F(u_x,u_y,\omega)\mathrm{e}^{\mathrm{i}(k_0\cdot r-k_s\cdot r')}\mathrm{d}u_x\mathrm{d}u_y,\ z>0,z'<0\tag{8-52}$$

其中，并矢函数 $F(u_x,u_y,\omega)$ 为：

$$\begin{aligned}F(u_x,u_y,\omega)=&\frac{2}{(\gamma_0+\gamma_s)(u_x^2+u_y^2+\gamma_0\gamma_s)}\times\{\hat{x}[(u_y^2+\gamma_0\gamma_s)\hat{x}-u_xu_y\hat{y}-u_x\gamma_0\hat{z}]+\\&\hat{y}[-u_xu_y\hat{x}+(u_x^2+\gamma_0\gamma_s)\hat{y}-u_y\gamma_0\hat{z}]+\hat{z}[-u_x\gamma_s\hat{x}-u_y\gamma_s\hat{y}+(u_x^2+u_y^2)\hat{z}]\}\end{aligned}\tag{8-53}$$

式中，$\hat{x},\hat{y},\hat{z}$ 分别为笛卡儿直角坐标系的单位矢量；$k_0=\omega\sqrt{\mu_0\varepsilon_0}$ 为超宽带信号在空气中的传播常数；且

$$\gamma_0=\gamma_0(u_x,u_y)=\sqrt{k_0^2-u_x^2-u_y^2}\tag{8-54}$$

$$\gamma_s = \gamma_s(u_x, u_y) = \sqrt{k_s^2 - u_x^2 - u_y^2} \tag{8-55}$$

分别为地面和巷道中传播矢量的 z 分量。由于井下存在地面和塌方体两层背景介质，因此引进了并矢函数。式(8-54)和式(8-55)中平面波的传播矢量为：

$$\begin{aligned} k_0 &= u_x\hat{x} + u_y\hat{y} + \gamma_0\hat{z}, \\ k_s &= u_x\hat{x} + u_y\hat{y} + \gamma_s\hat{z} \end{aligned} \tag{8-56}$$

令：

$$\begin{aligned} \varepsilon_{cq}(r') &= \varepsilon(r') + \mathrm{j}\,\frac{\sigma(r')}{\omega} \\ \varepsilon_{eqs} &= \varepsilon_s + \mathrm{j}\,\frac{\sigma_s}{\omega} \end{aligned} \tag{8-57}$$

式中，k_0 为背景重建区域的等效介电常数，k_s 为巷道中塌方体的等效介电常数，则目标函数值 $x(r')$ 定义如下：

$$\begin{aligned} x(r') &= \frac{\varepsilon_{eq}(r') - \varepsilon_{eqs}}{\varepsilon_{eqs}} = \frac{[\sigma(r') - \sigma_s] - \mathrm{i}\omega[\varepsilon(r') - \varepsilon_s]}{\sigma_s - \mathrm{i}\omega\varepsilon_s} \\ &= \frac{\Delta\sigma(r') - \mathrm{i}\omega\Delta\varepsilon(r')}{\sigma_s - \mathrm{i}\omega\varepsilon_s} = \frac{O(r')}{\sigma_i - \mathrm{i}\omega\varepsilon_s} \end{aligned} \tag{8-58}$$

需要重建的目标函数 $O(r')$ 与重建后的目标函数 $x(r')$ 等价。当目标物的电导率小于背景介质电导率时，视为不存在目标物的入射场，采用一阶 Born 近似将问题线性化。此时，重建区域的观测电场值 $E(r',\omega)$ 即：

$$E(r',\omega) = \mathrm{i}\omega\mu_0 I(\omega) G(r', r_t, \omega) \cdot \hat{p}_t = \mathrm{i}\omega\mu_0 I(\omega)\hat{p}_t \cdot G(r_t, r', \omega) \tag{8-59}$$

将式(8-53)代入式(8-59)，再将式(8-54)、式(8-58)、式(8-59)代入式(8-51)，可得塌方体下目标的散射场为：

$$\begin{aligned} \hat{p}_r \cdot E_s(x_r, y_r, z_r, \omega) = {} & \frac{\omega^2\mu_0^2 I(\omega)}{16\pi^2}\int_V\int_{-\infty}^{\infty}\int_{-\infty}^{\infty}\int_{-\infty}^{\infty}\int_{-\infty}^{\infty}\hat{p}_r \cdot F(u_x, u_y, \omega)\cdot \\ & [\hat{p}_t \cdot F(v_x, v_y, \omega)] \cdot \mathrm{e}^{\mathrm{i}[(u_x+v_x)(x_r-x')+(u_y+v_y)(y_r-y')+(\gamma_0+\gamma'_0)z_r-(\gamma_s+\gamma'_s)z']}\cdot \\ & \mathrm{e}^{-\mathrm{i}[v_x\Delta_x+v_y\Delta_y+\gamma'_0\Delta_z]}\mathrm{d}v_x\mathrm{d}v_y\mathrm{d}u_x\mathrm{d}u_y O(r')\mathrm{d}V' \end{aligned} \tag{8-60}$$

式中，

$$\begin{aligned} k_0 &= v_x\hat{x} + v_y\hat{y} + \gamma'_0\hat{z}, \\ k_s &= v_x\hat{x} + v_y\hat{y} + \gamma'_s\hat{z}, \\ \gamma'_0 &= \gamma'_0(v_x, v_y) = \sqrt{k_0^2 - v_x^2 - v_y^2}, \\ \gamma'_s &= \gamma'_s(v_x, v_y) = \sqrt{k_s^2 - v_x^2 - v_y^2} \end{aligned} \tag{8-61}$$

对式(8-60)关于(x_r, y_r)做二维傅立叶变换，并设 $p_x = u_x + v_x$，$p_y = u_y + v_y$，则得到：

$$\hat{p}_r \cdot E_s(p_x, p_y, z_r, \omega) = \frac{\omega^2\mu_0^2 I(\omega)}{16\pi^2}\int_V\int_{-\infty}^{\infty}\int_{-\infty}^{\infty}\hat{p}_r \cdot$$

$$F(u_x,u_y,\omega)\cdot[\hat{p}_t\cdot F(p_x-u_x,p_y-u_y,\omega)]\cdot$$
$$e^{-i(p_xx'+p_yy')}e^{i[\gamma_0(u_x,u_y)+\gamma_0(p_x-u_x,p_y-u_y)]z_r}\cdot$$
$$e^{-i[(p_x-u_x)\Delta_x+(p_y-u_y)\Delta_y+\gamma_0(p_x-u_x,p_y-u_y)\Delta_z]}\cdot$$
$$e^{-i[\gamma_s(u_x,u_y)+\gamma_s(p_x-u_x,p_y-u_y)]z'}du_xdu_yO(r')dV' \tag{8-62}$$

由于井下发生塌方事故后探测的距离很深，因此采用驻相法对式(8-61)进行近似。当 $z'\to\infty$ 时，驻相点为 $(u_x,u_y)=\left(\frac{1}{2}p_x,\frac{1}{2}p_y\right)$，塌方体中的波速为 c_s，则式(8-62)可近似为：

$$\hat{p}_r\cdot E_s(u_x,u_y,z_r,\omega)\approx\frac{i\omega c_s\mu_0^2I(\omega)\hat{p}_r\cdot F\left(\frac{1}{2}u_x,\frac{1}{2}u_y,\omega\right)\cdot(4k_s^2-u_x^2-u_y^2)}{64\pi e^{i\{(1/2)u_x\Delta_x+(1/2)u_y\Delta_y+(\Delta_z-2z_r)\gamma_0[(1/2)u_x,(1/2)u_y]\}}}\cdot$$
$$\left[\hat{p}_r\cdot F\left(\frac{1}{2}u_x,\frac{1}{2}u_y,\omega\right)\right]\cdot\theta_1(u_x,u_y,\sqrt{4k_s^2-u_x^2-u_y^2}) \tag{8-63}$$

其中：

$$\theta_1(u_x,u_y,u_z)=\theta_1(u_x,u_y,\sqrt{4k_s^2-u_x^2-u_y^2})=\int_V\frac{O(r')}{z}e^{-i(u_xx+u_yy+u_zz)}dV' \tag{8-64}$$

求解式(8-63)，可得到目标函数的傅立叶变换 $\theta_1(u_x,u_y,\sqrt{4k_s^2-u_x^2-u_y^2})$。当背景介质电导率极小时，$k_s\approx\omega\sqrt{\mu_0\varepsilon_s}$ 为实数，进行三维逆傅立叶变换可得出目标物体的电性参数。当 $\omega\Delta\varepsilon(r')\geqslant\Delta\sigma(r')$ 时，$O(r')\approx-i\omega\Delta\varepsilon(r')$，由式(8-63)和式(8-64)可得：

$$\Delta\varepsilon(x,y,z)=\mathrm{Re}\Bigg[\frac{64z}{\pi^2\mu_0^2c_s^3}\int_{\omega_{\min}}^{\omega_{\max}}\iint_{u_x^2+u_y^2<4k_s^2}\hat{p}_r\cdot$$
$$E_s(u_x,u_y,z_r,\omega)\cdot e^{i[u_x(x+\Delta_2\Delta_x)+u_y(y+\Delta_2\Delta_y)]}\cdot$$
$$e^{i[z\sqrt{4k_s^2-u_x^2-u_y^2}-(z_r-\Delta_2\Delta_z)\sqrt{4k_0^2-u_x^2-u_y^2}]}/[\omega I(\omega)\hat{p}_r]\cdot$$
$$F\left(\frac{1}{2}u_x,\frac{1}{2}u_y,\omega\right)\cdot\left[\hat{p}_r\cdot F\left(\frac{1}{2}u_x,\frac{1}{2}u_y,\omega\right)\right]\cdot$$
$$(4k_s^2-u_x^2-u_y^2)^{2/3}du_xdu_yd\omega\Bigg] \tag{8-65}$$

式中，ω 为雷达的工作频带，$\omega_{\min}<\omega<\omega_{\max}$。当 $\Delta\sigma\gg\omega\Delta\varepsilon$ 时，$O(r')\approx\Delta\sigma$。由上式可推算出二维情况下目标物介电常数的重建公式，即：

$$\Delta\varepsilon(y,z)=\mathrm{Re}\Bigg[\frac{8z}{\pi\mu_0^2c_s^2}\int_{\omega_{\min}}^{\omega_{\max}}E(u_y,z_r,\omega)\cdot$$
$$\frac{(\sqrt{4k_0^2-u_y^2}+\sqrt{4k_s^2-u_y^2})^2}{\omega I(\omega)(4k_s^2-u_y^2)^{3/2}}\cdot e^{i[u_y(y+\Delta_2\Delta_y)+z\sqrt{4k_s^2-u_y^2}-z_r\sqrt{4k_0^2-u_y^2}]}du_yd\omega\Bigg] \tag{8-66}$$

推算出 $\Delta\varepsilon$，再由 $\Delta\varepsilon(r')=\varepsilon(r')-\varepsilon_s$ 计算出塌方体下目标体的电磁参数。

该算法计算步骤如下：

步骤 1：输入塌方体介质数据（实测或者模型数据）。

步骤 2：利用正演模拟工具 GPrMax 进行正演模拟，以获得成像算法所需要的散射数据。

步骤 3：采用一阶 Born 近似及渐进近似建立目标函数与频域散射数据之间的线性关系。

步骤 4：利用奇异值分解法求解线性算子，运用公式进行反演，求取未知物质参数。

8.7.3 数值模拟及结果分析

假设等效塌方体中存在一个矩形方柱，横截面中心坐标 $(y,z)=(0.5\ \text{m}, 0.75\ \text{m})$，长 0.3 m、宽 0.1 m，如图 8-19 所示。发射信号源形式为 $E_i(t)=\frac{t-t_0}{\tau}\cdot e^{-4\pi(t-t_0)^2/\tau^2}$，其中 $t_0=1.596$ ns，$\tau=532$ ps，−20 dB 频谱宽度为 1～2 GHz，百分比带宽为 58.93%，属于超宽带信号。天线沿着水平方向采集回波信号，采样时间为 30 ns，采样间隔为 3 cm。利用 FDTD 仿真获取实验数据，进行成像。

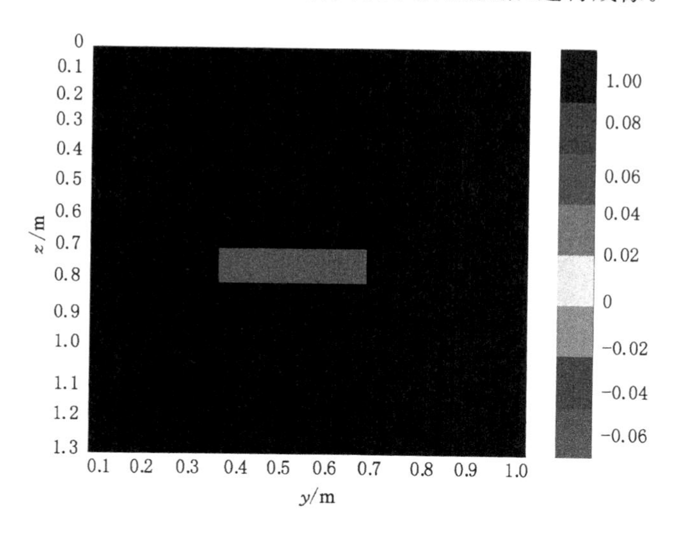

图 8-19 理论模型截面

实验一:无损介质背景下弱散射目标物体的重建

假设井下某背景介质的介电常数 $\varepsilon_s=8.1\varepsilon_0$,电导率 $\sigma_s=0.001$,磁导率 $\mu_s=\mu_0$;目标物体的介电常数 $\varepsilon_{object}=8.2\varepsilon_0$,电导率 $\sigma_{object}=0.001$。由本书所提算法进行实验仿真,可以得到图 8-20 所示的目标模型散射数据图。算法得到的重建结果如图 8-21 所示。y 表示追踪的目标在水平方向的位置,z 表示追踪的目标在垂直方向的位置。

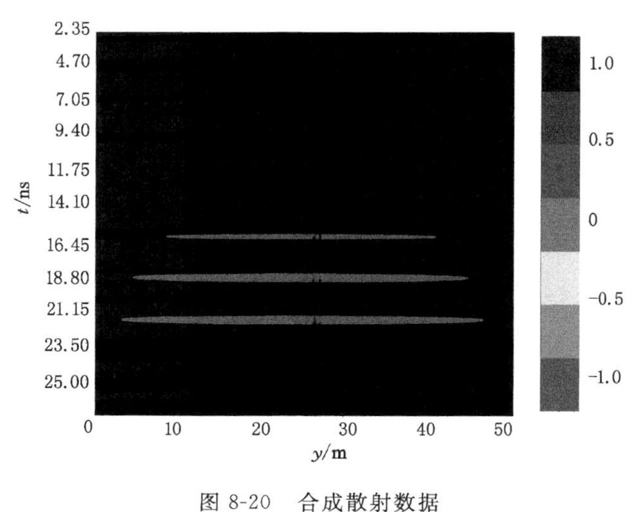

图 8-20 合成散射数据

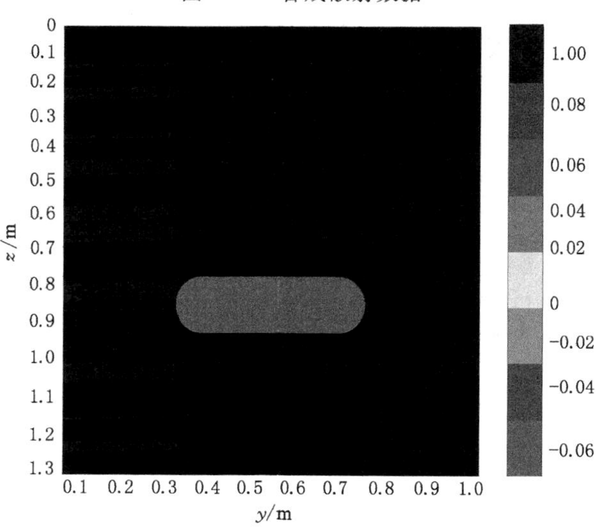

图 8-21 无损介质背景下弱散射目标物体的重建结果

对比图 8-20 的原始数据，本书算法可以对目标模型的基本位置进行判断，且误差较小。因此当井下背景介质电导率极小时，该算法可以很好地重建井下目标物的相关信息。

实验二：有损介质背景下弱散射目标物体的重建

将塌方体介质的电导率设为 $\sigma_s=0.01$，按式(8-56)取 k_s 的值，用本书算法进行目标重建，得到结果如图 8-22 所示。由图 8-22 可以看出，在背景介质电磁特性影响存在时，本书所提算法的信息重建性能并未过多改变，只是介电常数略有偏差。

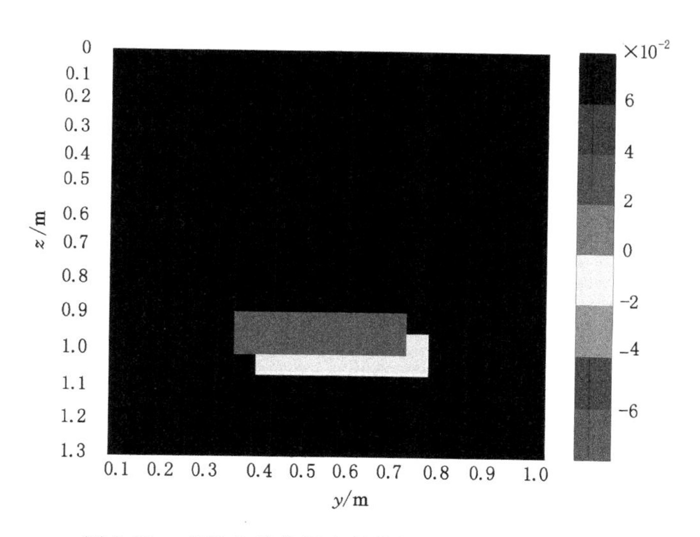

图 8-22　有损介质背景中弱散射目标体的重建结果

实验三：强散射目标物的重建

假设目标物为金属导体，其他参数同上。采用本书算法进行试验仿真，目标物的介电常数如图 8-23 所示。由图 8-23 可以看出，该算法虽能判断是否存在目标体，但并不能对目标物体的形状和位置进行重建。再将介质背景的 σ_s 增大进行实验，所得仿真图与图 8-23 类似，目标的介电常数变小。在强散射目标下，Born 近似算法已基本失效。该例证明本书算法虽然具有较强的适应性能，可对任何目标物的存在性进行判断，但无法准确成像。

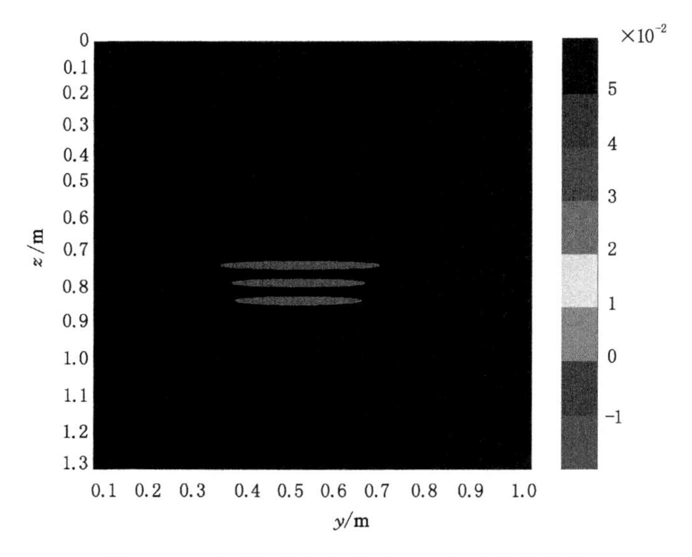

图 8-23 无损介质背景媒质中目标的成像结果

8.8 本章小结

超宽带信号在井下穿透成像算法中需要解决的关键问题，是在塌方体电磁参数未知的情况下，对埋藏在塌方体一侧的目标进行成像。由于巷道内介质复杂的电磁特性及多径传播效应等物理现象的影响，很难对矿井下超宽带探测成像系统性能进行有效预测和分析，因此提出了一种射线追踪算法(Ray-tracing)与 SVM 相结合的方法。该方法首先通过建立观测区域的目标坐标信息，通过 Ray-tracing 技术追踪每一条回波信号路径，获取穿透塌方体成像的回波样本数据，最后利用 SVM 对所得目标数据进行分类，对于任意的输入信号可以及时获取成像目标的物理信息。该算法可以很好地对矿井塌方体后埋藏目标进行检测和识别。通过仿真验证可以看出，采用射线追踪算法模拟矿井下穿透成像过程，适用于分析类似塌方体的这一类物理尺寸偏大尺寸结构的传播过程。在理想情况下得到的回波信号是没有干扰的，在目标散射信号比较强烈的环境下，加入了白噪声后进行实验数据预测。同时，基于 SVM 的分类器进行分类预测的时间极短，使井下救援工作具有实时性。综上所述，基于 SVM 改进后的穿透成像算法是可行的。同时，针对超宽带雷达在成像过程中回波数量不足的问题，提出了一种基于相位误差补偿的压缩感知成像算法。该算法充分利用目标成像结果的稀疏性，结合压缩感知成像数学模型，将稀疏回波相位误差估计与图像重构结合在一起，提出了图像 l_0 范数最小化和图像最小熵的联合优化函数，并使用迭代方法求解该优化问题。仿真实验表明，该算法对不同目标的成像均有较好的补偿效果，对不同程度噪声干扰和天线阵列数的分析进一步验证了该算法的有效性。

参考文献

[1] 陈洁.超宽带雷达信号处理及成像方法研究[D].北京:中国科学院研究生院(电子学研究所),2007.

[2] 陈洁,方广有,李芳.时域波束形成在超宽带穿墙成像雷达中的应用[J].电子与信息学报,2008,30(6):1341-1344.

[3] 陈丽娟,陈立国,张文祥.煤矿井下分布式光纤传感系统的救援定位方法[J].黑龙江科技大学学报,2017,27(5):560-564.

[4] 陈曦.穿墙雷达成像处理技术研究[D].合肥:中国科学技术大学,2015.

[5] 崔国龙.超宽带穿墙雷达合成孔径成像算法研究与实现[D].成都:电子科技大学,2008.

[6] 邓平.蜂窝网络移动台定位技术研究[D].成都:西南交通大学,2002.

[7] 段刚龙,黄志文,王建仁.一种 F-scores 和 SVM 结合的客户分类方法[J].计算机系统应用,2011,20(1):197-200.

[8] 葛利嘉,华苏重.超宽带无线电及其在军事通信中的应用前景[J].重庆通信学院学报,2000(1):1-6.

[9] 葛利嘉,曾凡鑫,刘郁林.超宽带无线通信[M].北京:国防工业出版社,2005.

[10] 郭继坤,陈司晗,张睿.煤矿井下 TDMZI 光纤定位系统[J].黑龙江科技大学学报,2018,28(5):577-581.

[11] 郭继坤,丁龙.基于井下 UWB 通信的奇异点降噪性能[J].黑龙江科技学院学报,2012,22(5):530-532.

[12] 郭继坤,丁龙.矿井非视距环境下 UWB 人员定位算法[J].黑龙江科技学院学报,2013,23(2):181-184.

[13] 郭继坤,黄子昌.矿井塌方体下超宽带生命信号的检测算法[J].黑龙江科技大学学报,2019,29(2):179-183.

[14] 郭继坤,靳宇航.煤矿井下超宽带八木微带天线的设计与测试[J].黑龙江科技大学学报,2020,30(2):172-176.

[15] 郭继坤,马原.井下超宽带 IPSO-SVM 的目标识别方法[J].黑龙江科技大学学报,2018,28(6):697-701.

[16] 郭继坤,王保生,郝维来,等.基于超宽带信号的矿井塌方体下生命特征的检测方法[J].黑龙江科技大学学报,2017,27(1):73-76,96.

[17] 郭继坤,王小萌.超宽带信号穿透双层塌方体的数值模拟[J].黑龙江科技大学学报,2018,28(4):389-392.

[18] 郭继坤,修海林,张显明.超宽带在煤矿井下穿透障碍物杂波信号的抑制方法[J].黑龙江科技大学学报,2015,25(3):328-332.

[19] 郭继坤,赵清,陈司晗.基于相位补偿的矿井超宽带雷达压缩感知成像算法[J].煤炭科学技术,2020,48(1):211-218.

[20] 郭继坤,赵清,徐峰.基于 SVM 的煤矿井下超宽带穿透成像算法研究[J].煤炭学报,2018,43(2):584-590.

[21] 郭继坤,赵清.超宽带穿透矿井塌方体的逆散射成像算法[J].黑龙江科技大学学报,2017,27(3):260-264,292.

[22] 郭山红,孙锦涛,谢仁宏,等.电磁波穿透墙体的衰减特性[J].强激光与粒子束,2009,21(1):113-117.

[23] 贺广宇.UWB 高精度定位中的信道估计及均衡技术研究[D].西安:西安电子科技大学,2010.

[24] 侯庆凯.空间目标压缩感知雷达成像方法与应用研究[D].长沙:国防科学技术大学,2015.

[25] 胡青松,张申,吴立新,等.矿井动目标定位:挑战、现状与趋势[J].煤炭学报,2016,41(5):1059-1068.

[26] 扈罗全,朱洪波.超宽带脉冲信号波形失真仿真与分析[J].中国电子科学研究院学报,2006,1(3):234-239.

[27] 黄冬梅.基于 IR-UWB 穿墙成像系统的性能研究[D].哈尔滨:哈尔滨工业大学,2011.

[28] 黄玲.多输入多输出探地雷达方法研究[D].长春:吉林大学,2010.

[29] 贾勇.穿墙雷达成像技术研究[D].成都:电子科技大学,2010.

[30] 李冰玉,张申.隧道内微波多径传播特性的仿真[J].微波学报,2003,19(4):37-41.

[31] 李鹏飞.超宽带穿墙雷达人体动目标检测技术[D].长沙:国防科学技术大学,2011.

[32] 李孝揆.矿用超宽带雷达生命探测仪的研究[J].煤矿机械,2015,36(6):96-99.

[33] 林炜岚,仇洪冰.基于 CSMA/CA 协议的 UWB 系统性能研究[J].微计算机信息,2008,24(3):115-117.

[34] 路宏敏，赵永久，朱满座. 电磁场与电磁波基础[M]. 北京：科学出版社，2006.
[35] 马琳. 基于 IR-UWB 信号的穿墙目标定位方法研究[D]. 哈尔滨：哈尔滨工业大学，2009.
[36] 孟宇，赵坤，顾青. 地下矿用车辆精确定位数据融合系统[C]//第二十届全国自动化应用技术学术交流会论文集. 包头：[出版者不详]，2015.
[37] 缪翔. 基于 802.15.3a 的超宽带 RAKE 接收机性能仿真与分析[D]. 南京：南京邮电大学，2008.
[38] 牟妙辉. UWB 穿墙生命探测雷达波形设计和干扰抑制方法研究[D]. 长沙：国防科学技术大学，2009.
[39] 倪巍，王宗欣. 两种非视线传播环境下的蜂窝系统定位算法[J]. 电子学报，2003，31(10)：1469-1472.
[40] 宋劲，王磊. 探地雷达探测采煤工作面隐伏钻杆研究[J]. 煤炭学报，2014，39(3)：537-542.
[41] 孙继平. 矿井通信技术与系统[J]. 煤炭科学技术，2010，38(12)：1-3
[42] 孙继平. 矿井移动通信的现状及关键科学技术问题[J]. 工矿自动化，2009，35(7)：110-114.
[43] 孙继平. 煤矿安全监控技术与系统[J]. 煤炭科学技术，2010，38(10)：1-4.
[44] 孙继平. 煤矿安全监控系统联网技术研究[J]. 煤炭学报，2009，34(11)：1546-1549.
[45] 孙继平. 煤矿安全生产监控与通信技术[J]. 煤炭学报，2010，35(11)：1925-1929.
[46] 孙继平. 煤矿安全生产理念研究[J]. 煤炭学报，2011，36(2)：313-316.
[47] 孙继平. 煤矿井下人员位置监测技术与系统[J]. 煤炭科学技术，2010，38(11)：1-5.
[48] 孙继平. 煤矿井下人员位置监测系统联网[J]. 煤炭科学技术，2009，37(11)：77-79.
[49] 孙继平. 煤矿物联网特点与关键技术研究[J]. 煤炭学报，2011，36(1)：167-171.
[50] 王党卫. 超宽带雷达目标电磁特征抽取与识别方法研究[D]. 长沙：国防科学技术大学，2006.
[51] 王宏. 超宽带穿墙雷达成像及多普勒特性研究[D]. 成都：电子科技大学，2010.
[52] 王昕，王宗欣，刘石. 一种考虑非视线传播影响的 TOA 定位算法[J]. 通信

学报,2001,22(3):1-9.
[53] 王艳芬,陈颖,孙彦景.矿井UWB路径损耗模型的构建及仿真[J].太原理工大学学报,2012,43(5):549-552.
[54] 王艳芬,马昌荣,孙彦景.基于阻抗级联模型的粗糙矿井巷道传播特性分析[J].太原理工大学学报,2011,42(1):11-14.
[55] 王玥.NanoSAR系统及穿墙雷达的天线研究与设计[D].西安:西安电子科技大学,2014.
[56] 王昭.穿墙雷达动目标检测与定位方法研究[D].成都:电子科技大学,2008.
[57] 王治国,费元春,李熹.穿墙雷达中的动目标定位新方法[J].电子技术应用,2006,32(6):9-11.
[58] 吴世有,丁一鹏,陈超,等.基于超宽带穿墙雷达的目标边界估计算法[J].电子与信息学报,2012,34(6):1277-1283.
[59] 西瓦尔克,等.超宽带无线电技术[M].张中兆,等译.北京:电子工业出版社,2005.
[60] 肖竹.超宽带定位与RAKE接收关键技术研究[D].西安:西安电子科技大学,2009.
[61] 徐锐.超宽带穿墙探测雷达系统[D].长春:长春理工大学,2012.
[62] 杨维,李滢,孙继平.类矩形矿井巷道中UHF宽带电磁波统计信道建模[J].煤炭学报,2008,33(4):467-472.
[63] 袁雪林,张洪德.超宽带冲激雷达的特点及军事应用前景[J].科技资讯,2009(2):16.
[64] 袁义生.功率变换器电磁干扰的建模[D].杭州:浙江大学,2002.
[65] 张恒伟,冯恩信,张亦希,等.建筑墙体对电磁脉冲响应的FDTD分析[J].强激光与粒子束,2007,19(3):443-448.
[66] 张序钦.超宽带雷达ISAR成像的全时域算法研究[D].杭州:浙江大学,2016.
[67] 张在琛,毕光国.超宽带无线通信技术及其应用[J].移动通信,2004(1/2):110-114.
[68] 张长明,刘英,刘耀宁.综合物探技术在矿井工作面底板岩层含水性探测中的应用[J].中国煤炭,2012,38(9):28-31.
[69] 赵彧.穿墙控测雷达的多目标定位与成像[D].长沙:国防科学技术大学,2006.
[70] 郑春晖,杨涛.煤矿井下救援机器人供电系统开发[J].企业技术开发(学术

版),2013,32(4):49-51.

[71] 郑国莘.矿用智能化通用性选择性漏电保护馈电开关[J].煤炭科学技术,2000,28(11):11-13.

[72] 朱亚平,沈庭芝,王卫江,等.穿墙雷达系统中信号检测的新算法[J].北京理工大学学报,2005,25(8):734-738.

[73] AFRINA YASMEEN K,WAHIDUZZAMAN A K M,IMTIAZ A,et al. Performance analysis of ultra wide band indoor channel [C]//2008 Mosharaka International Conference on Communications, Propagation and Electronics. March 6-8,2008,Amman,Jordan. IEEE,2008:1-10.

[74] AHMAD F,AMIN M G,MANDAPATI G. Autofocusing of through-the-wall radar imagery under unknown wall characteristics [J]. IEEE Transactions on Image Processing,2007,16(7):1785-1795.

[75] AMIN M G,AHMAD F. Wideband synthetic aperture beamforming for through-the-wall imaging[J]. IEEE Signal Processing Magazine,2008,25(4):110-113.

[76] BOEHM H P. Some aspects of the surface chemistry of carbon blacks and other carbons[J]. Carbon,1994,32(5):759-769.

[77] CHAN Y T, HO K C. A simple and efficient estimator for hyperbolic location[J]. IEEE Transactions on Signal Processing,1994,42(8):1905-1915. [LinkOut]

[78] CHANG T,CHEN J H,RIGGE L,et al. A packaged and ESD-protected inductorless 0.1 - 8 GHz wideband CMOS LNA[J]. IEEE Microwave and Wireless Components Letters,2008,18(6):416-418.

[79] CHEN K M, HUANG Y, ZHANG J P, et al. Microwave life-detection systems for searching human subjects under earthquake rubble or behind barrier[J]. IEEE Transactions on Biomedical Engineering,2000,47(1):105-114.

[80] DEBES C,ZOUBIR A M,AMIN M G. Enhanced detection using target polarization signatures in through-the-wall radar imaging [J]. IEEE Transactions on Geoscience and Remote Sensing,2012,50(5):1968-1979.

[81] DEHMOLLAIAN M, SARABANDI K. Refocusing through building walls using synthetic aperture radar [J]. IEEE Transactions on Geoscience and Remote Sensing,2008,46(6):1589-1599. [LinkOut]

[82] DOGARU T,LE C. SAR images of rooms and buildings based on FDTD

computer models[J]. IEEE Transactions on Geoscience and Remote Sensing,2009,47(5):1388-1401.

[83] FAN Z. Bandwidth allocation in uwb WPANs with ECMA-368 mac[J]. Computer Communications,2009,32(5):954-960.

[84] FONTANA R J. Recent system applications of short-pulse ultra-wideband (UWB) technology[J]. IEEE Transactions on Microwave Theory and Techniques,2004,52(9):2087-2104.

[85] GOLDSMITH A. Wireless communications[M]. Cambridge: Cambridge University Press,2005.

[86] GREENSTEIN L J,ERCEG V,YEH Y S,et al. A new path-gain/delay-spread propagation model for digital cellular channels[J]. IEEE Transactions on Vehicular Technology,1997,46(2):477-485.

[87] GUO J K,ZHAO Q. Research on clutter suppression method of UWB signal in the mine under the landslide[M]//Lecture notes in electrical engineering. Singapore:Springer Singapore,2018:1114-1124.

[88] GUO J K,CHEN S H,ZHAO Q. Research on optical fiber location system of coal mine based on Φ - OTDR[J]. Communications, signal processing,and systems,2019:485-492.

[89] GUO K L,XU X M,QIU F H,et al. A novel incremental weighted PCA algorithm for visual tracking[C]//2013 IEEE International Conference on Image Processing. September 15-18,2013,Melbourne,VIC,Australia. IEEE,2013:3914-3918.

[90] HANTSCHER S, REISENZAHN A, DISKUS C G. Through-wall imaging with a 3-D UWB SAR algorithm[J]. IEEE Signal Processing Letters,2008,15:269-272.

[91] HO C K,LINNARTZ J P M G. Successive-capture analysis of RTS/CTS in ad-hoc networks[J]. IEEE Transactions on Wireless Communications,2008,7(1):213-223.

[92] HUANG Z Y, HUANG C C, CHEN C C, et al. A CMOS low-noise amplifier with impedance feedback for ultra-wideband wireless receiver system[C]//2008 IEEE International Symposium on VLSI Design, Automation and Test (VLSI-DAT). April 23-25,2008,Hsinchu,Taiwan,China. IEEE,2008:51-54.

[93] JENKAL W,LATIF R,TOUMANARI A,et al. An efficient algorithm of

ECG signal denoising using the adaptive dual threshold filter and the discrete wavelet transform [J]. Biocybernetics and biomedical engineering,2016,36(3):499-508.

[94] JIA Y,KONG L J,YANG X B. A novel approach to target localization through unknown walls for through-the-wall radar imaging[J]. Progress in electromagnetics research,2011,119:107-132.

[95] JIN T, CHEN B, ZHOU Z M. Image-domain estimation of wall parameters for autofocusing of through-the-wall SAR imagery[J]. IEEE Transactions on Geoscience and Remote Sensing,2013,51(3):1836-1843.

[96] KAN J,MIETZNER J,SNOW C,et al. Enhancement of the ECMA-368 UWB system by means of compatible relaying techniques[C]//2008 IEEE International Conference on Ultra-Wideband. September 10-12, 2008,Hannover,Germany. IEEE,2008:63-67.

[97] KHAN A R, GULHANE S M. A highly sustainable multi-band orthogonal wavelet code division multiplexing UWB communication system for underground mine channel[J]. Digital communications and networks,2018,4(4):264-276.

[98] KOSMAS P,RAPPAPORT C M. Time reversal with the FDTD method for microwave breast cancer detection [J]. IEEE Transactions on Microwave Theory and Techniques,2005,53(7):2317-2323.

[99] KSHETRIMAYUM R S. An introduction to UWB communication systems[J]. IEEE Potentials,2009,28(2):9-13.

[100] KWON H,SEO H,KIM S,et al. Generalized CSMA/CA for OFDMA systems: protocol design, throughput analysis, and implementation issues[J]. IEEE Transactions on Wireless Communications,2009,8(8):4176-4187.

[101] LEITE F E A,MONTAGNE R,CORSO G,et al. Optimal wavelet filter for suppression of coherent noise with an application to seismic data[J]. Physica A:statistical mechanics and its applications,2008,387(7):1439-1445.

[102] LI J,WU R B. An efficient algorithm for time delay estimation[J]. IEEE Transactions on Signal Processing,1998,46(8):2231-2235.

[103] LI S S,LI W Z,ZHU J X. A novel ZigBee based high speed Ad Hoc communication network[C]//2009 IEEE International Conference on

Network Infrastructure and Digital Content. November 6-8, 2009, Beijing, China. IEEE, 2009:903-907.

[104] LI X, HUANG X, JIN T. Estimation of wall parameters by exploiting correlation of echoes in time domain[J]. Electronics letters, 2010, 46(23):1563.

[105] LUEBBERS R. Lossy dielectrics in FDTD[J]. IEEE Transactions on Antennas and Propagation, 1993, 41(11):1586-1588.

[106] MOREY R M. Response to FCC 98-208 notice of inquiry in the matter of revision of part 15 of the commission's rules regarding ultra-wideband transmission systems[R]. Office of Scientific and Technical Information(OSTI), 1998.

[107] MUQAIBEL A H, SAFAAI-JAZI A. A new formulation for characterization of materials based on measured insertion transfer function[J]. IEEE Transactions on Microwave Theory and Techniques, 2003, 51(8):1946-1951.

[108] NDOH M, DELISLE G Y. Modeling of wave propagation in rough mine tunnels[J]. IEEE Antennas and Propagation Society International Symposium, 2003, 3(3):1008-1012.

[109] PORCINO D, HIRT W. Ultra-wideband radio technology: potential and challenges ahead[J]. IEEE Communications Magazine, 2003, 41(7): 66-74.

[110] PROAKIS J G. Digital Communications[M]. 3rd ed. New York: McGraw-Hill International Editions, 1995.

[111] RIAZ M M, GHAFOOR A. Fuzzy singular value decomposition based clutter reduction for through wall imaging[C]//2011 IEEE International Conference on Ultra-Wideband (ICUWB). September 14-16, 2011, Bologna, Italy. IEEE, 2011:106-110.

[112] ROHLING H. Radar CFAR thresholding in clutter and multiple target situations[J]. IEEE Transactions on Aerospace and Electronic Systems, 1983, AES-19(4):608-621.

[113] ROSEN P A, HENSLEY S, JOUGHIN I R, et al. Synthetic aperture radar interferometry[J]. Proceedings of the IEEE, 2000, 88(3):333-382.

[114] SAKAMOTO T, SATO T, AUBRY P J, et al. Ultra-wideband radar imaging using a hybrid of Kirchhoff migration and stolt F-K migration

with an inverse boundary scattering transform[J]. IEEE Transactions on Antennas and Propagation,2015,63(8):3502-3512.

[115] SALIH-ALJ Y,DESPINS C,AFFES S. On the performance comparison of UWB waveforms for fast acquistion and ranging in an unferground mining environment [C]// Second International Conference on Wireless Communications in Underground and Confined Areas, ICWCUCA' 2008, Val-d'Or, Quebec, Canada,2008.

[116] SENG C H, BOUZERDOUM A, AMIN M G, et al. Two-stage fuzzy fusion with applications to through-the-wall radar imaging[J]. IEEE Geoscience and Remote Sensing Letters,2013,10(4):687-691.

[117] SHI B,CHIA M Y W. A CMOS ESD-protected RF front-end for UWB receiver[C]//2009 Proceedings of ESSCIRC. September 14-18, 2009, Athens,Greece. IEEE,2009:252-255.

[118] TIVIVE F H C, AMIN M G, BOUZERDOUM A. Wall clutter mitigation based on eigen-analysis in through-the-wall radar imaging [C]//2011 17th International Conference on Digital Signal Processing (DSP). July 6-8,2011,Corfu,Greece. IEEE,2011:1-8.

[119] TURIN G L,CLAPP F D,JOHNSTON T L,et al. A statistical model of urban multipath propagation [J]. IEEE Transactions on Vehicular Technology,1972,21(1):1-9.

[120] VARELA-ORTIZ W,CINTRÓN C Y L,VELÁZQUEZ G I,et al. Load testing and GPR assessment for concrete bridges on military installations [J]. Construction and building materials, 2013, 38: 1255-1269.

[121] VERMA P K, GAIKWAD A N, SINGH D, et al. Analysis of clutter reduction techniques for through wall imaging in uwb range [J]. Progress in electromagnetics research B,2009,17:29-48.

[122] VERMESAN I, CARSENAT D, DECROZE C, et al. Ghost image cancellation algorithm through numeric beamforming for multi-antenna radar imaging[J]. IET radar,sonar & navigation,2013,7(5):480-488.

[123] WALL M E, RECHTSTEINER A, ROCHA L M. Singular value decomposition and principal component analysis [M]//A practical approach to microarray data analysis. Boston: Kluwer Academic Publishers,2003.

[124] WANG F, LI D, ZHAO Y P. Analysis and compare of slotted and unslotted CSMA in IEEE 802. 15. 4 [C]//2009 5th International Conference on Wireless Communications, Networking and Mobile Computing. September 24-26, 2009, Beijing, China. IEEE, 2009: 1-5.

[125] WANG G, AMIN M G. Imaging through unknown walls using different standoff distances[J]. IEEE Transactions on Signal Processing, 2006, 54 (10): 4015-4025.

[126] WANG W, WANG Z Y, ZHANG C Z, et al. A BP - MF - EP based iterative receiver for joint phase noise estimation, equalization, and decoding[J]. IEEE Signal Processing Letters, 2016, 23(10): 1349-1353.

[127] WANG Y F, CHEN R S, ZHANG W J. Design and simulation of a chirp pulse compression ultra-wideband communication system [C]//2009 International Conference on Electronic Computer Technology. February 20-22, 2009, Macao, China. IEEE, 2009: 415-419.

[128] WANG Y F, WANG Z G, INFORMATION YUH Z SCHOOLOF, et al. Simulation study and probe on UWB wireless communication in underground coal mine[J]. Journal of China University of Mining & Technology (English Edition), 2006, 16(3): 296-300.

[129] WEBER P, HAYKIN S. Ordered statistic CFAR processing for two-parameter distributions with variable skewness[J]. IEEE Transactions on Aerospace and Electronic Systems, 1985, AES-21(6): 819-821.

[130] WEISS M. Analysis of some modified cell-averaging CFAR processors in multiple-target situations[J]. IEEE Transactions on Aerospace and Electronic Systems, 1982, AES-18(1): 102-114.

[131] XIONG L. A selective model to suppress NLOS signals in angle-of-arrival (AOA) location estimation [C]//Ninth IEEE International Symposium on Personal, Indoor and Mobile Radio Communications (Cat. No. 98TH8361). September 8-11, 1998, Boston, MA, USA. IEEE, 1998: 461-465.

[132] XU H L, YANG L Q. Ultra-wideband technology: Yesterday, today, and tomorrow[C]//2008 IEEE Radio and Wireless Symposium. January 22-24, 2008, Orlando, FL, USA. IEEE, 2008: 715-718.

[133] YANG B B, ADAMS J J. Systematic shape optimization of symmetric MIMO antennas using characteristic modes[J]. IEEE Transactions on

Antennas and Propagation,2016,64(7):2668-2678.

[134] YANG H,CHUN J. An improved algebraic solution for moving target localization in noncoherent MIMO radar systems[J]. IEEE Transactions on Signal Processing,2016,64(1):258-270.

[135] AFRINA YASMEEN K, WAHIDUZZAMAN A K M, IMTIAZ A, et al. Performance analysis of ultra wide band indoor channel[C]//2008 Mosharaka International Conference on Communications, Propagation and Electronics. March 6-8,2008,Amman,Jordan. IEEE,2008:1-10.

[136] YOON Y S,AMIN M G,AHMAD F. MVDR beamforming for through-the-wall radar imaging[J]. IEEE Transactions on Aerospace and Electronic Systems,2011,47(1):347-366.

[137] ZHANG C Z, WANG Z Y, MANCHóN C N, et al. Turbo equalization using partial Gaussian approximation[J]. IEEE Signal Processing Letters,2016,23(9):1216-1220.

[138] ZHANG W J, HOORFAR A, LI L L. Through-the-wall target localization with time reversal music method[J]. Progress in electromagnetics research,2010,106:75-89.

[139] ZHANG W Y,VOROBYOV S A. Joint robust transmit/receive adaptive beamforming for MIMO radar using probability-constrained optimization[J]. IEEE Signal Processing Letters,2016,23(1):112-116.

[140] ZHANG Y W,BROWN A K. Arrival paths in ultra wideband channels[C]//IEEE Wireless Communications and Networking Conference, 2006. WCNC 2006. April 3-6,2006,Las Vegas,NV,USA. IEEE,2006:13-18.

[141] ZHEN B, LI H B, KOHNO R. Clock management in Ultra-wideband Ranging[C]//2007 16th IST Mobile and Wireless Communications Summit. July 1-5,2007,Budapest,Hungary. IEEE,2007:1-5.